- 黑龙江省精品图书出版工程
- "十四五"时期国家重点出版物出版专项规划项目
- 现代土木工程精品系列图书

装配式混凝土结构

Precast Concrete Structure

姜洪斌 王代玉 刘发起 马川峰 编著

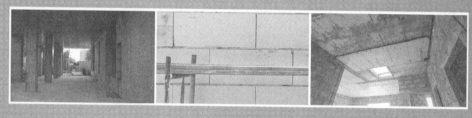

哈尔滨工业大学出版社
HARBIN INSTITUTE OF TECHNOLOGY PRESS

内 容 简 介

装配式混凝土结构是目前最能体现绿色建造、高质量发展优势的建筑体系,本书作者参加了"十二五"国家科技支撑计划和"十三五"国家重点研发计划有关装配式混凝土结构的课题研究,主编了黑龙江省第一部装配式混凝土结构技术标准,参加编制了我国第一部装配式混凝土结构行业标准以及其他省市的技术规程。全书共分 9 章,内容包括:绪论,装配式混凝土结构材料与构件连接,装配式混凝土结构设计原则与有关规定,常用装配式混凝土结构体系框架、剪力墙、地下综合管廊结构以及基本构件的设计方法、构造要求,装配式混凝土构件制作、施工与验收。

本书可作为高等院校土木工程专业学生的教科书,还可为从事装配式混凝土结构设计施工的工程技术人员提供参考。

图书在版编目(CIP)数据

装配式混凝土结构/姜洪斌等编著. —哈尔滨:
哈尔滨工业大学出版社,2024.4
(现代土木工程精品系列图书)
ISBN 978 - 7 - 5767 - 1265 - 0

Ⅰ. ①装⋯ Ⅱ. ①姜⋯ Ⅲ. ①装配式混凝土结构
Ⅳ. ①TU37

中国国家版本馆 CIP 数据核字(2024)第 047643 号

策划编辑 王桂芝
责任编辑 李广鑫 林均豫
出版发行 哈尔滨工业大学出版社
社 址 哈尔滨市南岗区复华四道街 10 号 邮编 150006
传 真 0451-86414749
网 址 http://hitpress.hit.edu.cn
印 刷 辽宁新华印务有限公司
开 本 720 mm×1 000 mm 1/16 印张 19.5 字数 348 千字
版 次 2024 年 4 月第 1 版 2024 年 4 月第 1 次印刷
书 号 ISBN 978 - 7 - 5767 - 1265 - 0
定 价 69.80 元

前　　言

党的二十大报告指出，加快构建新发展格局，着力推动高质量发展。高质量发展是全面建设社会主义现代化国家的首要任务。我们要加快发展方式绿色转型，实施全面节约战略，发展绿色低碳产业，倡导绿色消费，推动形成绿色低碳的生产方式和生活方式。

2022 年，住房和城乡建设部发布的《"十四五"建筑业发展规划》要求，要大力发展装配式建筑，构建装配式建筑标准化设计和生产体系，提高装配式建筑综合效益。完善适用不同建筑类型装配式混凝土建筑结构体系，装配式建筑占新建建筑的比例达到 30% 以上，培育一批智能建造和装配式建筑产业基地。到 2035 年，建筑业发展质量和效益大幅提升，建筑工业化全面实现，建筑品质显著提升，迈入智能建造世界强国行列。

装配式混凝土结构是目前最能体现绿色建造、高质量发展优势的建筑体系，广泛应用于工业、民用与市政工程，是我国建筑业升级改造的核心。作者参加了"十二五"国家科技支撑计划和"十三五"国家重点研发计划有关装配式混凝土结构的课题研究，并会同合作企业创新提出了具有自主知识产权的装配式混凝土结构技术体系，进行了装配式混凝土结构的试验研究与试点工程建设工作；主编了黑龙江省第一部装配式混凝土结构技术标准，参加编制了我国第一部装配式混凝土结构行业标准以及其他省市的技术规程；开设了装配式混凝土结构课程和毕业设计题目，积累了一定的装配式混凝土结构研究与应用相关经验。为大力推广装配式建筑，以相应成果为主要背景特撰写了本书，可为高等学校土木工程专业学生、工程设计施工人员学习提供参考。

本书主要参考了《装配式混凝土结构技术规程》(JGJ 1—2014)、《装配式混凝土建筑技术标准》(GB/T 51231—2016)、《预制装配整体式房屋混凝土剪力墙结构技术规程》(DB 23/T 1813—2016)，黑龙江省地方标准《叠合整体式预制综合管廊工程技术规程》(DB 23/T 2278—2018)以及最新的混凝土结构等相关标准和图集。

　　本书由哈尔滨工业大学姜洪斌统稿,王代玉、刘发起、马川峰参加撰写,由黑龙江宇辉新型建筑材料有限公司教授级高级工程师闫红缨主审。

　　作者的研究生吴端硕、李秋维、李映龙参与了资料搜集与图表绘制工作,在此表示感谢。

　　由于作者水平有限,书中难免存在不足之处,恳请读者批评指正。

作　者

2024 年 2 月

目　　录

第1章　绪论 ……………………………………………………………… 1

1.1　概念 ……………………………………………………………… 1

1.2　装配式建筑的发展历史与应用现状 ………………………… 3

1.2.1　早期装配式建筑 ……………………………………… 3

1.2.2　近代装配式建筑 ……………………………………… 4

1.3　装配整体式混凝土结构的结构体系 ………………………… 11

1.3.1　装配整体式框架结构 ………………………………… 11

1.3.2　装配整体式剪力墙结构 ……………………………… 12

1.3.3　装配整体式框架-现浇剪力墙结构 ………………… 12

1.3.4　装配整体式框架-现浇核心筒结构 ………………… 13

1.3.5　装配整体式部分框支剪力墙结构 …………………… 13

1.4　发展前景与政策导向 …………………………………………… 13

1.5　装配式混凝土结构研究与应用 ……………………………… 15

复习题 …………………………………………………………………… 22

第2章　装配式混凝土结构材料与构件连接 ……………………… 23

2.1　材料 ……………………………………………………………… 23

2.1.1　混凝土 ………………………………………………… 23

2.1.2　钢筋 …………………………………………………… 23

2.1.3　锚固板 ………………………………………………… 24

2.1.4　其他材料 ……………………………………………… 26

2.2　构件的拆分与连接 …………………………………………… 28

2.2.1　构件的拆分 …………………………………………… 28

2.2.2　构件的连接 …………………………………………… 29

复习题 …………………………………………………………………… 59

第3章　装配式混凝土结构设计原则与有关规定 ………………… 63

3.1　装配式建筑设计基本原则 …………………………………… 63

3.2　建筑设计基本规定 ………………………………………… 63

3.3　结构设计基本规定 ………………………………………… 64

3.4　装配式建筑的结构布置 …………………………………… 68

　　3.4.1　平面布置 ……………………………………………… 68

　　3.4.2　立面布置 ……………………………………………… 70

3.5　作用及作用组合 …………………………………………… 72

3.6　结构分析 …………………………………………………… 72

3.7　预制构件设计 ……………………………………………… 74

3.8　连接设计 …………………………………………………… 74

3.9　楼盖设计 …………………………………………………… 76

复习题 ……………………………………………………………… 79

第4章　装配式混凝土框架结构设计 …………………………… 80

4.1　装配式混凝土框架的拆分与连接 ………………………… 80

4.2　框架结构设计一般规定 …………………………………… 85

　　4.2.1　框架柱截面尺寸 ……………………………………… 86

　　4.2.2　框架梁截面尺寸 ……………………………………… 86

4.3　框架的构造与连接 ………………………………………… 87

　　4.3.1　框架柱的构造与连接 ………………………………… 87

　　4.3.2　框架梁的构造与连接 ………………………………… 88

4.4　框架连接的承载力计算 …………………………………… 93

复习题 ……………………………………………………………… 99

第5章　装配式混凝土剪力墙结构设计 ………………………… 100

5.1　装配式混凝土剪力墙结构的研究与应用简介 …………… 100

　　5.1.1　装配式混凝土剪力墙连接性能试验研究 …………… 100

　　5.1.2　装配式混凝土剪力墙抗震性能试验研究 …………… 108

　　5.1.3　预制混凝土剪力墙足尺子结构抗震性能试验研究 … 122

5.2　装配整体式剪力墙设计一般规定 ………………………… 128

5.3　剪力墙的截面 ……………………………………………… 129

5.4　剪力墙的拆分与连接设计 ………………………………… 131

　　5.4.1　剪力墙的竖向拆分与连接 …………………………… 131

　　5.4.2　剪力墙的水平拆分与连接 …………………………… 144

　　5.4.3　连梁的拆分与连接 …………………………………… 150

5.4.4　楼面梁的连接 …………………………………………… 154
5.4.5　圈梁和水平后浇带 ……………………………………… 154
5.5　剪力墙构造要求 ………………………………………………… 155
5.6　多层剪力墙结构设计 …………………………………………… 156
5.6.1　一般规定 ………………………………………………… 156
5.6.2　结构分析和设计 ………………………………………… 157
5.6.3　连接设计 ………………………………………………… 157
复习题 ………………………………………………………………… 159

第6章　钢筋混凝土叠合楼盖设计 ………………………………… 160
6.1　叠合楼盖的研究与应用 ………………………………………… 160
6.1.1　装配整体式双向叠合板受力性能试验研究 …………… 160
6.1.2　装配整体式大跨度叠合楼板受力性能试验与分析 …… 167
6.2　叠合楼盖的形式与布置 ………………………………………… 170
6.2.1　叠合楼盖的形式 ………………………………………… 170
6.2.2　叠合楼盖的布置 ………………………………………… 174
6.3　叠合楼盖的设计 ………………………………………………… 175
6.3.1　叠合板抗弯、抗剪计算 ………………………………… 176
6.3.2　正常使用极限状态设计 ………………………………… 177
6.3.3　叠合面及板端连接处接缝计算 ………………………… 180
6.4　构造要求 ………………………………………………………… 180
6.4.1　支座节点构造 …………………………………………… 180
6.4.2　接缝构造设计 …………………………………………… 181

第7章　预制混凝土构件 …………………………………………… 185
7.1　预制混凝土结构构件 …………………………………………… 185
7.1.1　预制混凝土梁 …………………………………………… 185
7.1.2　预制混凝土板 …………………………………………… 185
7.1.3　预制混凝土柱 …………………………………………… 186
7.1.4　预制混凝土剪力墙 ……………………………………… 186
7.1.5　预制混凝土楼梯 ………………………………………… 188
7.1.6　预制混凝土阳台、雨棚、空调板 ……………………… 194
7.2　预制混凝土非结构构件 ………………………………………… 199
7.2.1　预制混凝土外挂墙板 …………………………………… 199

7.2.2　预制内隔墙 ······ 205

7.2.3　预制装饰面 ······ 206

第8章　装配式混凝土管廊结构设计 ······ 207

8.1　国内外综合管廊应用情况 ······ 207

8.2　综合管廊主要建造方式及特点 ······ 209

8.2.1　现浇式综合管廊 ······ 210

8.2.2　节段式综合管廊 ······ 211

8.2.3　预制装配式综合管廊 ······ 211

8.2.4　装配叠合整体式预制综合管廊 ······ 211

8.3　装配叠合整体式预制综合管廊研究与应用 ······ 211

8.3.1　装配叠合整体式预制综合管廊试点工程简介 ······ 211

8.3.2　装配叠合整体式预制综合管廊试验研究 ······ 214

8.4　装配叠合整体式预制综合管廊结构设计 ······ 225

8.4.1　基本规定 ······ 226

8.4.2　材料 ······ 226

8.4.3　结构设计一般规定 ······ 227

8.4.4　结构上的作用及分析 ······ 228

8.4.5　结构构造 ······ 230

8.4.6　构件连接设计 ······ 230

8.4.7　构件制作、检验与运输堆放 ······ 238

8.4.8　安装与施工 ······ 241

8.4.9　质量验收 ······ 244

8.5　抗震设计 ······ 247

8.5.1　综合管廊抗震一般规定 ······ 247

8.5.2　抗震设防目标 ······ 248

8.5.3　提高抗震能力的措施 ······ 248

8.6　防水设计 ······ 250

8.6.1　防水混凝土 ······ 250

8.6.2　防水卷材 ······ 251

8.6.3　防水设计要求 ······ 252

8.6.4　接缝防水要求 ······ 253

8.7　构造要求 ······ 254

第 9 章　装配式混凝土构件制作、施工与验收…………………… 257

9.1　装配式混凝土构件制作 …………………………… 257

9.1.1　构件生产工艺介绍 …………………………… 257

9.1.2　生产前准备 ………………………………… 260

9.1.3　模具安装 …………………………………… 261

9.1.4　钢筋与预埋件制作安装 ……………………… 265

9.1.5　混凝土浇筑及养护 …………………………… 268

9.1.6　成品保护 …………………………………… 271

9.2　装配式混凝土构件施工 …………………………… 272

9.2.1　构件安装机械设备 …………………………… 272

9.2.2　构件的运输与堆放 …………………………… 272

9.2.3　预制构件的吊装与连接 ……………………… 273

9.3　装配式混凝土构件验收 …………………………… 280

9.3.1　材料及构件的质量检验 ……………………… 280

9.3.2　预制构件施工质量验收 ……………………… 283

9.3.3　装配式混凝土结构缺陷的检测 ……………… 290

参考文献 ……………………………………………… 298

名词索引 ……………………………………………… 300

第1章 绪 论

1.1 概 念

根据我国《装配式混凝土建筑技术标准》(GB/T 51231—2016),装配式建筑是指建筑的结构系统、外围护系统、设备与管线系统、内装系统的主要部分采用预制部品部件集成装配而成的建筑。其典型特征是设计标准化、生产工厂化、施工装配化、装修一体化、管理信息化,具有施工速度快、污染小、绿色环保等优势,是一种新型的建筑方式。

根据美国建筑产业学会的定义,预制(prefabrication)是一种通常在专业设施中进行的制造工艺,各种材料被连接起来形成最终安装的组成部分。(prefabrication:a manufacturing process, generally taking place at a specialized facility, in which various materials are joined to form a component part of a final installation.)

根据英国建筑研究与创新策略协会(the construction research and innovation strategy panel (CRISP))的定义,预组装字面上是指"组装前",预组装涵盖建筑物或建筑物、结构的部件的提前制造和组装(通常是异地),而不是传统上在现场建造,然后将其安装到最终位置。预组装可分为4类:部件制造和局部装配、非三维预组装、三维预组装,以及模块化建筑。(Pre-assembly literally means to 'assemble-before'. Pre-assembly covers the manufacture and assembly (usually off-site) of buildings or parts of buildings or structures earlier than they would traditionally be constructed on site, and their subsequent installation into their final position. Pre-assembly can be sub-divided into four categories: component manufacture and sub-assembly, non-volumetric pre-assembly, volumetric pre-assembly, modular building.)

根据日本预制装配式建筑协会的定义,所谓预制建筑,是指与传统的建筑方法相比,在更多的部分采用了"预制"方法而建造出来的建筑。也就是说,预先在工厂生产、加工构件,在建筑现场不需加工而组装起来的建筑。(プレハ

ブ建築とは、従来の建築方法に比べてより多くの部分に「プレファブリケーション」という手法を適用してつくられた建築のことをいいます。つまり、あらかじめ部材を工場で生産・加工し、建築現場で加工を行わず組み立てる建築のことをいい。(プレハブ建築協会-日本预制装配式建筑协会))

　　实际上,预组装(pre-assembly)、预制、模块化(modularisation)、系统建造(system building)和工业化建筑(industrialised building)等是不同时期、不同层面装配式建筑的称谓,本质是类似的。

　　装配式混凝土结构(precast concrete(PC)structure)是以预制混凝土构件为主要受力构件,通过可靠的连接方式装配而成的混凝土结构,包括装配整体式混凝土结构与全装配式混凝土结构。装配整体式结构是由预制混凝土构件通过可靠的连接方式进行连接并与现场后浇混凝土、水泥基灌浆料形成整体的装配式混凝土结构,主要特点是连接方式以"湿连接"为主,结构的整体性和抗震性能好。全装配式混凝土结构是指预制混凝土构件通过"干连接"(螺栓连接、焊接等)进行连接,现场没有湿作业,施工速度快,但连接刚度弱,结构的整体性和抗震性能弱。我国许多预制钢筋混凝土单层厂房属于全装配式混凝土结构,而装配式高层建筑,主要为装配整体式混凝土结构,本书主要介绍装配整体式混凝土结构。图1.1(a)所示为哈尔滨某装配式高层住宅,采用湿连接装配式剪力墙结构;图1.1(b)所示为美国凤凰城图书馆,主体结构柱采用螺栓连接,为全装配式建筑。

(a) 哈尔滨某装配式高层住宅　　　　(b) 美国凤凰城图书馆

图1.1　装配式混凝土结构建筑

1.2 装配式建筑的发展历史与应用现状

1.2.1 早期装配式建筑

广义上的装配式建筑包括许多当代和古代的建筑或建筑构件,比如砌块,是一种最简单的预制部件。我国在远古(河姆渡文化)时代就开创了"梁柱式"建筑的"榫卯结构",开始实施"装配式建筑",并一直流传至今。浙江余姚河姆渡新石器文化遗址中发掘出来的木构榫卯(图1.2)是至今为止世界上考古发现的最早的预先制造装配式建筑的构件。

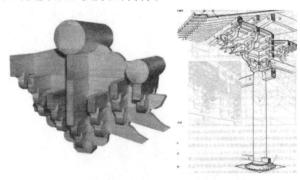

图 1.2 木构榫卯

公元前8世纪至公元前6世纪的古希腊建筑物都是用木材、泥砖或者黏土建造的。大约在公元前600年,木材柱子经历了称为石化的材料变革,所有的柱子都采用了石材,并预先制造。

古希腊建筑的结构属梁柱体系(图1.3),早期的主要建筑都用石材。限于材料性能,石材梁的跨度一般是4~5 m,最大不超过8 m。石材柱以鼓状砌块垒叠而成,砌块之间由榫卯或金属销子连接,墙体也用石材砌块垒成。

图 1.3 古希腊建筑的结构

但目前我们所说的装配式建筑,一般是指采用钢结构、混凝土结构、木结构等材料,采用现代工业化生产方式,在工厂加工制作构件和配件(如楼板、墙板、楼梯、阳台等),运输到施工现场,通过可靠的连接方式组装而成的建筑。

1.2.2　近代装配式建筑

1850 年前后,第一次工业革命基本完成,英国成为世界上第一个工业国家。英国处于鼎盛时期,英女王邀请世界各国参加英国举办的第一届世界博览会。

约瑟夫·帕克斯顿(Joseph Paxton)仰仗现代工业技术提供的经济性、精确性和快速性,第一次完全采用单元部件的连续生产方式,通过装配式结构的手法来建造大型空间,设计和建造了伦敦世界博览会会场水晶宫(图 1.4)。该建筑宽 408 英尺(约 124.4 m),长 1 851 英尺(约 564 m),共 5 跨,高 3 层,约 7.4 万 m^2 的建筑面积,建造时间不到 6 个月。水晶宫经历了从设计构思、制作、运输到最后建造和拆除的全过程,是一个完整的预制建造系统工程。尽管是马拉肩扛,却首创了工厂预制构件、现场装配的技术模式,是现代建筑(钢材骨架和玻璃幕墙)的开山之作(图 1.5)。

图 1.4　第一座装配式大型公建——伦敦水晶宫

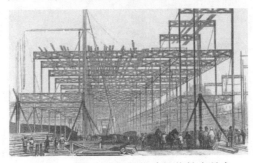

图 1.5　正在用预制件搭建的伦敦水晶宫

1. 建筑工业化 1.0 时代（20 世纪初—20 世纪中期）

随着第二次工业革命的兴起和第一次世界大战的结束，欧洲各国经济复苏，技术的进步带来现代建筑材料和技术发展的同时，大批农民向城市集中，需要在短时间内建造大量住宅、办公楼、工厂等，为建筑工业化奠定了基础。

战争与灾难引发了住房需求，但欧洲大陆普遍受到战争的影响，建筑遭受重创，无法提供正常的居住条件，且劳动力资源短缺，此时急需一种建设速度快且劳动力占用较少的新建造方式，才能满足短时间内各国对住宅的需求，装配式混凝土建筑萌生于此，并快速进入了欧洲各国的住宅领域。

（1）法国的现代建筑大师勒·柯布西耶便开始构想房子也能够像汽车底盘一样实现工厂化成批生产。他的著作《走向新建筑》奠定了工业化住宅、居住机器等最前沿建筑理论的基础。此间为促进国际的建筑产品交流合作，建筑标准化工作也得到很大发展。

装配式建筑在西方战后重建和经济恢复方面发挥了非常重要的作用，基于工厂化生产和机械化装配的建筑工业化概念开始形成，但那时技术不成熟，管理粗放，建造成本相对较高，不具备市场化条件，基本处于政府主导、企业参与的模式。

（2）主打多快好省的"赫鲁晓夫楼"曾是人类历史上最大的城市发展项目（图 1.6）。面对第二次世界大战后城市规模爆炸式扩张、人口迅速增长、住房严重短缺的现象，1954 年，苏联政府在五年计划中提出，在最短的时间内以最低的成本改善城市居民的居住条件。雄心勃勃的苏联领导人赫鲁晓夫命令建筑师开发一种可迅速复制的建筑模板，使其成为全世界的典范。

图 1.6　赫鲁晓夫楼

这种楼广泛采用组合式钢筋混凝土部件与结构,预制件都是在工厂流水线生产好的标准件,成本低廉,然后采用统一的工业化建造,所有楼房统一规格,如同复制粘贴一样,统一为5层(设计师认为电梯成本太高,而且影响建造速度,所以把高度定位5层,极少有3层或4层)。随后大规模的建设就此展开,莫斯科别利亚耶沃地区至今保留了大量"赫鲁晓夫楼",后来,随着需求增长,楼高度达到16层。

(3)我国第一个五年计划就提出了实现建筑工业化的发展目标。1956年,国务院发布了《关于加强和发展建筑工业的决定》,指出"采用工业化的建筑方法,可以加快建设速度,降低工程造价,保证工程质量和安全施工""为了从根本上改善我国的建筑工业,必须积极地有步骤地实行工厂化、机械化施工,逐步完成对建筑工业的技术改造,逐步完成向建筑工业化的过渡"。当时主要借鉴苏联技术,在大型砌块装配式住宅、装配式大板、装配整体式框架结构、框架轻板、工业厂房等装配建筑方面取得了宝贵的经验,装配式结构施工简单快捷、周期短,适应了当时的国情,大量应用于当时的工业民用建筑中(图1.7)。

图1.7　装配式混凝土排架结构单层工业厂房

1959年建成的北京民族饭店,为我国第一座高层装配式框架结构,共12层,高48.4 m,是新中国成立十周年十大建筑之一(图1.8(a))。1964年建成的北京民航大厦,是我国第一幢装配整体式钢筋混凝土框架结构的高层建筑,平面呈U形,最高54.5 m。1976—1979年,北京市中心前三门大街南侧集中兴建了34栋9~15层高层住宅,有板式和塔式两种,共39万多 m^2,采用"内浇外挂"结构,也称外板内模,即内墙现浇混凝土,外墙安装预制混凝土挂板,内隔断墙预制拼装,楼板采用小块空心板或大楼板(图1.8(b))。内浇外挂结构的整体性好、刚度大,大大提高了房屋的抗震能力。

(a) 北京民族饭店 (1959 年)　　　　　　(b) 北京前三门住宅区 (1978 年)

图 1.8　近代我国典型装配式建筑

2. 建筑工业化 2.0 时代 (20 世纪中期—20 世纪末)

20 世纪 50 年代后,随着西方各国及日本战后经济的迅速崛起,第三次工业革命 (科技革命) 开始兴起,为装配式建筑的发展提供了良好的经济和技术条件,装配式建筑的标准化和模块化理念开始形成,装配式建筑的发展具备了良好的市场化基础,技术体系逐步完善,建造手段不断创新,装配式建筑迎来了高速发展期。著名建筑马赛公寓、蒙特利尔 67 号住宅 (图 1.9) 成为这一时期技术与艺术结合的例子。

图 1.9　蒙特利尔 67 号住宅

(1) 美国装配式建筑。

美国装配式建筑起源于 17 世纪的移民浪潮,当时采用的木构架拼装房屋就是一种装配式建筑。美国国会在 1976 年通过了国家工业化住宅建造安全法案。同年,美国联邦政府住房和城市发展部 (HUD) 颁布了美国工业化住宅建设和安全标准 (简称为 HUD 标准),对设计、施工、强度和持久性、耐火性等方面进行了规范。随后出台了联邦工业化住宅安装标准,用于审核所有生产商的安装手册和州立安装标准。

美国的装配式建筑中,大城市住宅的结构类型以混凝土装配式和钢结构装配式为主,在小城镇多以轻钢结构、木结构住宅体系为主(其中木结构占比达80%以上,其余为钢结构),这主要与美国人的居住习惯相关。

(2)日本公共住宅标准化设计和工业化生产。

1950年以后,日本经历了二战后的经济复兴期并随后进入高速增长期。大量人口涌入城市,住宅的短缺日益成为大城市严重的社会问题。日本从1955年开始制订、实施"住宅建设十年计划",1961年实施"住宅建设五年计划"。1966年日本正式制定颁布《住宅建设计划法》,制订、实施"住宅建设的五年计划"。在计划中制定住宅的发展目标、人均住宅居住标准、公营住宅、公团住宅建设数量、新技术应用等内容。

1969年,《推动住宅产业标准化五年计划》被制订出来,日本广泛开展了对材料、设备、制品标准、住宅性能标准、结构材料安全标准等方面的调查研究,加强住宅产品的标准化工作,对房间、建筑部件、设备等尺寸提出了建议。从20世纪70年代开始,日本住宅的部件尺寸和功能标准有固定的体系。只要厂家是按照标准生产出来的构配件,在装配建筑物时都是通用的。日本创立了优良住宅部品认定制度,这一制度就是对住宅部品的质量、安全性、耐久性等诸多内容进行综合审查。

从1968年日本提出装配式住宅的概念开始,经过几十年的发展,日本住宅生产工业化已经完全可以做到"如同生产汽车一样生产房屋"。大量部件通过机器生产,产品标准的固定化以及整个建筑过程的精准化,使得日本成为住宅产业化的标志性国家,也成为世界学习的对象。东京中银舱体大楼如图1.10所示。

图1.10　东京中银舱体大楼

（3）东德的大板建筑。

1972—1990 年,东德地区开展大规模住宅建设,完成 300 万套住宅建设确定为重要政治目标,预制混凝土大板技术体系成为最重要的建造方式。这期间用混凝土大板建筑建造了大量大规模住宅区,如 10 万人口规模的哈勒新城(Halle-Neustadt)。

虽然大板建筑(图 1.11)今天饱受诟病,但在当时大板住宅符合东德的社会意识形态,人人平等,整齐划一。在装配式住宅内,拥有现代化的采暖和热水系统,政府对装配式住宅有相应的补贴,所以当时的东德人民非常喜欢装配式住宅。

(a) 典型的大板建筑　　　　　　　　　(b) 柏林根达曼市场

图 1.11　大板建筑

（4）中国的装配式建筑。

1978 年我国十一届三中全会以后,随着市场经济的发展,原有的定型产品规格逐渐不能满足人们对住宅建筑多样化的需求,并且由于之前经济、技术、材料、工艺的相对落后,前期兴建的大量装配式建筑逐渐暴露出各种问题,比如保温隔音性能差、容易出现渗漏水现象、结构抗震性能差,同时也逐渐无法满足户型多样化的需求。随着商品混凝土的兴起、大模板浇筑技术的进步,现浇建设方式开始显露优势,同时大量农民工涌入城市,提供了充足的劳动力,使得现浇的建造方式符合这一时期的国情,近乎全面占领了国内住宅建筑市场,而装配式建筑陷入停滞时期。

3. 建筑工业化 3.0 时代(20 世纪末—2010 年)

2000 年以后,随着信息化时代的到来,AutoCAD 软件、BIM 技术、网络技术和通信技术等在装配式建筑领域得到广泛应用,建筑工业化更加高效、集成和节能,更加个性化和风格化,有效促进了装配式建筑技术体系的完善和管理水平的提升,"通用体系""开放式建筑"和"百年住宅"概念开始形成,装配式建筑的发展具备了产业化条件,装配式建筑产业链在发达国家开始建立和完善。

美国纽约迷你公寓项目意在为人口逐年激增的纽约市年轻人提供买得起的迷你公寓。项目包括了 55 个预制单元,每个单元的面积为 370 平方英尺(约 34.4 m²),层高为 10 英尺(约 3.0 m)。这个项目的住宅单元包括设备装修全部在工厂完成,建造则在现场拼装,极大降低了建造成本,提高了建设速度以及迷你公寓的居住质量(图 1.12)。

图 1.12　纽约迷你公寓项目组装现场

4. 建筑工业化 4.0 时代(2010 年至今)

进入 21 世纪,传统现浇混凝土结构固有的如施工周期长、环境污染严重、生产效率低、劳动力资源和自然资源需求高等问题逐渐无法适应社会经济的发展,与此同时,随着预制构件的设计、生产、安装技术的逐步提高,预制装配式混凝土结构体系可以满足国家抗震规范要求,装配式建筑符合国家倡导的"绿色发展"理念,成为建筑业转型升级的重要方向。

随着德国主导的工业 4.0 时代——第四次工业革命的到来,发达国家的人们对生活质量和环境也提出了更高要求,装配式建筑的内涵出现了升华,开始向着人本设计、环保建造和智能居住的方向发展,装配式建筑的科技、人本和文化内涵不断增强,建筑工业化进程与工业革命进程同步开启。伴随着 BIM 技术的成熟,3D 打印等高科技手段进入建筑领域,而 4.0 时代将重新界定以设计为主导的地位,建筑设计不再被模数所限制,不仅可以打印小件物品,而且这项技术甚至可以彻底颠覆传统的建筑行业。2013 年,荷兰建筑事务所 Universe Architecture 以莫比乌斯环为原型,利用 3D 打印技术创造了这座"没有起点也没有终点"的建筑——莫比乌斯环屋(图 1.13)。在带状的房屋里,天花板与地板相互轮换,扭曲的空间给人奇妙的视觉体验。

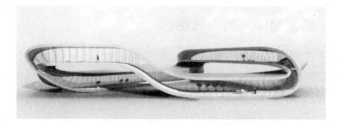

图 1.13 莫比乌斯环屋

1.3 装配整体式混凝土结构的结构体系

装配整体式混凝土结构的结构体系包括：装配整体式框架结构、装配整体式剪力墙结构、装配整体式框架-现浇剪力墙结构、装配整体式框架-现浇核心筒结构、装配整体式部分框支剪力墙结构。

1.3.1 装配整体式框架结构

装配整体式框架结构（图 1.14）又称为装配整体式混凝土框架结构，是指全部或部分的框架梁、柱采用预制混凝土构件，经由可靠的方式拼装，与后浇混凝土、水泥基灌浆料等胶结材料形成整体的结构。

图 1.14 装配整体式框架结构

装配整体式框架结构一般由预制柱或现浇柱、预制梁、预制楼板、预制楼梯和非承重墙组成，辅以等效现浇节点或装配式节点组合成整体。该结构传力明确，装配工作效率高，可有效节约工期。从各方面性能出发，装配整体式框架结构都是最适合建筑装配化的一种结构形式。

框架结构的刚度小，因此最大适用高度相对于剪力墙结构、框架-剪力墙结构等其他结构体系较低，但框架结构面积与建筑面积的占比低，结构布置灵活，主要用于厂房、办公楼、教学楼、商场等建筑。

1.3.2　装配整体式剪力墙结构

装配整体式剪力墙结构(图 1.15),是指除底部加强区以外,根据结构抗震等级的不同,其竖向承重构件全部或部分采用预制墙板构件组成的装配式混凝土结构。

图 1.15　装配整体式剪力墙结构

装配整体式剪力墙结构的预制部件主要包括剪力墙、叠合楼板、叠合梁、楼梯、阳台等构件。装配整体式剪力墙结构在具有传统剪力墙结构的整体性好、抗侧刚度大等优势的基础上,也具有生产标准化、装配效率高、工期短等优势,具有良好的经济和环境效益。

与现浇剪力墙结构类似,装配整体式剪力墙结构墙体多,难以布置面积较大的房间,因此主要用于住宅、公寓、旅馆等对室内面积要求不大的建筑。

1.3.3　装配整体式框架-现浇剪力墙结构

装配整体式框架-现浇剪力墙结构(图 1.16)是指框架柱全部或部分预制,剪力墙全部采用现浇的结构体系。

具体而言,为了充分发挥框架结构平面布置灵活和剪力墙抗侧刚度大的特点,可将框架与剪力墙结合并实现协同工作,即为框架-剪力墙结构。将框架部分的某些构件如梁、柱等在工厂预制,然后在现场进行装配,将框架结构叠合部分与剪力墙在现场浇筑,从而形成共同承担水平荷载和竖向荷载的整体结构。

装配整体式框架-现浇剪力墙结构兼具框架结构与剪力墙结构的优势,适用范围广,适用于办公楼、旅馆、公寓等多种建筑。

图 1.16 装配整体式框架-现浇剪力墙结构

1.3.4 装配整体式框架-现浇核心筒结构

装配整体式框架-现浇核心筒结构是指框架柱全部或部分预制,核心筒采用现浇混凝土的结构体系。

装配整体式框架-现浇核心筒结构由外围框架与核心筒两部分组成:外围框架分布于核心筒四周,主要承担竖向荷载;现浇的混凝土核心筒位于结构中部,抗侧刚度大,主要承担水平荷载。类似于装配整体式框架-现浇剪力墙结构,装配整体式框架-现浇核心筒结构的框架部分的某些构件在工厂预制,而框架叠合部分与核心筒在现场浇筑。装配整体式框架-现浇核心筒结构具有良好的受力性能和空间布置的灵活性,因此适用于抗侧要求较高、功能多的超高层建筑等。

1.3.5 装配整体式部分框支剪力墙结构

对于必须在结构底部布置大空间的高层建筑,如住宅、旅馆等,底层需布置商店或公共设施时,可将剪力墙结构底部一层或几层取消部分剪力墙而代之以框架及其他转换结构(如厚板等转换层),构成部分框支剪力墙结构体系。对于装配整体式部分框支剪力墙结构,转换层以上的全部或者部分剪力墙采用预制墙板。该类结构常见于底部需要较大空间的多层或高层建筑,如底部有大型商场的高层写字楼、具有较大大厅的高层酒店、具有地上车库的居民楼等。

1.4 发展前景与政策导向

2013 年住房和城乡建设部《绿色建筑行动方案》(国办发〔2013〕1 号)提出"加快建立促进建筑工业化的设计、施工、部品生产等环节的标准体系""推广适合工业化生产的预制装配式混凝土、钢结构等建筑体系,加快发展建设工程的预制和装配技术,提高建筑工业化技术集成水平"。新时代装配式建筑政策支持体系开始建立。

2015 年,住房和城乡建设部发布《工业化建筑评价标准》(GB/T 51129—2015),决定 2016 年全国全面推广装配式建筑,同年住房和城乡建设部出台的《建筑产业现代化发展纲要》中,计划到 2020 年装配式建筑占新建建筑的比例达到 20% 以上,到 2025 年装配式建筑占新建建筑的比例达到 50% 以上。

2016 年,国务院出台《关于大力发展装配式建筑的指导意见》(国办发〔2016〕71 号),提出"按照适用、经济、安全、绿色、美观的要求,推动建造方式创新,大力发展装配式混凝土建筑和钢结构建筑,在具备条件的地方倡导发展现代木结构建筑,不断提高装配式建筑在新建建筑中的比例""力争用 10 年左右的时间,使装配式建筑占新建建筑面积的比例达到 30%"。

2017 年,国务院出台《关于促进建筑业持续健康发展的意见》(国办发〔2017〕19 号),提出"坚持标准化设计、工厂化生产、装配化施工、一体化装修、信息化管理、智能化应用",进一步为我国未来装配式建筑的发展指明了发展方向,推动了我国装配式建筑相关配套措施的完善进程。

2018 年,国务院出台《打赢蓝天保卫战三年行动》(国发〔2018〕22 号),强调"严格施工扬尘监管,因地制宜,稳步发展装配式建筑",装配式建筑由于其特殊的工厂化优势,使得其在修建过程中产生较小的能源消耗和环境污染,稳步发展装配式建筑对于我国未来的发展有着明显的利好。

2020 年,住房和城乡建设部等 13 部门联合印发《住房和城乡建设部等部门关于推动智能建造与建筑工业化协同发展的指导意见》(建市〔2020〕60号),指出"大力发展装配式建筑,推动建立以标准部品为基础的专业化、规模化、信息化生产体系"的发展方向;同年,住房和城乡建设部、教育部、科技部、工业和信息化部等九部门联合印发《关于加快新型建筑工业化发展的若干意见》(建标规〔2020〕8 号),意见提出:要大力发展钢结构建筑,推广装配式混凝土建筑。

2021 年,国务院关于印发《2030 年前碳达峰行动方案的通知》(国发〔2021〕23 号)明确指出:"推广绿色低碳建材和绿色建造方式,加快推进新型建筑工业化,大力发展装配式建筑。"

2022 年,住房和城乡建设部发布的《"十四五"建筑业发展规划》(建市〔2022〕11 号)提出:要大力发展装配式建筑,构建装配式建筑标准化设计和生产体系,推动生产和施工智能化升级,扩大标准化构件和部品部件使用规模,提高装配式建筑综合效益。完善适用不同建筑类型装配式混凝土建筑结构体系,加大高性能混凝土、高强钢筋和消能减震、预应力技术的集成应用。

近年来我国装配式建筑相关政策见表1.1。

表 1.1　近年来我国装配式建筑相关政策

发布时间	发布单位	相关政策
2013 年 1 月	住房和城乡建设部	《绿色建筑行动方案》
2015 年 8 月		《工业化建筑评价标准》
2015 年 11 月		《建筑产业现代化发展纲要》
2016 年 9 月	国务院	《关于大力发展装配式建筑的指导意见》
2017 年 2 月		《关于促进建筑业持续健康发展的意见》
2018 年 6 月		《打赢蓝天保卫战三年行动》
2020 年 7 月	住房和城乡建设部	《住房和城乡建设部等部门关于推动智能建造与建筑工业化协同发展的指导意见》
2020 年 8 月		《关于加快新型建筑工业化发展的若干意见》
2021 年 3 月		《关于 2020 年度全国装配式建筑发展情况的通报》
2022 年 1 月		《"十四五"建筑业发展规划》

随着各地积极推进装配式建筑项目落地,我国新建装配式建筑规模不断壮大。根据住房和城乡建设部《关于 2020 年度全国装配式建筑发展情况的通报》(建司局函标〔2021〕33 号),2016—2020 年我国新建装配式建筑面积逐年大幅增长。2020 年,全国 31 个省、自治区、直辖市和新疆生产建设兵团新开工装配式建筑共计 6.3 亿㎡,占新建建筑面积的比例约为 20.5%,完成了《"十三五"装配式建筑行动方案》确定的"到 2020 年达到 15% 以上"的工作目标。从结构形式看,2020 年新开工装配式混凝土结构建筑 4.3 亿㎡,占新开工装配式建筑的比例为 68.3%;装配式钢结构建筑 1.9 亿㎡,占新开工装配式建筑的比例为 30.2%。可预见的是,随着建筑向绿色化、工业化、信息化的发展,装配式建筑的应用将更为广泛。

1.5　装配式混凝土结构研究与应用

哈尔滨工业大学装配式混凝土结构课题组(以下简称"哈工大课题组"),会同应用企业,为解决我国装配式混凝土结构的关键技术,进行了多次的国内外考查,详细了解了日本、德国以及国内装配式混凝土结构的研究与应用情况。

日本是地震高发地区,其建筑结构体系多以耐震的装配式混凝土框架结构或钢板剪力墙混凝土框架结构为主,装配式建造采用预制的混凝土梁板柱和内外墙板,于现场吊装安装,如图 1.17 所示。

图 1.17　日本装配式混凝土框架结构

　　中国的万科集团早在 2003 年就开始推进装配式建筑的应用,早期参考日本方式,建造了外挂墙板的装配式混凝土框架结构实验楼(图 1.18),采用梁柱节点预制、跨中连接的装配式拆分与连接方法。

图 1.18　中国万科装配式混凝土框架结构

　　哈工大课题组与黑龙江宇辉集团进行了装配式混凝土结构的校企合作研发,提出了具有自主知识产权的装配式混凝土结构建造体系,于 2009 年设计建造了黑龙江省第一栋具有划时代意义的装配式混凝土剪力墙结构高层住宅(图 1.19),开启了我国装配式混凝土结构研究与应用的新篇章。

　　装配式混凝土结构是一种适用于建筑产业现代化的建造方式,其特点就是全部构件进行标准化设计、工厂制作生产、现场吊装连接、设施装修一体化,构件工厂化制作、施工速度快、节约资源、降低工程造价、提高工程质量。

　　装配式混凝土结构构件通过工厂化的生产,建筑材料损耗减少约 60%,建筑节能 65% 以上,建造周期缩短约 70%,做到了房屋建造、使用的"全过程"节约能源,最大限度地减少了对环境的不利影响,尤其是在北方严寒地区可以做

图 1.19 黑龙江省装配式混凝土剪力墙结构高层住宅

到"全年建设",大大提高了建设效率。更重要的是采用装配式混凝土结构可以大大提高建筑物的建造质量。相比传统的现浇结构,装配式混凝土结构的优点见表 1.2。

表 1.2 装配式混凝土结构与传统现浇混凝土结构对照表

类　　型	现浇混凝土结构	装配式混凝土结构
安全性	高	高
使用寿命	长	长
耐久性	好	好
适用层数	高层	高层
抗震设防等级	高	高
整体性	好	好
工期	长	较短
施工方便程度	复杂	简单
材料浪费程度	高	低

　　传统现浇混凝土结构的施工工序有绑扎钢筋、支模板、浇筑混凝土、养护、拆模、抹面等复杂的过程,其中的钢筋连接多采用搭接连接、焊接和机械连接,混凝土的连接主要是设置混凝土分段浇筑施工缝,而且上述工作全部需要在施工现场完成。而装配式混凝土结构的特点是工厂制作、现场吊装和连接,包含模板、钢筋、养护、拆模等构件制作的大部分过程已在工厂内完成,现场工作仅为吊装安装和连接,其中最重要的连接环节是装配式混凝土结构的关键。

　　哈工大课题组为解决预制混凝土结构连接的关键问题,参考国内外相关经验,并结合我国的实际情况,提出了"约束搭接连接"和"钢筋环插筋连接"等装配式混凝土结构关键技术和设计建造体系,首创了我国的建筑产业现代化房屋建造方式(图1.20)。相关系列试验研究表明,采用自研的关键技术后,装配式混凝土结构的纵筋连接长度可以减少50%,混凝土基本构件具有良好的强度、刚度、耗能能力及延性性能,有足够的安全储备。整体结构试验模型的抗震性能满足我国抗震规范要求,符合小震不坏、中震可修、大震不倒"三水准"抗震设防目标。

(a) 标准化设计 　　　　　　　　　(b) 工业化生产

(c) 装配化施工 　　　　　　　　　(d) 设备装修一体化

图1.20　建筑产业现代化房屋建造方式

相关关键技术获得国家发明专利10项、实用新型专利和外观专利70余项,研究成果获地方和国家奖励多项,并已纳入下列主编、参编、参审的相关标准和规则:

《预制装配整体式房屋混凝土剪力墙结构技术规程》(DB 23/T 1813–2016)

《装配式混凝土结构技术规程》(JGJ 1—2014)

《叠合整体式预制综合管廊工程技术规程》(DB 23/T 2278—2018)

《哈尔滨市装配式混凝土结构工程施工质量验收规定》(2017)

《哈尔滨市预制装配整体式综合管廊技术导则》(2015)

《装配式剪力墙结构设计规程》(DB 11/1003—2013)

《装配整体式剪力墙结构设计规程》(DB 21/T 2000—2012)

《装配整体式混凝土剪力墙结构体系居住建筑技术规程》(DB 22/T 1779—2013)

《装配整体式剪力墙结构设计规程》(DB 34/T 1874—2013)

《装配整体式混凝土剪力墙结构设计规程》(DB 42/T 1044—2015)

　　黑龙江省宇辉新型建筑材料有限公司位于哈尔滨利民开发区宇辉产业园区,通过与哈工大课题组合作,自主研发出符合中国国情、具有自主知识产权的预制装配式混凝土剪力墙结构体系技术。预制混凝土成品部件运到工地后通过简单的连接安装,就可将各部件像"搭积木"一样组装成建筑,此技术体系获得 80 余项国家专利,达到"绿色施工"程度,最大限度地减少了对环境的污染,具有结构安全、生产标准化、现场组装、施工建设快、节能减排效果好、建筑平面组合灵活等诸多特点。装配式构件自动化生产线如图 1.21 所示;装配式构件产品堆场如图 1.22 所示。2009 年其研究成果年获得"黑龙江省住房和城乡建设厅科技成果一等奖",鉴定结论为成果属国内首创,技术水平达到国际先进水平;2009 年 11 月 3 日,通过国家建设部住宅产业化促进中心审核,成为第 13 个国家住宅产业化基地。2010 年,宇辉建设集团住宅产业化第一条生产线已经全面投产,多年来投入 7 亿元建设了 7 条生产线,总体上实现了生产 150 万 m³ 部品、可建设 500 万 m² 面积的生产能力。

图 1.21　装配式构件自动化生产线

图 1.22　装配式构件产品堆场

装配式混凝土结构关键技术应用的建设项目简介见表 1.3。

表 1.3 装配式混凝土结构关键技术应用的建设项目简介

工程照片	工程基本信息
	洛克小镇 14#(哈尔滨) 建筑层数:18 层 建筑面积:18 243.08 m² 建筑结构:装配整体式剪力墙 建筑时间:2009 年 10 月—2010 年 9 月 项目特点:标准层装配率 90% 以上,主体采用免维护外墙保温技术,粘贴层与结构层内设断热件连接工艺,并设置 3 道防水层:现浇砼防水层、构造防水层(构造防水导槽)、密封膏防水嵌缝
	保利公园 40#(哈尔滨) 建筑层数:13 层 建筑面积:11 306.58 m² 建筑结构:装配整体式剪力墙 建筑时间:2010 年 6 月—2010 年 12 月 项目特点:标准层装配率 90% 以上,主体采用免维护外墙保温技术,粘贴层与结构层内设断热件连接工艺,并设置 3 道防水层:现浇砼防水层、构造防水层(构造防水导槽)、密封膏防水嵌缝
	新新怡园 4#、5#(哈尔滨) 建筑层数:28 层 建筑面积:30 296 m² 建筑结构:装配整体式剪力墙 建筑时间:2010 年 10 月—2011 年 10 月 项目特点:装配率为 90%,创造装配整体式剪力墙结构住宅的国内最高纪录 97.8 m
	玫瑰湾 D8#、D9#(哈尔滨) 建筑层数:11 层 建筑面积:39 967 m² 建筑结构:剪力墙 建筑时间:2011 年 3 月—2011 年 10 月 项目特点:板的装配率为 50%,剪力墙结构体系,采用工业化部品——叠合楼板

续表 1.3

工程照片	工程基本信息
	太阳能低碳小区 2#、5#、8#、11#(哈尔滨) 建筑层数:18 层 建筑面积:60 000 m² 建筑结构:装配整体式剪力墙 建筑时间:2011 年 5 月—2012 年 10 月 项目特点:装配率为 90%,装配式剪力墙结构住宅,采用全预制部品
	群力新苑 A50#、A51#(哈尔滨) 建筑层数:28 层 建筑面积:31 000 m² 建筑结构:剪力墙 建筑时间:2009 年 10 月—2010 年 12 月 项目特点:板的装配率为 50%,装配式剪力墙结构住宅,应用工业化部品——叠合楼板
	科技新苑-信园别墅(哈尔滨) 建筑层数:3 层 建筑面积:41 424 m² 建筑结构:装配整体式剪力墙 建筑时间:2014 年 4 月—2014 年 7 月 项目特点:装配率为 90%,GRC 构件与砼构件配合安装,别墅高度为 11.2 m
	万科春河里 4#、5#楼(沈阳) 建筑层数:31 层 建筑面积:60 000 m² 建筑结构:装配整体式剪力墙 建筑时间:2012 年 9 月—2013 年 10 月 项目特点:该项目为政府保障房项目,采用全预制装配整体式混凝土剪力墙结构体系,装配率为 90%

续表 1.3

工程照片	工程基本信息
	惠民新城政府保障房(沈阳) 建筑层数:12 层 建筑面积:11 万 m² 建筑结构:装配整体式剪力墙 建筑时间:2012 年 10 月—2013 年 6 月 项目特点:该项目为政府保障房项目,采用全预制装配整体式混凝土剪力墙结构体系,装配率为90%
	中科大人才公寓(安徽合肥) 建筑层数:13 层 建筑面积:1.3 万 m² 建筑结构:装配整体式剪力墙 建筑时间:2013 年 6 月—2013 年 9 月 项目特点:该项目采用装配整体式剪力墙结构体系,预制部件包括:外墙、内墙、隔墙、叠合板、楼梯、空调板等,预制率为66.7%,总工期缩短约35%

复 习 题

1.什么是装配式混凝土结构? 所谓"装配式"是指什么方式的受力体系?

2.装配式混凝土结构的特点是什么?

3.装配式混凝土结构的关键技术是什么?

4.装配式混凝土结构有哪些技术优势? 对于北方寒冷地区特别重要的意义是什么?

5.我国早期装配式混凝土结构的类型有哪些?

6.日本装配式混凝土结构有哪些特点?

7.万科第一栋装配式混凝土结构实验楼的结构体系特点是什么?

8.国务院印发的《2030 年前碳达峰行动方案》中有关推进城乡建设绿色低碳转型的重点内容有哪些?

第2章 装配式混凝土结构材料与构件连接

装配式混凝土结构所用的材料大多与现浇混凝土结构相同,但建造方式的变化,对材料的要求略有不同,且有一些专用材料。本章简要介绍装配式混凝土结构中的材料类别以及要求。

2.1 材 料

2.1.1 混凝土

根据《装配式混凝土结构技术规程》(JGJ 1—2014)的要求,预制混凝土构件的混凝土强度等级不宜低于C30;预制预应力混凝土构件的混凝土强度等级不宜低于C40,且不应低于C30;现浇混凝土的强度等级不应低于C25。预制构件在工厂生产,易于进行质量控制,因此对其采用的混凝土的最低强度等级的要求高于现浇混凝土。此外,构件在存储、运输、吊装、连接等过程中,可能承受难以预计的荷载,采用强度更高的混凝土,可以保证预制混凝土构件不发生损坏。

2.1.2 钢筋

预制混凝土构件纵向受力钢筋宜采用高强钢筋,梁、柱纵向受力的普通钢筋宜采用HRB400、HRB500、HRBF400、HRBF500钢筋,预应力筋宜采用预应力钢丝、钢绞线和预应力螺纹钢筋。钢筋及预应力筋的强度取值按现行国家标准《混凝土结构设计规范》(GB 50010—2010)的规定,其应具有不小于95%的保证率。普通钢筋采用套筒灌浆连接和浆锚搭接连接时,钢筋应采用热轧带肋钢筋,以使钢筋与灌浆料之间产生较大的摩擦力和机械咬合力,保证钢筋之间力的传递。

钢筋焊接网(图2.1)是指具有相同或不同直径的纵向和横向钢筋分别以一定间距垂直排列,全部交叉点均用电阻点焊焊在一起的钢筋网片。焊接采用专用焊网机,均由计算机自动控制生产,焊接网孔均匀,焊接质量良好,用于预制墙板、楼板等,可大幅度提高施工效率。钢筋焊接网应符合现行行业标准《钢筋焊接网混凝土结构技术规程》(JGJ 114—2014)的规定。

图 2.1　钢筋焊接网

2.1.3　锚固板

锚固板,即用于钢筋锚固的承压板,是为了钢筋在连接区域内的后浇混凝土中锚固而设置的钢筋端部附加锚固措施,以代替传统的钢筋端部弯折,便于施工。

根据分类方法的不同,锚固板的分类见表 2.1。

表 2.1　锚固板分类

分类方法	类　　别
按材料	球墨铸铁锚固板、钢板锚固板、锻钢锚固板、铸钢锚固板
按形状	圆形、方形、长方形
按厚度	等厚、不等厚
按连接方式	螺纹连接锚固板、焊接连接锚固板
按受力性能	部分锚固板、全锚固板

根据受力性能锚固板分为部分锚固板和全锚固板。其中,部分锚固板是依靠锚固长度范围内钢筋与混凝土的黏结作用和锚固板承压面的承压作用共同承担钢筋规定锚固力的锚固板;全锚固板是全部依靠锚固板承压面的承压作用承担钢筋规定锚固力的锚固板。钢筋锚固板示意图如图 2.2 所示。

锚固板应符合下列规定:

(1)全锚固板承压面积不应小于锚固钢筋公称面积的 9 倍。

(2)部分锚固板承压面积不应小于锚固钢筋公称面积的 4.5 倍。

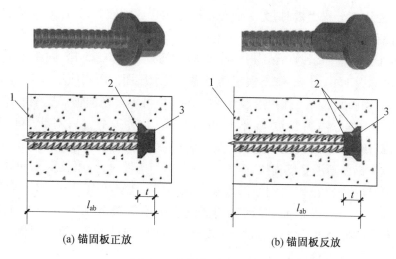

(a) 锚固板正放　　　　　　　　(b) 锚固板反放

图 2.2　钢筋锚固板示意图

1—锚固区钢筋应力最大处截面;2—锚固板承压面;3—锚固板端面

(3)锚固板厚度不应小于锚固钢筋公称直径。

(4)当采用不等厚或长方形锚固板时,除应满足上述面积和厚度要求外,应通过省部级的产品鉴定。

(5)采用部分锚固板锚固的钢筋公称直径不宜大于 40 mm;当公称直径大于 40 mm 的钢筋采用部分锚固板锚固时,应通过试验验证确定其设计参数。

锚固板原材料宜选用表 2.2 中的牌号,且应满足表 2.2 的力学性能要求;当锚固板与钢筋采用焊接连接时,锚固板原材料应符合现行行业标准《钢筋焊接及验收规程》(JGJ 18—2012)对连接件材料的可焊性要求。

表 2.2　锚固板原材料力学性能要求

锚固板原材料	牌号	抗拉强度 σ_s /(N·mm^{-2})	屈服强度 σ_b /(N·mm^{-2})	伸长率 δ/%
球墨铸铁	QT450-10	≥450	≥310	≥10
钢板	45	≥600	≥355	≥16
	Q345	450~630	≥325	≥19
锻钢	45	≥600	≥355	≥16
	Q235	370~500	≥225	≥22
铸钢	ZG230-450	≥450	≥230	≥22
	ZG270-500	≥500	≥270	≥18

在使用部分锚固板时,为了避免混凝土出现劈裂破坏,锚固长度范围内钢筋的混凝土保护层厚度不宜小于 $1.5d$(d 为钢筋直径);锚固长度范围内应配置不少于 3 根箍筋,其直径不应小于纵向钢筋直径的 0.25 倍,间距不应大于 $5d$,且不应大于 100 mm,第 1 根箍筋与锚固板承压面的距离应小于 $1d$;锚固长度范围内钢筋的混凝土保护层厚度大于 $5d$ 时,可不设横向箍筋。钢筋净间距不宜小于 $1.5d$,锚固长度 l_{ab} 不宜小于 $0.4l_{ab}$(或 $0.4l_{abE}$);对于 500 MPa、400 MPa、335 MPa 级钢筋,锚固区混凝土强度等级分别不宜低于 C35、C30、C25。纵向钢筋不承受反复拉、压力,且满足下列条件时,锚固长度 l_{ab} 可减小至 $0.3l_{ab}$:①锚固长度范围内钢筋的混凝土保护层厚度不小于 $2d$;②对 500 MPa、400 MPa、335 MPa 级钢筋,锚固区的混凝土强度等级分别不低于 C40、C35、C30。预制构件中采用钢筋锚固板的设计方法与详细规定见《钢筋锚固板应用技术规程》(JGJ 256—2011)。

2.1.4　其他材料

多层剪力墙结构中墙板水平接缝用坐浆材料的强度等级值应高于被连接构件的混凝土强度等级值。

连接用焊接材料、螺栓、锚栓等部件的材料应符合国家现行标准《钢结构设计标准》(GB 50017—2017)、《钢结构焊接规范》(GB 50661—2011)、《钢筋焊接及验收规程》(JGJ 18—2012)等的规定。

夹心外墙板中内外叶墙体的拉结件应符合下列规定:①金属及非金属材料拉结件均应具有规定的承载力、变形和耐久性能,并应经过试验验证;②拉结件应满足夹心外墙板的节能设计要求。

1. 密封材料

装配式混凝土结构由多个构件拼装而成,预制构件之间存在大量的拼装接缝,这些接缝很容易成为水流渗透的通道,因此,装配式混凝土结构接缝处的密封防水很关键。常用的防水密封方法有两种:结构防水和材料防水。密封胶是常用的防水密封材料之一,常用的建筑密封胶包括聚氨酯密封胶(PU)、硅烷改性聚醚密封胶(MS)、硅酮密封胶(SR)等。密封胶应具有以下性能:

(1)良好的变形能力。受温度等各种外界因素的影响,墙板及接缝尺寸会发生循环变化,因此密封胶必须具备良好的变形能力。

(2)优异的耐候性。由于密封胶的外表面长期外露,受紫外线照射、冷热循环、风雨等外界环境的影响,因此密封胶必须具有非常好的耐候性,以保证其长期的使用效果,从而保证建筑的使用寿命和安全。

（3）良好的黏结和相容性。混凝土属于多孔材料，不利于密封胶的黏接；此外，混凝土本身呈碱性，部分碱性物质迁移至黏接面会影响密封胶的黏接效果；预制外墙板生产过程中需采用脱模剂，在一定程度上也会影响密封胶的黏接性能。为保证密封效果，采用的密封胶必须与混凝土基材具有良好的黏结性和相容性。

（4）防污染性。密封胶用于外露使用时，一些未参与反应的小分子物质易游离渗透到混凝土中，并且增塑剂也容易渗透进入混凝土孔洞中；由于静电作用，一些灰尘也会黏附在混凝土板缝的周边，为整体美观需要密封胶还应具备防污染性，即避免对接缝两侧的基层造成污染。

（5）涂装性。为追求建筑整体的美观，常对外墙表面进行喷漆处理，密封胶的可涂装性也是一项重要的性能指标。

（6）可修补性。密封胶在使用过程中难免出现破损、局部黏结失效的情况，因此要求密封胶具有良好的可修补性。

硅酮、聚氨酯、聚硫建筑密封胶的相关性能要求详见国家现行标准《硅酮和改性硅酮建筑密封胶》（GB/T 14683—2017）、《聚氨酯建筑密封胶》（JC/T 482—2022）、《聚硫建筑密封胶》（JC/T 483—2022）。

2. 保温材料

为了保证建筑保温节能效果，降低建筑的能耗，一般在外围护系统上采取保温措施，降低热量的散失。根据材料性质，保温材料可分为有机材料、无机材料和复合材料。

有机材料质量轻、致密性高、保温隔热性好，但阻燃性能不如无机材料；无机材料防火、阻燃效果好，抗老化、性能稳定、生态环保性好、不消耗有机能源，但容重较大、保温隔热性能稍差。典型无机保温材料包括：岩棉、泡沫混凝土、加气混凝土、保温砂浆、玻璃棉、泡沫玻璃、玻化微珠等；典型有机保温材料包括：聚苯乙烯泡沫板（EPS）、挤塑聚苯板（XPS）、聚氨酯硬质泡沫塑料（PU）、喷涂聚氨酯（SUP）等。

装配式建筑中预制混凝土夹心保温外墙板是中间夹有保温层的预制混凝土外墙板，可以作为结构构件承受荷载作用，同时具有保温节能功能，是一种保温结构一体化墙板。其中填充所用保温材料的燃烧性能应满足现行国家标准《建筑材料及制品燃烧性能分级》（GB 8624—2012）中 A 级的要求，其导热系数不宜大于 0.040 W/(m·K)，体积比吸水率不宜大于 0.3%。

2.2　构件的拆分与连接

2.2.1　构件的拆分

　　装配整体式混凝土结构是先制作结构或非结构构件,再经吊装安装施工的一种结构建造方法。因此,在制作阶段,需要先将整体结构按照一定的原则分解成为满足制作、运输、吊装要求的各类构件,这个分解过程称为拆分。待构件制作完成后,运输到施工现场进行吊装安装,并进行构件之间的连接,以达到结构的整体作用。结构构件拆分的基本原则是要保证连接之后结构的整体性能,同时也要考虑构件制作平台的尺寸、运输宽度和高度的限制,以及吊装机械额定重量限值的基本要求。

　　对于混凝土剪力墙、框架柱等竖向构件,一般以每层的层高位置作为竖向的拆分位置,梁板等水平构件以其支座作为拆分位置。因此,装配式混凝土框架结构一般在框架梁柱节点处拆分,梁柱节点后浇混凝土连接。剪力墙结构竖向方向同样在每层层高位置拆分,剪力墙在水平方向于纵横剪力墙相交处拆分,预留后浇带后浇混凝土连接,剪力墙水平拆分时尽量不在门窗等洞口处拆分,要保证洞口处连梁的完整性。梁板、楼梯等构件在两端支座的位置拆分,梁板等混凝土构件一般制作成叠合构件,梁板截面高度的下半部分预制、上半部分后浇混凝土而形成整体,对于跨度较大的梁板构件,为满足制作运输和吊装要求可以再次分段、分块预制。拆分示意图如图2.3所示,不同结构体系的拆分和连接方法可见本书相关章节的示例,以及相关标准的具体规定。

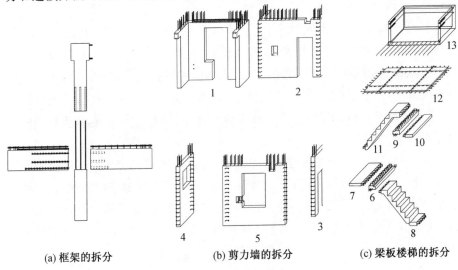

(a) 框架的拆分　　　　　　　(b) 剪力墙的拆分　　　　　　　(c) 梁板楼梯的拆分

图2.3　混凝土构件拆分示意图

2.2.2　构件的连接

装配式混凝土结构构件的连接包括钢筋连接和混凝土连接两大部分,是决定结构整体性的关键。现浇混凝土结构的钢筋连接一般采用绑扎搭接连接、焊接连接和机械连接等方法,在钢筋连接并绑扎完成之后在支模板浇筑混凝土。而装配式混凝土结构构件的连接特点是吊装安装的同时要实现构件的钢筋与混凝土相互连接,因此装配式混凝土构件的连接有自身的特点,即应考虑混凝土构件已经完成制作之后,构件之间的钢筋和混凝土如何进行连接,并保证连接后的整体受力性能。

1. 纵向钢筋的连接

目前装配式混凝土结构中纵筋的连接方式中,研究比较充分且广泛应用到实际中的主要有灌浆套筒连接、挤压套筒连接和约束浆锚搭接连接,下面分别介绍 3 种连接方式所用材料的要求。

(1) 灌浆套筒连接。

灌浆套筒连接是在预制混凝土构件内预埋的金属套筒中插入钢筋并灌注水泥基灌浆料而实现的钢筋机械连接方式,所用材料包括灌浆套筒和灌浆料(图 2.4)。它具有搭接可靠、便于现场施工等优点,20 世纪 80 年代开始被日本等国家应用到实际工程中。灌浆套筒连接主要包括全灌浆套筒连接和半灌浆套筒连接两种。两端均采用套筒灌浆连接的灌浆套筒为全灌浆套筒,该套筒形式适应性更广,成本相对偏低。

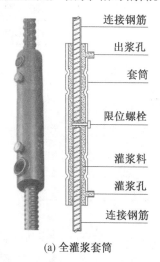
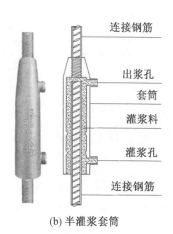

(a) 全灌浆套筒　　　　　　　　　　(b) 半灌浆套筒

图 2.4　灌浆套筒连接

半灌浆套筒一端采用套筒灌浆连接,另一端采用机械连接方式连接。一般为预制端设螺纹连接,装配端设灌浆连接。由于预制端的螺纹丝头加工长度小于套筒内需要的锚固长度,因此套筒长度减小,节省了套筒和灌浆料用量。但是实际生产施工中为了保证预制端连接的机械咬合质量,对连接钢筋要加工螺纹至符合要求,同时套筒、连接钢筋的材料及型号要符合严格的要求,因此该套筒连接成本偏高。

灌浆套筒应符合现行行业标准《钢筋连接用灌浆套筒》(JG/T 398—2019)的有关规定。灌浆套筒的设计锚固长度不宜小于插入钢筋公称直径的 8 倍,灌浆端最小内径与连接钢筋公称直径的差不宜小于表 2.3 规定的数值。

表 2.3　灌浆套筒灌浆端最小内径与连接钢筋公称直径差的最小值 单位:mm

钢筋公称直径	套筒灌浆端最小内径与连接钢筋公称直径差的最小值
12 ~ 25	10
28 ~ 40	15

《钢筋连接用灌浆套筒》(JG/T 398—2019)对灌浆套筒的尺寸、材料性能等有详细的规定,其中,按照制造工艺分为铸造灌浆套筒(宜为球墨铸铁灌浆套筒)和机械加工灌浆套筒,二者的材料性能指标要求见表 2.4 和表 2.5。

表 2.4　球墨铸铁灌浆套筒的材料性能

项目	材料	抗拉强度 R_m/MPa	断后伸长率 A/%	球化率/%	硬度(HBW)
性能指标	QT500	≥500	≥7	≥85	170 ~ 230
	QT550	≥550	≥5		180 ~ 250
	QT600	≥600	≥3		190 ~ 270

表 2.5　机械加工灌浆套筒常用钢材材料性能

项目	性能指标					
材料	45#圆钢	45#圆管	Q390	Q345	Q235	40Cr
屈服强度 R_{eL}/MPa	≥355	≥335	≥390	≥345	≥235	≥785
抗拉强度 R_m/MPa	≥600	≥590	≥490	≥470	≥375	≥980
断后伸长率 A/%	≥16	≥14	≥18	≥20	≥25	≥9

注:当屈服现象不明显时,用规定塑性延伸强度 $R_{p.02}$ 代替。

套筒灌浆料是以水泥为基本原料,配以细骨料、混凝土外加剂和其他材料组成的干混料,该材料加水搅拌后具有良好的流动、早强、高强、微膨胀等性能,填充在套筒和带肋钢筋间隙内,形成钢筋套筒灌浆连接接头。套筒灌浆料应符合现行行业标准《钢筋连接用套筒灌浆料》(JG/T 408—2019)的规定。

套筒灌浆料分为常温型套筒灌浆料和低温型套筒灌浆料,其中,常温型套筒灌浆料适用于灌浆施工及养护过程中 24 h 内灌浆部位环境温度不低于 5 ℃的套筒灌浆料;低温型套筒灌浆料适用于灌浆施工及养护过程中 24 h 内灌浆部位环境温度范围为−5 ~ 10 ℃的套筒灌浆料。套筒灌浆料的性能指标应满足表 2.6 和表 2.7 的要求。

表 2.6　常温型套筒灌浆料的性能指标

检测项目	性能指标
流动度/mm	初始≥300,30 min≥260
抗压强度/MPa	1 d≥35,3 d≥60,28 d≥85
竖向膨胀率/%	3 h:0.02 ~ 2;24 h 与 3 h 差值:0.02 ~ 0.40
28 d 自干燥收缩/%	≤0.045
氯离子质量分数/%	≤0.03
泌水率/%	0

注:氯离子质量分数以灌浆料总量为基准。

表 2.7　低温型套筒灌浆料的性能指标

检测项目	性能指标
−5 ℃流动度/mm	初始≥300,30 min≥260
8 ℃流动度/mm	初始≥300,30 min≥260
抗压强度/MPa	−1 d≥35,−3 d≥60,−7 d+21 d[①]≥85
竖向膨胀率/%	3 h:0.02 ~ 2;24 h 与 3 h 差值:0.02 ~ 0.40
28 d 自干燥收缩/%	≤0.045
氯离子质量分数[②]/%	≤0.03
泌水率/%	0

注:① −1 d:负温养护 1 d;−3 d:负温养护 3 d;−7 d+21 d:负温养护 7 d 转标养 21 d。
　　② 氯离子质量分数以灌浆料总量为基准。

对于装配式混凝土结构钢筋连接的灌浆套筒,也存在着套筒样式复杂、加工难度大、材料要求高等缺点。为改善已有灌浆套筒连接存在的问题,哈工大课题组结合灌浆套筒力学性能良好、约束效果强等优势,在已有研究的基础上通过国内外灌浆套筒产品的对比,总结目前灌浆套筒产品存在的优缺点,提出一种新型套筒制作方法和钢筋连接形式,如图 2.5 所示。新型套筒是将低碳钢管经过简单的滚压工艺加工制作为螺纹套筒,套筒内壁上的螺旋肋和外壁上的螺旋槽经过冷加工同时形成,加工工艺简单。内壁的螺旋肋和外壁的螺旋槽可大幅度提高套筒与接触面材料之间的机械咬合力。

(a) 波节滚压套筒

(b) 螺旋滚压套筒

图 2.5　滚压套筒

　　总结灌浆套筒连接的优点，并结合哈工大课题组约束搭接连接的研究成果，创新性提出一种钢筋折线搭接连接和直线对接连接方式，螺旋肋灌浆套筒钢筋连接如图 2.6 所示。其中搭接连接方式可有效减小套筒长度，两种连接方式都采用偏心连接，可保证构件钢筋平面外的有效截面高度和混凝土保护层厚度。

　　关于新型接头的连接性能的研究发现，当搭接长度取 10d 时试件的强度和变形同时满足规范规定，证明了新型搭接连接方法具有可行性。

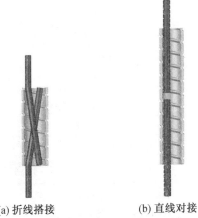
(a) 折线搭接　　　　(b) 直线对接

图 2.6　螺旋肋灌浆套筒钢筋连接

　　根据试验现象及结果，结合钢筋与混凝土黏结锚固理论，分析新型连接接头受力机理，给出连接接头的工作机理和套筒及搭接长度的相关构造要求。

　　灌浆套筒连接技术运用比较复杂，现场作业困难，为了保证新型灌浆套筒的质量及构件生产安装的精度，提高构件制作安装效率，结合新型灌浆套筒搭接连接方式的特点及课题组的前期研究成果，详细提出了新型套筒的制作工艺、新型连接预制剪力墙的制作与安装方法。螺旋肋灌浆套筒钢筋搭接连接构造示意图如图 2.7 所示。

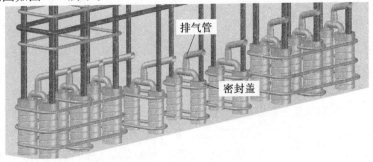
排气管

密封盖

图 2.7　螺旋肋灌浆套筒钢筋搭接连接构造示意图

采用滚压套筒搭接连接的预制剪力墙抗震性能试验证明,预制剪力墙的裂缝开展情况和破坏情况与普通现浇剪力墙基本一致,预制剪力墙试件与普通现浇剪力墙相比,承载力略低,刚度接近,延性较好,耗能能力较强,剪力墙内的纵筋应变和底梁插筋应变差别不大,钢筋性能得到充分的发挥,反映了采用滚压套筒搭接连接的剪力墙试件在试验中搭接性能良好,如图 2.8 所示。

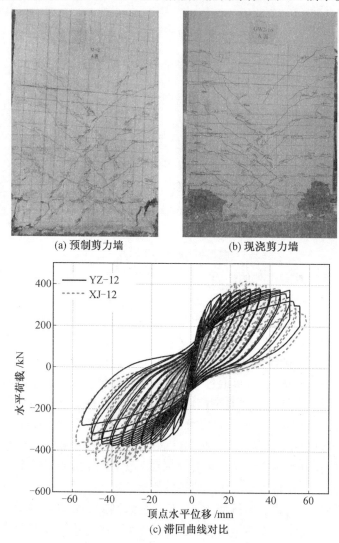

(a) 预制剪力墙　　　　　　　(b) 现浇剪力墙

(c) 滞回曲线对比

图 2.8　滚压套筒搭接连接剪力墙构件抗震性能对比

目前装配式结构中竖向节点处主要采用灌浆套筒连接,构件安装结束后使用传统灌浆料进行灌浆,连接部位的节点往往是结构中的薄弱点,也是装配式结构能够等同于现浇结构的一个关键点。节点的质量与灌浆套筒的灌浆质量密切相关,只有灌浆质量得到保障,整体结构的抗震性能与受力性能才能得以发挥。但是由于目前施工现场条件差、灌浆工艺的复杂性、相关施工人员职业技能的培训缺陷以及后期灌浆质量不易检测等,在套筒灌浆时,常出现灌浆不饱满和漏浆等灌浆质量问题,如图2.9所示,灌浆不饱满和漏浆严重影响连接节点处的受力性能以及结构的整体性。针对此问题哈工大课题组研发了一种新型类宾汉流体灌浆料(简称为新型灌浆料),可以保证灌浆的饱满性。

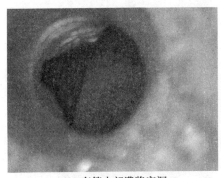 

(a) 套筒内部灌浆空洞　　　　　　　(b) 接缝处及灌浆孔漏浆

图2.9　灌浆质量问题

新型灌浆料具有优越的性能。宾汉流体是非牛顿流体中的一种,在低应力下它表现为刚性体,但在高应力下,它会像黏性流体一样流动,牙膏即是宾汉流体的典型例子,只有在施加相应的压力后才能进行流动。配置完成后的新型灌浆料不易流动,可在自然放置状态下保持原有形态不变,通过灌浆枪或者压力式灌浆机施加相应的压力才可良好地流动,施工时新型灌浆料在预制构件吊装安装前预先注入套筒内部,可通过与套筒内壁的黏结力以及有下落趋向时形成的真空反作用力良好地黏结在套筒内部。新型灌浆料具有体积微膨胀性以及强度性能。良好的体积微膨胀性和强度性能可以保障钢筋和灌浆料之间的黏结力,保证节点质量。新型灌浆料具有良好的可操作性。新型灌浆料在实际使用时操作方便,可实现预先灌注至套筒内而不流淌,且吊装安装钢筋插入时阻力也很小,满足实际施工时的操作便利性要求。

试验研究证明,研发的新型类宾汉流体灌浆料能够较好地满足研发目标预想,可以在保证工作性能的基础上保持注入套筒内部不脱落,力学性能也均满足灌浆料规范要求。采用新型灌浆料的套筒钢筋连接单向拉伸试件以及反复拉压试件最终的破坏方式均为钢筋拉断破坏,其承载力、变形性能均满足规范要求,如图2.10所示。

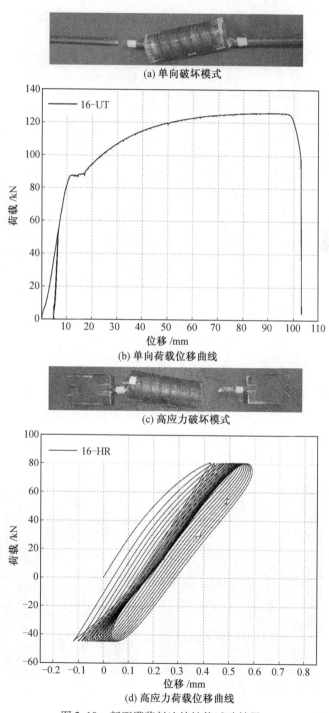

(a) 单向破坏模式

(b) 单向荷载位移曲线

(c) 高应力破坏模式

(d) 高应力荷载位移曲线

图 2.10　新型灌浆料连接性能试验结果

(e) 大变形破坏模式

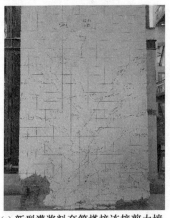

(f) 大变形荷载位移曲线

续图 2.10

采用新型灌浆料套筒搭接连接预制剪力墙试件的抗震性能与现浇剪力墙试件的抗震性能比较接近,二者破坏模式以及裂缝开展情况基本一致,预制剪力墙试件的屈服、峰值以及极限承载能力略优于现浇剪力墙试件,刚度与现浇剪力墙试件比较接近(图 2.11)。

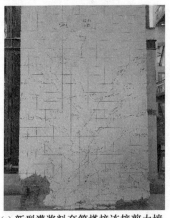

(a) 新型灌浆料套筒搭接连接剪力墙   (b) 现浇剪力墙

图 2.11 新型灌浆料连接试件试验对比

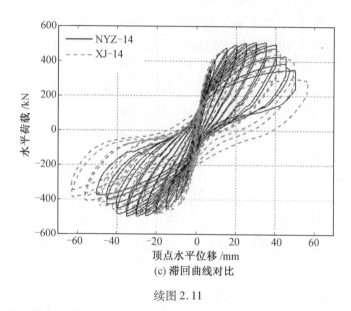

(c) 滞回曲线对比

续图 2.11

（2）挤压套筒连接。

挤压套筒（图 2.12）连接是将两根待连接的钢筋插入无缝钢管一定长度，然后采用挤压设备由径向挤压连接套筒，使得套筒产生塑性变形，与钢筋的横肋紧密咬合，从而将两根钢筋连接在一起，实现可靠传力的目的。

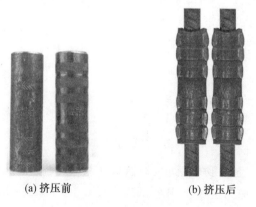

(a) 挤压前　　　　　　(b) 挤压后

图 2.12　挤压套筒

挤压套筒用于装配式混凝土结构时，具有连接可靠、施工方便、节省人工、施工质量现场可检查等优点。施工现场采用机具对套筒进行挤压实现钢筋连接时，需要有足够大的操作空间，因此，预制构件之间应预留足够的后浇段。

纵向钢筋采用挤压套筒连接时应符合下列规定：

①连接框架柱、框架梁、剪力墙边缘构件的纵向钢筋的挤压套筒接头应满足Ⅰ级接头的要求，连接剪力墙竖向分布钢筋、楼板分布钢筋的挤压套筒接头应满足Ⅰ级接头抗拉强度的要求。

②被连接的预制构件之间应预留后浇段，后浇段的高度或长度应根据挤压套筒接头安装工艺确定，并采取措施保证后浇段的混凝土浇筑密实。

③预制柱底、预制剪力墙底宜设置支腿，支腿应能承受不小于2倍被支承预制构件的自重。

（3）约束浆锚搭接连接。

浆锚搭接连接是在预制混凝土构件中采用特殊工艺制成的孔道中插入需搭接的钢筋，并灌注水泥基灌浆料而实现的钢筋搭接连接方式（图2.13）。常用的浆锚搭接连接方式有约束浆锚搭接连接和非约束浆锚搭接连接两种，其中哈工大课题组提出的约束浆锚搭接连接长度更短，连接性能更好。

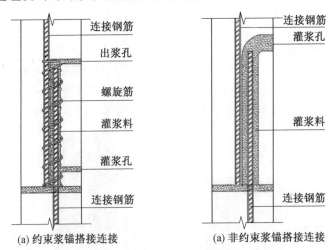

图2.13　浆锚搭接

钢筋浆锚搭接连接镀锌金属波纹管成孔或采用芯模成孔时，波纹管应符合现行行业标准《预应力混凝土用金属波纹管》（JG/T 225—2020）的有关规定。镀锌金属波纹管的钢带厚度不宜小于0.3 mm，波纹高度不应小于2.5 mm。采用芯模成孔时，需要在混凝土初凝阶段将芯模取出。

钢筋浆锚搭接连接接头应采用水泥基灌浆料，灌浆料的物理、力学性能应满足表2.8的要求，氯离子含量应符合《混凝土结构设计规范》（GB 50010—2010）的有关规定。

表 2.8　钢筋浆锚搭接连接接头用灌浆料性能要求

项目		性能指标	试验方法标准
泌水率/%		0	《普通混凝土拌合物性能试验方法标准》（GB/T 50080—2016）
流动度/mm	初始值	≥200	《水泥基灌浆材料应用技术规范》（GB/T 50448—2015）
	30 min 保留值	≥150	
竖向膨胀率/%	3 h	≥0.02	《水泥基灌浆材料应用技术规范》（GB/T 50448—2015）
	24 h 与 3 h 的膨胀率之差	0.02～0.5	
抗压强度/MPa	1 d	≥35	《水泥基灌浆材料应用技术规范》（GB/T 50448—2015）
	3 d	≥55	
	28 d	≥80	

约束浆锚搭接连接是我国首次发明的一种适用于装配式混凝土结构施工方式的钢筋连接方法,该方法是通过在构件受力钢筋旁边预留带有螺旋加强筋的孔洞,搭接钢筋在结构吊装时插入孔洞内一定的搭接长度,通过孔洞内灌浆,在灌浆料凝结硬化后将钢筋连接成为一体。该方法大大降低预制混凝土结构的建造成本,且连接可靠。

约束浆锚搭接连接的基本原理是搭接钢筋之间能够传力是由于钢筋与混凝土之间的黏结锚固。两根相向受力的钢筋分别锚固在搭接连接区段的混凝土中而将力传递给混凝土,从而实现钢筋之间应力的传递。搭接钢筋横肋斜向挤压锥楔作用造成的径向推力引起了两根钢筋的分离趋势,两根搭接钢筋之间容易出现纵向劈裂裂缝,甚至因两根钢筋分离而破坏,因此必须保证强有力的配箍约束。

受拉钢筋搭接长度应根据同一连接区段内搭接接头面积百分率按下式计算:

$$l_1 = \zeta l_a \tag{2.1}$$

钢筋的搭接长度和受力性能是约束浆锚搭接连接的关键。搭接长度是在基本锚固长度 l_a 基础上取得的,规范规定了搭接长度的计算方法一般是在基本锚固长度的基础上乘以搭接长度修正系数 ζ。如表 2.9 所示,当受拉纵筋接头面积百分率为 100% 时,搭接长度修正系数 ζ 为 1.6,即搭接长度增加了 60%,普通 HRB400 级钢筋基本锚固长度 l_a 约为 35d,搭接长度 l_1 则增加至 56d,如果装配式混凝土构件的纵筋采用普通浆锚搭接连接,则搭接的钢筋以及灌浆量将增加较多,不仅浪费了材料,也将大大增加构件制作、运输和吊装安装的难度。

表 2.9　纵向受拉钢筋搭接长度修正系数

受拉钢筋搭接接头面积百分率	<25%	50%	100%
ζ	1.2	1.4	1.6

哈工大课题组通过 300 多个锚固、搭接试件的连接性能试验表明,未配螺旋箍筋的连接试件全部为纵向劈裂破坏,承受的最大拉力仅接近钢筋的屈服强度;而配置了螺旋箍筋约束的连接试件,在达到钢筋屈服时都未发生纵向劈裂破坏,且随着配箍率的增加,连接试件所能承受的拉力逐渐增大,配箍率较大时甚至能达到钢筋的极限强度,即受拉钢筋在搭接连接区域以外拉断,而未发生劈裂滑脱等连接破坏,典型破坏模式如图 2.14 所示。经试验统计分析,约束浆锚钢筋搭接长度可减小为 $0.5l_a$(约 $15d$),考虑不同钢筋直径、混凝土强度、搭接长度等因素,建议搭接长度为 $1.0l_a$($\approx 30d$)。

(a) 搭接连接劈裂破坏

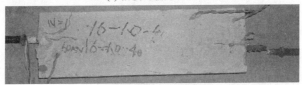

(b) 搭接连接拉断破坏

图 2.14　浆锚搭接连接的破坏模式对比图

在充分的连接性能试验研究基础上,给出了约束浆锚搭接连接的设计计算和构造方法,试验验证了这种钢筋连接方法的可行性,得到了具有可靠度、合理的钢筋搭接长度,证实了约束浆锚搭接连接的安全性能。约束浆锚搭接连接机理如图 2.15 所示。

由受拉纵筋所受的外力与搭接长度范围内的黏结力建立力平衡可得

$$f_y A_s = \tau \pi d l_1 \tag{2.2}$$

假设变形钢筋表面的剪应力 τ 与正应力 σ 相等,即 $\tau = \sigma$,可得

$$\sigma = \frac{f_y A_s}{\pi d l_1} \tag{2.3}$$

由一个约束箍筋间距 S_{sv} 的单元体内纵筋表面正应力引起的混凝土和箍筋拉力平衡,可得

$$2\sigma d S_{sv} = 2\sigma_{sv} A_{sv} + [f_t(D_{cor} - 2d)] S_{sv} \tag{2.4}$$

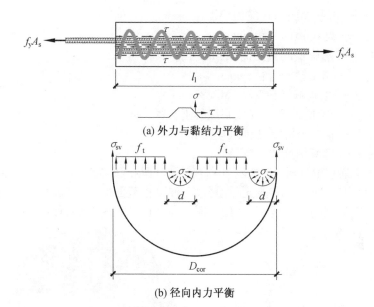

(a) 外力与黏结力平衡

(b) 径向内力平衡

图 2.15　约束浆锚搭接连接机理

当混凝土受拉即将开裂时箍筋应力 $\sigma_{sv}=2\alpha_E f_t$，上式则为

$$2\frac{f_y A_s}{\pi d l_1}dS_{sv}=4\alpha_E f_t A_{sv}+f_t(D_{cor}-2d)S_{sv} \tag{2.5}$$

因约束箍筋体积配箍率 $\rho_{sv}=\dfrac{\dfrac{\pi d_{sv}^2}{4}\pi D_{cor}}{\dfrac{\pi D_{cor}^2}{4}S_{sv}}=\dfrac{4A_{sv}}{D_{cor}S_{sv}}$，则 $S_{sv}=\dfrac{4A_{sv}}{D_{cor}\rho_{sv}}$，代入上式并整理

得 $\rho_{sv}=\dfrac{2f_y A_s d}{\alpha_E D_{cor}f_t \pi d l_1}-\dfrac{(D_{cor}-2d)}{\alpha_E D_{cor}}$，代入 $l_1=\zeta_1 l_a$ 以及 $l_a=\alpha\dfrac{f_y}{f_t}d$，则即将开裂时约束箍筋的配箍率为

$$\rho_{sv}=\frac{d}{2\alpha\zeta_1\alpha_E D_{cor}}-\frac{D_{cor}-2d}{\alpha_E D_{cor}} \tag{2.6}$$

式中　f_y——受力钢筋屈服强度，MPa；

$\quad\quad A_s$——受力钢筋截面面积，mm²；

$\quad\quad d$——受拉钢筋直径，mm；

$\quad\quad l_1$——受拉钢筋搭接长度，$l_1=\zeta_1 l_a$，mm；

$\quad\quad \zeta_1$——纵向受拉钢筋搭接长度修正系数；

$\quad\quad l_a$——受拉钢筋锚固长度，$l_a=\alpha f_y d/f_t$，mm；

$\quad\quad \alpha$——钢筋表面形状系数；

$\quad\quad f_t$——混凝土抗拉强度，MPa；

$\quad\quad \tau$——钢筋表面的剪应力，MPa；

σ——钢筋表面的正应力,MPa;

S_{sv}——螺旋箍筋间距,mm;

A_{sv}——螺旋箍筋截面面积,mm^2;

d_{sv}——螺旋箍筋直径,mm;

σ_{sv}——螺旋箍筋拉应力,MPa;

D_{cor}——螺旋箍筋约束核心混凝土直径,mm;

α_E——钢筋与混凝土弹性模量比;

ρ_{sv}——螺旋箍筋体积配箍率。

通过上述理论分析,建立受拉纵筋搭接长度与螺旋箍筋体积配箍率的关系。

另外,通过 ANSYS 有限元平面分析,混凝土截面的环向拉应力最大位置出现在两根钢筋之间的连线上,显然混凝土应从此处首先开裂,如图 2.16 所示。

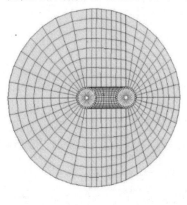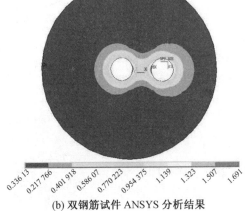

(a) 双钢筋试件 ANSYS 平面模型　　　(b) 双钢筋试件 ANSYS 分析结果

图 2.16　ANSYS 有限元平面分析

约束搭接连接可用于经水泥基灌浆料锚固连接,也可以用于经后浇混凝土锚固连接。如图 2.17、图 2.18 所示,当装配式混凝土结构构件的纵向钢筋采用约束搭接连接时应符合相应的构造规定。

对于采用约束搭接连接的钢筋应采用变形带肋钢筋,搭接连接长度应按较大直径的钢筋采用。经水泥基灌浆料或后浇混凝土锚固的钢筋约束搭接长度 l_1 不应小于 l_a 或 l_{aE};约束螺旋箍筋的配箍率不小于 1.0%。螺旋箍筋直径不应小于 4 mm、不宜大于 10 mm,螺旋箍筋螺距的净距应不小于混凝土最大骨料粒径,且不小于 30 mm。螺旋箍筋环内径 D_{cor} 不应大于表 2.10 的要求,螺旋箍筋的混凝土保护层厚度应满足设计要求。连接筋预留孔长度宜大于钢筋搭接长度 30 mm;约束螺旋箍筋顶部长度应大于预留孔长度 50 mm,底部应捏合不少于 2 圈;预留孔内径尺寸应适合钢筋插入搭接及灌浆。连接筋插入后宜采用压力灌浆,预留锚孔内灌浆饱满度不应小于 95%。

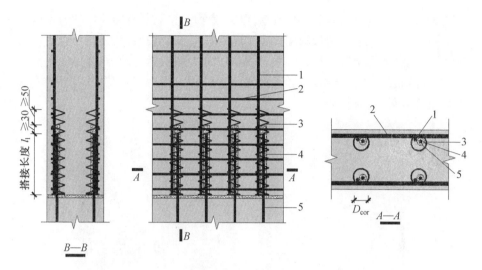

图 2.17　水泥基灌浆料钢筋约束浆锚搭接连接
1—竖向钢筋;2—水平钢筋;3—螺旋箍筋;4—灌浆孔道;5—搭接连接筋

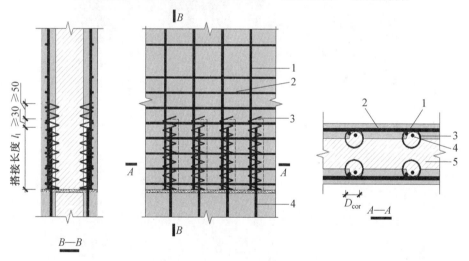

图 2.18　后浇混凝土钢筋约束搭接连接
1—竖向钢筋;2—水平钢筋;3—螺旋箍筋;4—搭接连接筋;5—后浇混凝土

表 2.10　约束螺旋箍筋环内径 D_{cor} 限值

竖向钢筋直径/mm	8	10	12	14	16	18	20	25
D_{cor} 最大值/mm	50	60	70	80	90	100	110	120

进一步的混凝土构件抗震性能对比试验研究表明,采用了约束浆锚搭接连接的混凝土试件具有更优越的抗震受力性能,装配式剪力墙构件与现浇剪力墙

构件的抗震性能对比如图 2.19 所示,对于截面尺寸、材料性能相同的剪力墙试件,纵筋采用约束浆锚连接的墙片相比现浇墙片可有效提高受压区混凝土约束能力,受压区混凝土破坏较为轻微,预制剪力墙试件裂缝更充分,滞回曲线更饱满,延性好,耗能能力优越。钢筋搭接长度为 $1.0l_a$,可达到 8 度地区抗震性能,等同现浇效果,更有优势。

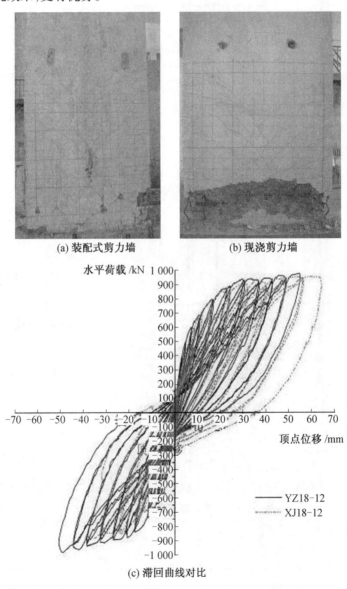

(a) 装配式剪力墙　　　　　　(b) 现浇剪力墙

(c) 滞回曲线对比

图 2.19　装配式剪力墙构件与现浇剪力墙构件的抗震性能对比

2. 水平钢筋的连接

（1）剪力墙水平钢筋的连接。

混凝土剪力墙结构为了抵抗水平剪力作用,需要配置水平分布钢筋,当剪力墙构件进行水平拆分时,需要在截面较大或纵横剪力墙的交界处设置竖向后浇混凝土连接带,此时该位置就需要进行剪力墙的水平钢筋连接。

哈工大课题组首次提出了一种剪力墙水平钢筋的连接方法,称为钢筋环插筋连接,如图 2.20 所示。

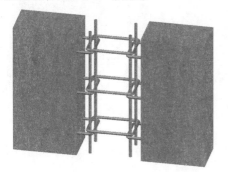

图 2.20　钢筋环插筋连接

钢筋环插筋连接解决了剪力墙构件按顺序吊装安装时,先后安装的构件之间水平钢筋相互阻碍和碰撞的问题,该方案是将剪力墙构件露出端部的两侧水平钢筋连通成环,待同样带有水平钢筋连通环的相邻剪力墙构件吊装时,两环之间设定一定的距离,则吊装构件就不会由于外露钢筋而相互阻碍。相邻构件就位后,再于两构件的连通环上放置同样宽度尺寸的环筋,而且该环筋与两侧构件的连通环相互交叠一定的长度,形成可以插入纵筋的空间,绑扎固定后在后浇带两侧支好模板,进行后浇混凝土连接,待后浇混凝土凝结硬化后,就将相邻两片剪力墙构件连接成为一个整体。

为研究钢筋环插筋连接对构件整体抗震性能的影响,进行了混凝土结合面抗剪试验,如图 2.21 所示。试验结果表明,无筋连接时基本没有抗剪强度,采用钢筋环插筋连接时,试验曲线类似钢筋受拉曲线,说明钢筋环插筋充分发挥了连接作用,可将两个试件连接成为一个整体,往复试验也表明该连接方法具有较为充足的往复受力性能。

采用钢筋环插筋连接的关键技术,设计制作了带竖向结合面预制混凝土剪力墙和现浇对比墙,进行了在竖向荷载和水平往复荷载共同作用下的抗震性能对比试验研究。采用钢筋环插筋连接的混凝土剪力墙具有与现浇墙相近的性质,其各特征指标都极为相近,屈服之后其抗震性能甚至有所增强,如图 2.22 所示。

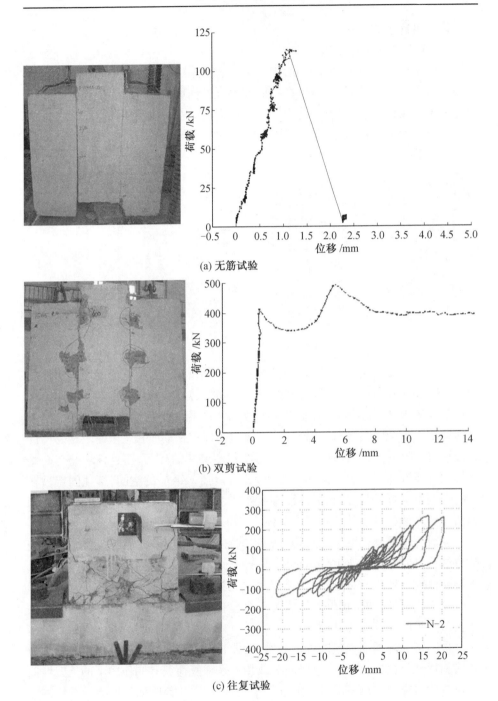

(a) 无筋试验

(b) 双剪试验

(c) 往复试验

图 2.21　钢筋环插筋连接试验

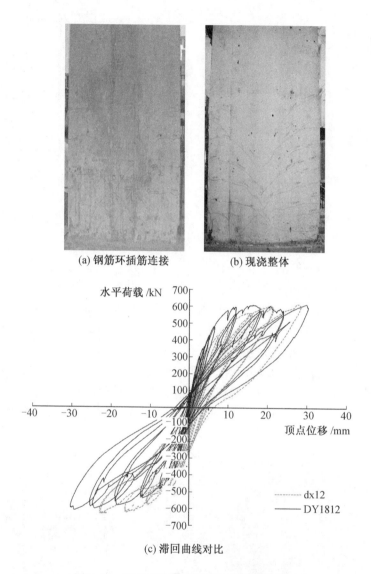

(a) 钢筋环插筋连接　　　　(b) 现浇整体

(c) 滞回曲线对比

图 2.22　钢筋环插筋连接剪力墙抗震性能对比

　　钢筋环插筋连接有多种变化形式,以适应不同方式的剪力墙水平钢筋连接,常见的是一字形连接,适用于截面较大的剪力墙拆分之后的连接,如图 2.23所示,其中 T 形的上下对称可以形成十字形,以上不同形式的连接可以解决剪力墙拆分后的不同形式的连接问题。

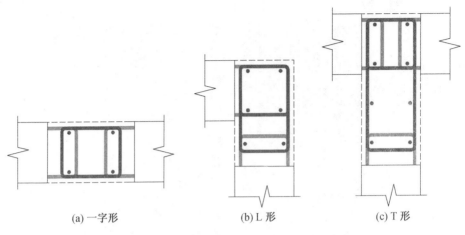

|（a）一字形|（b）L 形|（c）T 形|

图 2.23　钢筋环插筋连接形式

（2）楼板水平钢筋的连接。

当混凝土楼板的面积较大时,常采用分块预制的方式,这样就存在一个每块楼板之间的钢筋连接问题。另外,板内经常需要现场布置各种管线,因此对于楼板的装配一般采用叠合楼板的方式,即楼板下部一定厚度采用预制,上部一定厚度待现场管线布置并连接后,板面后浇混凝土。由于楼板分布钢筋数量较多,楼板的装配方法有其特殊性,若采用传统的焊接连接或机械连接势必造成成本增加并降低效率。而且楼板水平钢筋连接时下部受拉水平分布钢筋不允许在跨中位置采用搭接连接,因此,叠合楼板水平钢筋连接方法如图 2.24所示。

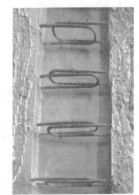

|（a）对伸搭接连接|（b）回弯搭接连接|

图 2.24　叠合楼板水平钢筋连接方法

该方法就是在预制之间预留后浇连接带,每块楼板的水平钢筋在边缘外露,与相邻楼板外露钢筋先互相搭接一般要求不小于 $10d$ 的长度,再经弯折伸向楼板的上部受压区不小于钢筋的基本锚固长度,这样就解决了楼板钢筋不允许在跨中位置搭接连接的问题。其中回弯搭接连接更为便捷,不存在先后安装时对方钢筋的阻碍问题。预制板顶面的钢筋,需要在布置完管线之后进行绑扎并浇筑混凝土。

楼梯梯段板和平台板的连接如图 2.25 所示,一般采用在叠合式楼梯平台梁的后浇混凝土中锚固连接,此时一般采用较宽的楼梯平台梁,在梯段板和平台板吊装安装时能够可靠地支撑于平台梁上,平台板和梯段板外露钢筋分别锚固于平台梁的后浇混凝土。

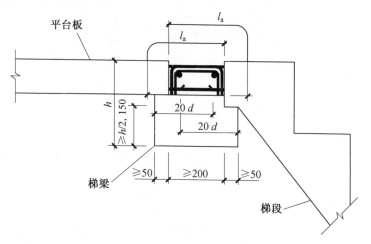

图 2.25　楼梯构件钢筋连接方法

3. 箍筋的连接

箍筋的连接一般出现在剪力墙窗口连梁的竖向拆分时,剪力墙构件竖向拆分常在楼层标高位置,此时会将窗口连梁拆分为窗台与窗上两部分,设计时可以考虑其中一部分作为剪力墙连梁,如图 2.26 所示。

上述剪力墙连梁拆分时若设计需要全截面高度连梁时,图中所示方法不适用,虽然窗间双连梁截面高度是全截面高度,但两连梁间有拆分缝隙,其刚度不能达到真正意义的整截面连梁的刚度,需要将上下连梁进行可靠连接,以达到整截面连梁的效果。

哈工大课题组针对现有剪力墙连梁连接复杂、施工效率低的问题,提出了一种界面抗剪连接的新型拼接连梁,如图 2.27 所示。

如图 2.28 所示,新型拼接连梁抗震性能试验表明,连梁连接性能可靠、整体性较高,连接方法发挥了较好的连接和抗震耗能作用,在可靠的界面抗剪设计及构造要求下,采用拼接连梁的剪力墙试件可满足抗震设计要求。

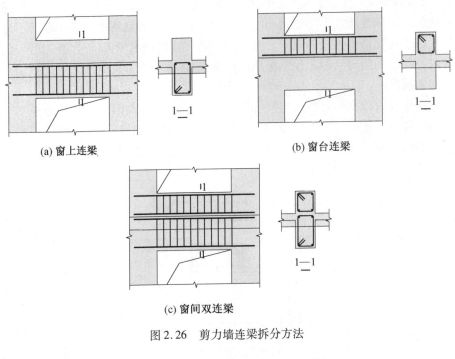

(a) 窗上连梁　　　　　　　　　　　(b) 窗台连梁

(c) 窗间双连梁

图 2.26　剪力墙连梁拆分方法

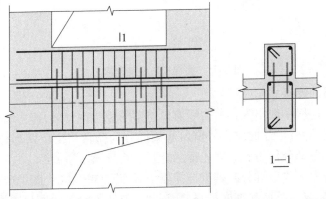

图 2.27　剪力墙整截面拼接连梁连接方法

4. 混凝土的连接

　　采用湿连接的装配式混凝土结构,一般在构件之间预留一定的缝隙或后浇混凝土连接带,在钢筋连接时进行坐浆,或在钢筋连接完成后进行缝隙灌浆或后浇筑混凝土,因此也需要一些方法来加强构件之间混凝土连接的整体性。类似现浇混凝土结构施工中的界面处理,其主要的方法就是新旧混凝土结合面抗剪能力的加强,常采用界面粗糙处理、设置键槽或抗剪筋等方法。

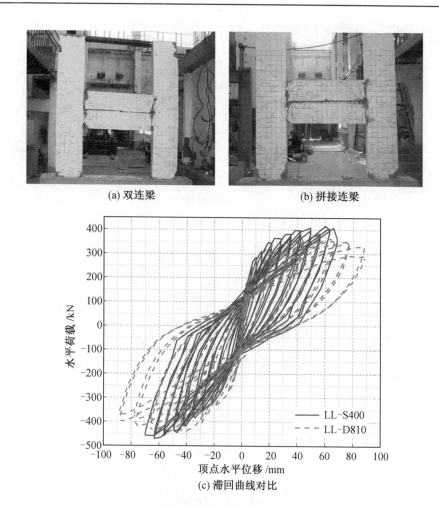

(a) 双连梁　　　　　(b) 拼接连梁

(c) 滞回曲线对比

图 2.28　剪力墙整截面拼接连梁对比试验结果

如图 2.29 所示,叠合梁、叠合板的顶面一般采用粗糙面处理,剪力墙端部和叠合梁端部采用键槽处理,而叠合板顶面分布设置的桁架筋、叠合梁顶面露出的箍筋,以及剪力墙端部和叠合梁端部露出水平钢筋都是构件混凝土连接界面的加强处理方法。

如图 2.30 所示,剪力墙、框架柱竖向之间的混凝土连接一般采用坐浆或灌浆的方法,即竖向构件在上下层之间一般留有不小于 20 mm 的缝隙,预先铺好细石混凝土坐浆或定位后灌浆,也有将混凝土构件临时支起并固定在一定的高度处,采用后浇混凝土连接。以上方法各有不同,但都要求灌浆、坐浆、后浇混凝土密实饱满。

(a) 叠合梁板顶面粗糙　　　　(b) 剪力墙端部键槽　　　　(c) 梁端键槽

图 2.29　构件混凝土连接界面处理方法

(a) 坐浆　　　　　　　　　　　　　　(b) 灌浆

(c) 后浇混凝土

图 2.30　竖向构件的混凝土连接方法

5. 夹心外保温连接

研究表明,在建筑结构中,通过外墙损失的能量占到建筑总能耗的 85% 以上,因此,对建筑物的外墙进行保温隔热设计,是实现建筑节能最行之有效的办法。外墙保温体系有外墙自保温、外墙内保温、外墙外保温、外墙夹心保温 4 种类型。

其中外墙夹心保温是集保温性能、耐久性能和防火性能等优点于一体的外墙保温体系,夹心墙由内叶墙、外叶墙、中间的保温层以及三者的连接件共同构成,一般内叶墙作为承重结构,外叶墙作为维护结构,这是唯一一种集承重、保温、维护或装饰为一体的新型墙体。这种墙体的主体结构处于保温层的内侧,保证了耐久性,保温层处于外叶墙里侧,防火性能提高,其最大的优点在于:能够保证保温层与结构同寿命。但是这种墙如果在现场进行浇筑成型,中部的保温层状态不容易控制,内部细节无法观察,难以达到预期效果,而且中部的连接件处理不好会形成大量的热桥,影响墙体保温隔热性能。外墙夹心保温构造如图 2.31 所示。

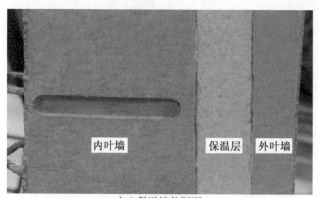 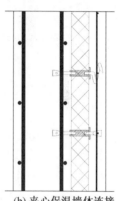

(a) 夹心保温墙体断面　　　　　　　　(b) 夹心保温墙体连接

图 2.31　外墙夹心保温构造

连接件是预制混凝土夹心墙中保证内叶、外叶和保温层协同工作的关键部件,连接件通常采用非金属材料连接件,以降低导热性。但非金属连接件锚固连接性能较差,需要加密布置才能达到性能要求,常用非金属连接件材料有玻璃纤维或碳纤维制品,如图 2.32 所示。

(a) 玻璃纤维连接件　　　　　　　　(b) 碳纤维连接件

图 2.32　非金属连接件

哈工大课题组针对装配式外墙夹心保温体系,研发了一种复合式金属刚性连接件,如图 2.33 所示,连接件受力部分采用钢筋加工而成,并进行了镀锌防腐处理,为了减小金属的导热性能,在保温层和锚固层范围内连接件进行了尼龙材料包裹处理,最外端的外叶墙范围内焊接了十字交叉或螺旋钢筋,用以可靠连接外叶墙的钢筋网片。针对预制装配式混凝土夹心墙体系,开展了内、外叶间复合式连接件的受力性能与夹心墙的热工性能试验及数值模拟研究。

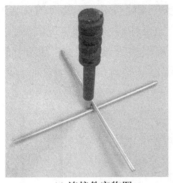

(a) 连接件实物图　　　　　　　　　(b) 去掉尼龙头的连接件

图 2.33　复合式金属刚性连接件

　　复合式金属刚性连接件的基本受力性能和夹心保温墙体的热工性能试验研究表明,单个连接件的锚固端拉拔承载力均值、抗剪承载力均值具有较大的安全储备,连接件十字叉与外叶墙钢筋网片连接可靠。预制混凝土夹心墙体热工性能试验研究结果表明,墙体基本可以满足夏热冬冷地区外墙的传热系数限值要求。试验分析情况如图 2.34 所示。

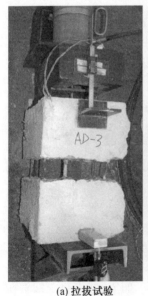

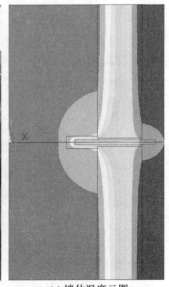

(a) 拉拔试验　　　　　　(b) 剪切试验　　　　　　(c) 墙体温度云图

图 2.34　复合式金属刚性连接件受力性能试验及保温性能有限元分析

当采用夹心保温预制剪力墙构造时,内、外叶墙体间应设置专用连接件进行可靠连接,如图 2.35 所示。当采用非金属连接件时,应为耐碱材料;当采用金属连接件时,应有可靠的阻断热桥和防腐措施。连接件应具有足够的承载力和变形能力,且其锚固承载能力应大于连接件自身的承载能力,并满足设计要求;拉结件的布置数量应由受力计算确定,连接件的热工性能应满足本地区对外墙热工计算要求;连接件在结构层的埋置深度应满足受力要求,且不小于70 mm;连接件的间距应不大于 1 200 mm×1 200 mm;混凝土外叶墙厚度应不小于 50 mm,配筋应不小于φ4@300 mm×300 mm;其他连接件应有系统的验证性试验和实践验证,经确认安全可靠后方可采用。

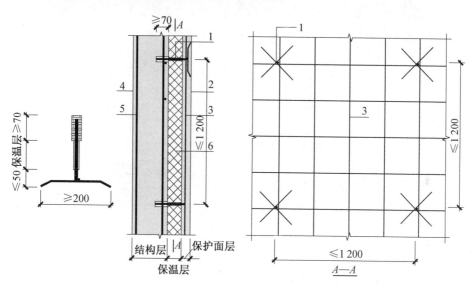

图 2.35　夹心保温外墙拉结示意

1—拉结件;2—混凝土保护面层;3—钢筋网片;4—结构层;5—结构钢筋；6—保温层

6. 预制填充墙、预制隔墙连接

预制填充墙宜与周边结构构件一体制作,并与周边结构构件可靠拉结,填充墙部分的材料可采用空心混凝土、泡沫混凝土,填充墙容重不应大于10 kN/m³。采用空心管填充的预制填充墙如图 2.36 所示。

预制填充墙应考虑对结构抗震的影响,避免导致对主体结构的破坏。应根据与主体结构连接情况考虑对整体刚度计算的影响,应采用措施降低一体制作预制填充墙的刚度。预制填充墙与拉结示意图如图 2.37 所示。

图 2.36　预制填充墙

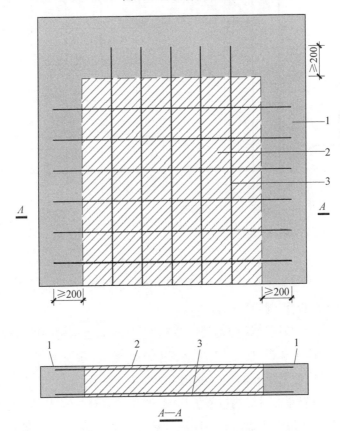

图 2.37　预制填充墙拉结示意图

1—周边结构构件;2—预制填充墙;3—钢筋网片

　　预制隔墙宜与周边结构构件可靠拉结,预制隔墙的材料可采用空心混凝土、泡沫混凝土,预制隔墙容重不应大于 10 kN/m³。预制轻质隔墙板如图 2.38 所示,预制空心隔墙板如图 2.39 所示。

图 2.38　预制轻质隔墙板

图 2.39　预制空心隔墙板

　　预制隔墙应考虑对结构抗震的影响,避免导致对主体结构的破坏。应根据与主体结构连接情况考虑对整体刚度计算的影响,应采用措施降低预制隔墙的刚度。预制隔墙拉结示意图如图 2.40 所示。

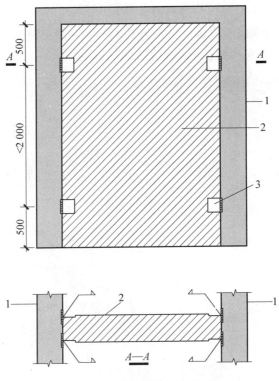

图 2.40 预制隔墙拉结示意图

1—周边结构构件;2—预制隔墙;3—预埋钢板连接件

7. 预制混凝土外挂墙板连接

预制混凝土外挂墙板是应用于外挂墙板系统中的非结构预制混凝土墙板构件,简称外挂墙板。预制混凝土外挂墙板安装在主体结构上,由预制混凝土外挂墙板、墙板与主体结构连接节点、防水密封构造、外饰面材料等组成,是具有规定的承载能力、变形能力、适应主体结构位移能力、防水性能、防火性能等,起围护或装饰作用的外围护结构系统。

预制混凝土外挂墙板一般应用于装配式框架结构的外墙,四角与框架节点连接,底部采用限位支撑式连接,上部采用拉结式连接,每块外挂墙板之间预留缝隙采用空心橡胶条挤压密封,使其不限制框架结构受力和变形,预制混凝土外挂墙板拉结示意图如图 2.41 所示。

预制混凝土外挂墙板的设计要求参见《预制混凝土外挂墙板应用技术标准》(JGJ/T 458—2018)。

(a) 外侧带装饰面的预制混凝土外挂墙板

(b) 底部限位支撑连接件、上部拉结件

图 2.41　预制混凝土外挂墙板拉结示意图

复 习 题

1. 用于装配式混凝土结构的混凝土和钢筋材料有哪些要求？
2. 如何解决装配式混凝土结构钢筋锚固长度不足问题？
3. 什么是装配式混凝土结构的拆分，拆分的基本原则有哪些？
4. 装配式混凝土结构构件连接的特点有哪些方面？
5. 装配式混凝土结构构件钢筋的连接有哪些方法？
6. 绘制灌浆套筒钢筋连接示意图（图 2.42）。

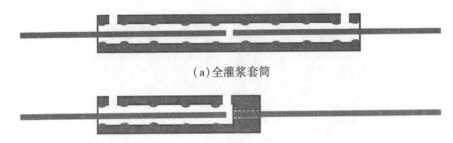

(a)全灌浆套筒

(b)半灌浆套筒

图 2.42

7. 绘制约束浆锚钢筋搭接连接示意图(图 2.43)。

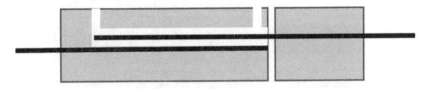

图 2.43

8. 钢筋约束浆锚搭接连接中螺旋箍筋的重要作用是什么? 根据约束状态下的钢筋搭接计算模型,推导钢筋搭接长度与配箍率的关系(图 2.44)。

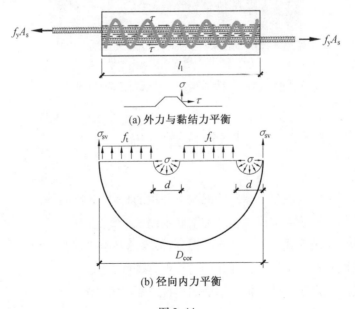

(a) 外力与黏结力平衡

(b) 径向内力平衡

图 2.44

9.绘制钢筋环插筋连接示意图(图2.45)。

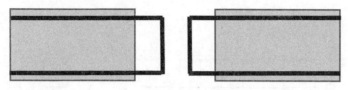

图 2.45

10.钢筋环插筋连接的连接机理是什么?插筋的重要作用是什么?插筋会不会被钢筋环切断?

11.螺旋肋灌浆套筒钢筋搭接连接与传统灌浆套筒钢筋连接方法相比有什么特点和本质区别?

12.绘制叠合板整体式连接构造方法(图2.46)。

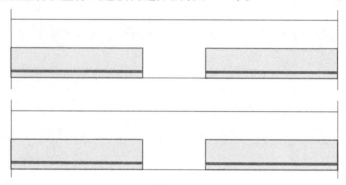

图 2.46

13.绘制装配整体式楼梯连接方法(图2.47)。

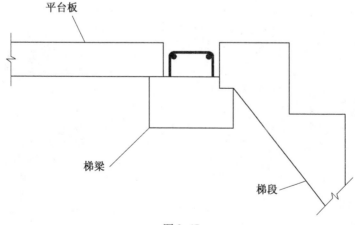

图 2.47

14. 绘制剪力墙整截面拼接连梁连接方法(图2.48)。

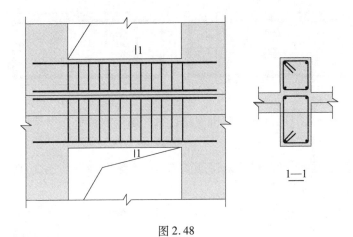

图 2.48

15. 装配式剪力墙结构的外墙采用三明治保温体系有哪些优点? 如何连接?

第3章 装配式混凝土结构设计原则与有关规定

我国装配式混凝土结构以装配整体式结构为主,本章主要介绍装配整体式混凝土结构设计的原则和相关规定。

3.1 装配式建筑设计基本原则

装配式建筑在方案设计阶段,应协调建设、设计、制作、施工各方之间的关系,并应加强建筑、结构、设备、装修等专业之间的配合。应遵循少规格、多组合的原则。装配式结构的设计应符合现行国家标准《混凝土结构设计规范》(GB 50010—2010)的基本要求,并应采取有效措施加强结构的整体性;装配式结构宜采用高强混凝土、高强钢筋;装配式结构的节点和接缝应受力明确、构造可靠,并应满足承载力、延性和耐久性等要求;应根据连接节点和接缝的构造方式和性能,确定结构的整体计算模型;对各类预制构件及其连接,应按各种设计状况进行设计。抗震设防的装配式结构,应按现行国家标准《建筑工程抗震设防分类标准》(GB 50223—2018)确定抗震设防类别及抗震设防标准。

装配式结构中预制构件的尺寸和形状应满足建筑使用功能、模数、标准化要求,并应进行优化设计;预制构件的连接部位宜设置在结构受力较小的部位;应根据预制构件的功能和安装部位、加工制作及施工精度等要求,确定合理的公差,应满足制作、运输、堆放、安装及质量控制要求。预制构件深化设计的深度应满足建筑、结构和机电设备等各专业以及构件制作、运输、安装等各环节的综合要求。

3.2 建筑设计基本规定

建筑设计应符合建筑功能和性能要求,并宜采用主体结构、装修和设备管线的装配化集成技术。建筑设计应符合现行国家标准《建筑模数协调标准》(GB/J 50002—2013)的规定。建筑的围护结构以及楼梯、阳台、隔墙、空调板、管道井等配套构件、室内装修材料宜采用工业化、标准化产品。建筑的体形系数、窗墙面积比、围护结构的热工性能等应符合节能要求。建筑防火设计应符合现行国家标准《建筑防火设计规范》(GB 50016—2014)的有关规定。

建筑平面设计时,建筑宜选用大开间、大进深的平面布置。承重墙、柱等竖向构件宜上、下连续。门窗洞口的平面位置和尺寸应满足结构受力及预制构件设计要求;剪力墙结构中不宜采用转角窗。厨房和卫生间的平面布置应合理,其平面尺寸宜满足标准化整体橱柜及整体卫浴的要求。

立面、外墙设计时,外墙设计应满足建筑外立面多样化和经济美观的要求。外墙饰面宜采用耐久、不易污染的材料。采用反打一次成型的外墙饰面材料,其规格尺寸、材质类别、连接构造等应进行工艺试验验证。预制外墙板的接缝应满足保温、防火、隔声的要求。预制外墙板的接缝及门窗洞口等防水薄弱部位宜采用材料防水和构造防水相结合的做法,墙板水平接缝宜采用高低缝或企口缝构造;墙板竖缝可采用平口或槽口构造;当板缝空腔需设置导水管排水时,板缝内侧应增设气密条密封构造。门窗应采用标准化部件,并宜采用缺口、预留副框或预埋件等方法与墙体可靠连接。空调板宜集中布置,并宜与阳台合并设置。女儿墙板内侧在要求的泛水高度处应设凹槽、挑檐或其他泛水收头等构造。

进行内装修、设备管线设计时,室内装修宜减少施工现场的湿作业。建筑的部件之间、部件与设备之间的连接应采用标准化接口。设备管线应进行综合设计,减少平面交叉;竖向管线宜集中布置,并应满足维修更换的要求。预制构件中电器接口及吊挂配件的孔洞、沟槽应根据装修和设备要求预留。建筑宜采用同层排水设计,并应结合房间净高、楼板跨度、设备管线等因素确定降板方案。竖向电气管线宜统一设置在预制板内或装饰墙面内。墙板内竖向电气管线布置应保持安全间距。隔墙内预留有电气设备时,应采取有效措施满足隔声及防火的要求。设备管线穿过楼板的部位,应采取防水、防火、隔声等措施。设备管线宜与预制构件上的预埋件可靠连接。当采用地面辐射供暖时,地面和楼板的做法应符合现行行业标准《辐射供暖供冷技术规程》(JGJ 142—2012)的规定。

3.3　结构设计基本规定

装配整体式框架结构、装配整体式剪力墙结构、装配整体式框架-现浇剪力墙结构的房屋最大适用高度应满足表3.1的要求。当结构中竖向构件全部为现浇且楼盖采用叠合梁板时,房屋的最大适用高度可按现行行业标准《高层建筑混凝土结构技术规程》(JGJ 3—2010)中的现浇混凝土结构的规定采用。

表 3.1　装配整体式结构房屋的最大适用高度　　　　单位:m

结构类型	抗震设防烈度			
	6 度	7 度	8 度(0.2 g)	8 度(0.3 g)
装配整体式框架结构	60	50	40	30
装配整体式框架–现浇剪力墙结构	130	120	100	80
装配整体式框架–现浇核心筒结构	150	130	100	90
装配整体式剪力墙结构	130(120)	110(100)	90(80)	70(60)
装配整体式部分框支剪力墙结构	110(100)	90(80)	70(60)	40(30)

根据国内外多年的研究成果,在地震区的装配整体式框架结构,当采取了可靠的节点连接方式和合理的构造措施后,装配整体式框架的结构性能可以等同现浇混凝土框架结构。因此,对装配整体式框架结构,当节点及接缝采用适当的构造并满足《装配式混凝土结构技术规程》(JGJ 1—2014)中有关条文的要求时,可认为其性能与现浇结构基本一致,其最大适用高度与现浇结构相同。如果装配式框架结构中节点及接缝构造措施的性能达不到现浇结构的要求,其最大适用高度应适当降低。

装配整体式剪力墙结构和装配整体式部分框支剪力墙结构,在规定水平力作用下,当预制剪力墙构件底部承担的总剪力大于该层总剪力的 50% 时,最大适用高度应适当降低;当预制剪力墙构件底部承担的总剪力大于该层总剪力的 80% 时,最大适用高度应取表 3.1 中括号内的数值。装配整体式剪力墙结构中,墙体之间的接缝数量多且构造复杂,接缝的构造措施及施工质量对结构整体的抗震性能影响较大,使装配整体式剪力墙结构抗震性能很难完全等同于现浇结构。世界各地对装配式剪力墙结构的研究少于对装配式框架结构的研究。我国近年来,对装配式剪力墙结构已进行了大量的研究工作,但由于工程实践的数量还偏少,《装配式混凝土结构技术规程》(JGJ 1—2014)对装配式剪力墙结构采取从严要求的态度,与现浇结构相比适当降低其最大适用高度。当预制剪力墙数量较多时,即预制剪力墙承担的底部剪力较大时,对其最大适用高度的限制更加严格。在计算预制剪力墙构件底部承担的总剪力占该层总剪力比例时,一般取主要采用预制剪力墙构件的最下一层;如全部采用预制剪力墙结构,则计算底层的剪力比例;如底部 2 层现浇而其他层预制时,则计算第 3 层的剪力比例。

　　框架–剪力墙结构是目前我国广泛应用的一种结构体系。考虑目前的研究基础,《装配式混凝土结构技术规程》(JGJ 1—2014)中提出的装配整体式框架–剪力墙结构中,建议剪力墙采用现浇结构,以保证结构整体的抗震性能。装配整体式框架–现浇剪力墙结构中,框架的性能与现浇框架等同,因此整体结构的适用高度与现浇的框架–剪力墙结构相同。对于框架与剪力墙均采用装配式的框架–剪力墙结构,目前缺乏足够的研究结果,因此还尚无明确规定。

　　考虑到浆锚搭接连接技术在工程实践中的应用经验相对有限,装配整体式剪力墙结构和装配整体式部分框支剪力墙结构,当剪力墙边缘构件竖向钢筋采用浆锚搭接连接时,房屋最大适用高度应比表 3.1 中数值降低 10 m。

　　超过表 3.1 中高度的房屋,应进行专门研究和论证,采取有效的加强措施。

　　与现浇混凝土结构类似,可通过限制高宽比来保证结构的刚度、整体稳定、承载能力以及经济性,高层装配整体式结构的高宽比不宜超过表 3.2 中的数值。事实上,表 3.2 中装配整体式混凝土结构的高宽比与现浇混凝土结构完全相同。

表 3.2　高层装配整体式混凝土结构适用的最大高宽比

结构类型	抗震设防烈度	
	6 度、7 度	8 度
装配整体式框架结构	4	3
装配整体式框架–现浇剪力墙结构	6	5
装配整体式剪力墙结构	6	5

　　装配整体式结构构件的抗震设计,应根据设防类别、烈度、结构类型和房屋高度采用不同的抗震等级,并应符合相应的计算和构造措施要求。丙类装配整体式结构的抗震等级是参照现行国家标准《建筑抗震设计规范》(GB 50011—2010)和现行行业标准《高层建筑混凝土结构技术规程》(JGJ 3—2010)中的规定制定并适当调整而来的,其抗震等级见表 3.3。装配整体式框架结构及装配整体式框架–现浇剪力墙结构的抗震等级与现浇结构相同;由于装配整体式剪力墙结构及部分框支剪力墙结构在国内外的工程实践的数量还不够多,也未经历实际地震的考验,因此对其抗震等级的划分高度从严要求,比现浇结构适当降低。乙类建筑应按本地区抗震设防烈度提高一度的要求加强其抗震措施;当本地区抗震设防烈度为 8 度且抗震等级为一级时,应采取比一级更高的抗震措施;当建筑场地为Ⅰ类时,仍可按本地区抗震设防烈度的要求采取抗震构造措施。

表 3.3　丙类装配整体式结构的抗震等级

结构类型		抗震设防烈度							
		6 度		7 度			8 度		
装配整体式框架结构	高度/m	≤24	>24	≤24	>24		≤24	>24	
	框架	四	三	三	二		二	一	
	大跨度框架（≥18 m）	三		二			一		
装配整体式框架-现浇剪力墙结构	高度/m	≤60	>60	≤24	>24 且≤60	>60	≤24	>24 且≤60	>60
	框架	四	三	四	三	二	三	二	一
	剪力墙	三	三	三	三	二	三	二	一
装配整体式剪力墙结构	高度/m	≤70	>70	≤24	>24 且≤70	>70	≤24	>24 且≤70	>70
	剪力墙	四	三	四	三	二	三	二	一
装配整体式部分框支剪力墙结构	高度	≤70	>70	≤24	>24 且≤70	>70	≤24	>24 且≤70	
	现浇框支框架	二	二	二	二	一	一	一	
	底部加强部位剪力墙	三	二	三	二	一	二	一	
	其他区域剪力墙	四	三	四	三	二	三	二	

装配整体式结构应具有良好的整体性，保证结构在偶然作用发生时具有适宜的抗连续倒塌能力。安全等级为一级的高层装配式混凝土结构应按《高层建筑混凝土结构技术规程》（JGJ 3—2010）的有关规定进行抗连续倒塌概念设计。

高层建筑装配整体式混凝土结构应符合下列规定：

（1）当设置地下室时，宜采用现浇混凝土。震害调查表明，有地下室的高层建筑破坏比较轻，而且地下室对提高地基的承载力有利。此外，高层建筑设置地下室，可以提高其在风、地震作用下的抗倾覆能力。因此高层建筑装配整体式混凝土结构宜按照现行行业标准《高层建筑混凝土结构技术规程》（JGJ 3—2010）的有关规定设置地下室。地下室顶板作为上部结构的嵌固部位时，宜采用现浇混凝土以保证其嵌固作用。对嵌固作用没有直接影响的地下室结构构件，当有可靠依据时，也可采用预制混凝土。

（2）剪力墙结构和部分框支剪力墙结构底部加强部位宜采用现浇混凝土。高层建筑装配整体式剪力墙结构和部分框支剪力墙结构的底部加强部位是结构抵抗罕遇地震的关键部位。弹塑性分析和实际震害均表明，底部墙肢的损伤往往较上部墙肢严重，因此对底部墙肢的延性和耗能能力的要求较上部墙肢高。目前，高层建筑装配整体式剪力墙结构和部分框支剪力墙结构的预制剪力墙竖向钢筋连接接头面积百分率通常为 100%，其抗震性能尚无实际震害经验，对其抗震性能的研究以构件试验为主，整体结构试验研究偏少，剪力墙墙肢的主要塑性发展区域采用现浇混凝土有利于保证结构整体抗震能力。

（3）框架结构的首层柱宜采用现浇混凝土。高层建筑装配整体式框架结构，首层的剪切变形远大于其他各层；震害表明，首层柱底出现塑性铰的框架结构，其倒塌的可能性大。试验研究表明，预制柱底的塑性铰与现浇柱底的塑性铰有一定的差别。在目前设计和施工经验尚不充分的情况下，高层建筑框架结构的首层柱宜采用现浇柱，以保证结构的抗地震倒塌能力。

（4）当底部加强部位的剪力墙、框架结构的首层柱采用预制混凝土时，应采取可靠技术措施。当高层建筑装配整体式剪力墙结构和部分框支剪力墙结构的底部加强部位及框架结构首层柱采用预制混凝土时，应进行专门研究和论证，采取特别的加强措施，严格控制构件加工和现场施工质量。在研究和论证过程中，应重点提高连接接头性能，优化结构布置和构造措施，提高关键构件和部位的承载能力，尤其是柱底接缝与剪力墙水平接缝的承载能力，确保实现"强柱弱梁"的目标，并对大震作用下首层柱和剪力墙底部加强部位的塑性发展程度进行控制，必要时应进行试验验证。

3.4　装配式建筑的结构布置

3.4.1　平面布置

装配式结构的平面布置宜符合下列规定：

平面形状宜简单、规则、对称，质量、刚度分布宜均匀，不应采用严重不规则的平面布置。平面过于狭长的建筑物在地震时由于两端地震波输入有相位差而容易产生不规则振动，产生较大的震害，因此平面长度不宜过长，建筑平面示意图如图 3.1 所示，同时宜符合表 3.4 的要求。

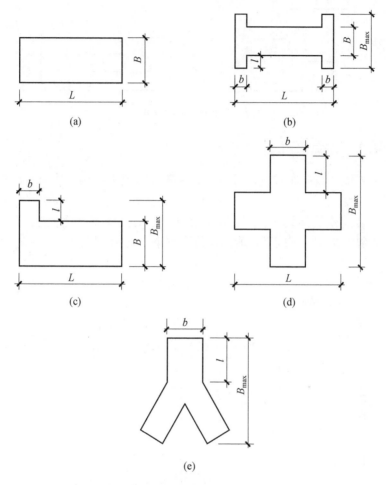

图 3.1　建筑平面示意图

表 3.4　平面尺寸及突出部位尺寸的比值限值

抗震设防烈度	L/B	l/B_{max}	l/b
6、7 度	≤6.0	≤0.35	≤2.0
8 度	≤5.0	≤0.30	≤1.5

　　平面有较长的外伸时,外伸段容易产生局部振动而引发凹角处应力集中和破坏,因此限制外伸段的长度,见图 3.1 和表 3.4。

　　角部重叠和细腰形的平面图形(图 3.2),在中央部位形成狭窄部分,在地震中容易产生震害,尤其在凹角部位,应力集中容易使楼板开裂、破坏,因此不宜采用。

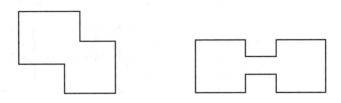

图 3.2　角部重叠和细腰形平面

3.4.2　立面布置

装配式结构竖向布置应连续、均匀，应避免抗侧力结构的侧向刚度和承载力沿竖向突变。

对于装配式框架结构，楼层与其相邻上层的侧向刚度比值 γ_1 不宜小于 0.7，与相邻上部 3 层刚度平均值的比值不宜小于 0.8（图 3.3）。

$$\gamma_1 = \frac{V_i \Delta_{i+1}}{V_{i+1} \Delta_i} \tag{3.1}$$

式中　γ_1——楼层侧向刚度比；

V_i，V_{i+1}——第 i 层和第 $i+1$ 层的地震剪力标准值；

Δ_i，Δ_{i+1}——第 i 层和第 $i+1$ 层在地震作用标准值作用下的层间位移。

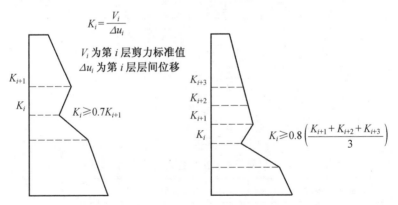

图 3.3　沿竖向楼层侧向刚度分布要求

对装配式框架-剪力墙结构、剪力墙结构、框架-核心筒结构，楼层与其相邻上层的侧向刚度比值 γ_2 不宜小于 0.9，当本层层高大于相邻上层层高 1.5 倍时，该比值不宜小于 1.1；对结构底部嵌固层，该比值不宜小于 1.5。

$$\gamma_2 = \frac{V_i \Delta_{i+1}}{V_{i+1} \Delta_i} \cdot \frac{h_i}{h_{i+1}} \tag{3.2}$$

式中　γ_2——考虑层高修正的楼层侧向刚度比；

h_i——第 i 层楼层层高；

h_{i+1}——第 i+1 层楼层层高。

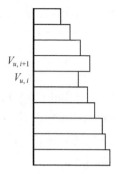

高层建筑结构的楼层质量沿高度宜均匀分布,楼层质量不宜大于相邻下部楼层质量的 1.5 倍。此外,层间抗侧力结构的受剪承载力,下部楼层宜大于上部楼层,当某楼层层间抗侧力结构的受剪承载力 $V_{u,i}$ 小于上层抗侧力结构的受剪承载力 $V_{u,i+1}$ 时(图 3.4),A 级高度不宜小于其上一层受剪承载力的 80%,不应小于其上一层受剪承载力的 65%;B 级高度不应小于其上一层受剪承载力的 75%。

图 3.4　层间受剪承载力示意图

对于高层建筑,不宜采用同一楼层刚度和承载力变化同时不满足上述规定的高层建筑结构。当满足上述规定时,可以认为是竖向刚度比较均匀的结构。否则,应采用弹性时程分析方法进行多遇地震下的补充计算,并采取有效的措施予以加强。

在地震区,高层建筑的竖向体型若有过大的外挑和收进也容易造成震害。抗震设计时,结构上部楼层收进部位到室外地面的高度 H_1 与房屋高度 H 之比大于 0.2 时,上部楼层收进后的水平尺寸 B_1 不宜小于下部楼层水平尺寸 B 的 75%,如图 3.5(a)(b)所示。当结构上部楼层相对于下部楼层收进时,收进的部位越高,收进后的平面尺寸越小,结构的高振型反应(即"鞭梢"效应)越明显,因此收进后的平面尺寸最好不要过小。

当上部楼层相对下部楼层外挑时,上部楼层水平尺寸 B_1 不宜大于下部楼层的水平尺寸 B 的 1.1 倍,且水平外挑尺寸 a 不宜大于 4 m,如图 3.5(c)(d)所示。这是因为上部结构楼层相对于下部楼层外挑时,结构的扭转效应和竖向

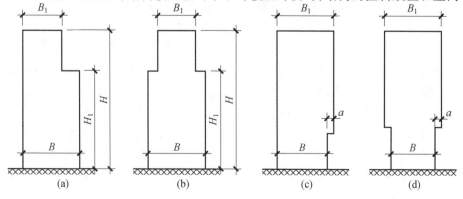

图 3.5　结构竖向外挑和收进示意图

地震作用效应明显,对抗震不利,因此外挑尺寸不宜过大。当外挑和内收尺寸超过上述规定时,应采用弹性时程分析方法进行多遇地震下的补充计算,并采取有效的措施予以加强。

3.5　作用及作用组合

装配式结构的作用及作用组合应根据国家现行标准《建筑结构荷载规范》(GB 50009—2012)、《建筑抗震设计规范》(GB 50011—2010)、《高层建筑混凝土结构技术规程》(JGJ 3—2010)和《混凝土结构工程施工规范》(GB 50666—2011)等确定。

预制构件在翻转、运输、吊运、安装等短暂设计状况下的施工验算,应将构件自重标准值乘以动力系数后作为等效静力荷载标准值。构件运输、吊运时,动力系数宜取1.5;构件翻转及安装过程中就位、临时固定时,动力系数可取1.2。

预制构件进行脱模验算时,等效静力荷载标准值应取构件自重标准值乘以动力系数与脱模吸附力之和,且不宜小于构件自重标准值的1.5倍。动力系数不宜小于1.2;脱模吸附力应根据构件和模具的实际状况取用,且不宜小于1.5 kN/m²。

3.6　结　构　分　析

在各种设计状况下,装配整体式结构可采用与现浇混凝土结构相同的方法进行结构分析。当同一层内既有预制又有现浇抗侧力构件时,地震设计状况下宜对现浇抗侧力构件在地震作用下的弯矩和剪力进行适当放大。

装配整体式结构承载能力极限状态及正常使用极限状态的作用效应分析可采用弹性方法。

当预制构件之间采用后浇带连接且接缝构造及承载力满足相应要求时,可按现浇混凝土结构进行模拟。在预制构件之间及预制构件与现浇及后浇混凝土的接缝处,当受力钢筋采用安全可靠的连接方式,且接缝处新旧混凝土之间采用粗糙面、键槽等构造措施时,结构的整体性能与现浇结构类同。

对于干式连接节点,一般应根据其实际受力状况模拟为刚接、铰接或者半刚接节点。如梁、柱之间采用牛腿、企口搭接,其钢筋不连接时,则模拟为铰接节点;如梁柱之间采用后张预应力压紧连接或螺栓压紧连接,一般应模拟为半刚性节点。

进行抗震性能设计时,结构在设防烈度地震及罕遇地震作用下的内力及变形分析,可根据结构受力状态采用弹性分析方法或弹塑性分析方法。进行弹塑性分析时,宜根据节点和接缝在受力全过程中的特性进行节点和接缝的模拟。相关试验结果证明,若受力全过程能够实现等同现浇的湿式连接节点,则可按照连续的混凝土结构模拟,忽略接缝的影响。对于其他类型的节点及接缝,应根据试验结果或精细有限元分析结果,总结节点及接缝的特性,如弯矩–转角关系、剪力–滑移关系等,并反映在计算模型中。

非承重外围护墙、内隔墙的刚度对结构的整体刚度、地震力的分布、相邻构件的破坏模式等都有影响,内力和变形计算时,应计入填充墙对结构刚度的影响。当采用轻质墙板填充墙时,可采用周期折减的方法考虑其对结构刚度的影响;对于框架结构,周期折减系数可取 0.7 ~ 0.9;对于剪力墙结构,周期折减系数可取 0.8 ~ 1.0。

在风荷载或多遇地震作用下,结构楼层内最大的弹性层间位移应符合下式规定

$$\Delta u_e \leqslant [\theta_e] h \qquad (3.3)$$

式中　Δu_e——楼层内最大弹性层间位移;

　　　$[\theta_e]$——弹性层间位移角限值,应按表 3.5 取用;

　　　h——层高。

表 3.5　楼层层间最大位移与层高之比的限值

结构类型	$\Delta u/h$ 限值
装配整体式框架结构	1/550
装配整体式框架–现浇剪力墙结构、装配整体式框架–现浇核心筒结构	1/800
装配整体式剪力墙结构、装配整体式部分框支剪力墙结构	1/1 000

在罕遇地震作用下,结构薄弱层(部位)弹塑性层间位移应符合下式规定:

$$\Delta u_p \leqslant [\theta_p] h \qquad (3.4)$$

式中　Δu_p——弹塑性层间位移;

　　　$[\theta_p]$——弹塑性层间位移角限值,应按表 3.6 取用;

　　　h——层高。

表 3.6　楼层层间最大位移与层高之比的限值

结构类型	$\Delta u/h$ 限值
装配整体式框架结构	1/50
装配整体式框架–现浇剪力墙结构、装配整体式框架–现浇核心筒结构	1/100
装配整体式剪力墙结构、装配整体式部分框支剪力墙结构	1/120

3.7　预制构件设计

进行预制构件设计时,对持久设计状况,应对预制构件进行承载力、变形、裂缝控制验算;对地震设计状况,应对预制构件进行承载力验算;对制作、运输和堆放、安装等短暂设计状况下的预制构件验算,应符合现行国家标准《混凝土结构工程施工规范》(GB 50666—2011)的有关规定。

当预制构件中钢筋的混凝土保护层厚度大于 50 mm 时,宜对钢筋的混凝土保护层采取有效的构造措施。预制板式楼梯的梯段板底应配置通长的纵向钢筋,板面宜配置通长的纵向钢筋。用于固定连接件的预埋件与预埋吊件、临时支撑用预埋件不宜兼用;当兼用时,应同时满足各种设计状况要求。预制构件中预埋件的验算应符合现行国家标准《混凝土结构设计规范》(GB 50010—2010)、《钢结构设计标准》(GB 50017—2017)、《混凝土结构工程施工规范》(GB 50666—2011)等的有关规定。预制构件中外露预埋件凹入表面的深度不宜小于 10 mm。

3.8　连接设计

装配整体式结构中,接缝的正截面承载力应符合现行国家标准《混凝土结构设计规范》(GB 50010—2010)的规定。接缝的受剪承载力应符合下列规定。

(1)持久设计状况:

$$\gamma_0 V_{jd} \leqslant V_u \tag{3.5}$$

(2)地震设计状况:

$$V_{jdE} \leqslant \frac{V_{uE}}{\gamma_{RE}} \tag{3.6}$$

在梁、柱端部箍筋加密区及剪力墙底部加强部位,尚应符合以下规定

$$\eta_j V_{mua} \leqslant V_{uE} \tag{3.7}$$

式中　γ_0——结构重要性系数,安全等级为一级时不应小于 1.1,安全等级为二级时不应小于 1.0;

V_{jd}——持久设计状况下接缝剪力设计值;

V_u——持久设计状况下梁端、柱端、剪力墙底部接缝受剪承载力设计值;

V_{jdE}——地震设计状况下接缝剪力设计值;

V_{uE}——地震设计状况下梁端、柱端、剪力墙底部接缝受剪承载力设计值;

V_{mua}——被连接构件端部按实配钢筋面积计算的斜截面受剪承载力设计值;

η_j——接缝受剪承载力增大系数,抗震等级为一、二级取 1.2,抗震等级为三、四级取 1.1;

γ_{RE}——承载力抗震调整系数。

装配整体式结构中,节点及接缝处的纵向钢筋连接宜根据接头受力、施工工艺等要求选用机械连接、套筒灌浆连接、浆锚搭接连接、焊接连接、绑扎搭接连接等连接方式,并应符合国家现行有关标准的规定。

纵向钢筋采用套筒灌浆连接时,接头应满足现行行业标准《钢筋机械连接技术规程》(JGJ 107—2016)中I级接头的性能要求;预制剪力墙中钢筋接头处套筒外侧钢筋的混凝土保护层厚度不应小于 15 mm,预制柱中钢筋接头处套筒外侧箍筋的混凝土保护层厚度不应小于 20 mm;套筒之间的净距不应小于套筒外径。

纵向钢筋采用浆锚搭接连接时,对预留成孔工艺、孔道形状和长度、构造要求、灌浆料和被连接钢筋,应进行力学性能以及适用性的试验验证。直径大于 20 mm 的钢筋不宜采用浆锚搭接连接,直接承受动力荷载构件的纵向钢筋不应采用浆锚搭接连接。

预制构件与后浇混凝土、灌浆料、坐浆材料的结合面应做成粗糙面和键槽,预制板与后浇混凝土叠合层之间的结合面应做成粗糙面。

预制梁与后浇混凝土叠合层之间的结合面应做成粗糙面;预制梁端面应设置键槽,且宜做成粗糙面,如图 3.6 所示。

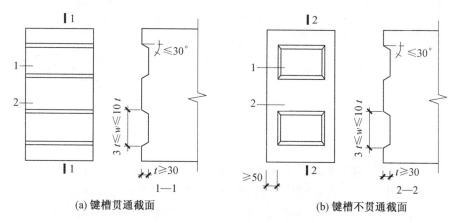

(a) 键槽贯通截面　　　　　　　　　　(b) 键槽不贯通截面

图 3.6　梁端键槽构造示意图
1—键槽;2—梁端面

对于键槽尺寸和数量,键槽的深度 t 不宜小于 30 mm,宽度 w 不宜小于深度的 3 倍且不宜大于深度的 10 倍;键槽可贯通截面,当不贯通时槽口距离截面边缘不宜小于 50 mm;键槽间距宜等于键槽高度;键槽端部斜面倾角不宜大于 30°。

预制剪力墙的顶部和底部与后浇混凝土的结合面应做成粗糙面;侧面与后浇混凝土的结合面应做成粗糙面,也可设置键槽;键槽深度 t 不宜小于 20 mm,宽度 w 不宜小于深度的 3 倍且不宜大于深度的 10 倍,键槽间距宜等于键槽高度,键槽端部斜面倾角不宜大于30°。

预制柱的底部应设置键槽且宜做成粗糙面,键槽应均匀布置,键槽深度不宜小于30 mm,键槽间距宜等于键槽宽度,键槽端部斜面倾角不宜大于30°。柱顶应做成粗糙面。

粗糙面的面积不宜小于结合面的80%,预制板的粗糙面凹凸深度不应小于4 mm,预制梁端、预制柱端、预制墙端的粗糙面凹凸深度不应小于6 mm。

预制构件纵向钢筋宜在节点区直线锚固;当直线锚固长度不足时,可采用弯折、机械锚固方式,并应符合现行国家标准《混凝土结构设计规范》(GB 50010—2010)、《钢筋锚固板应用技术规程》(JGJ 256—2011)的规定。

连接件、焊缝、螺栓或铆钉等紧固件应对不同设计状况下的承载力进行计算,并应符合国家现行标准《钢结构设计标准》(GB 50017—2017)、《钢结构焊接规范》(GB 50661—2011)等的规定。

预制楼梯与支承构件之间宜采用简支连接。采用简支连接时,预制楼梯宜一端设置固定铰,另一端设置滑动铰,预制楼梯设置滑动铰的端部应采取防止滑落的构造措施。其转动及滑动变形能力应满足结构层间位移的要求,且预制楼梯端部在支承构件上的最小搁置长度应符合表3.7的规定。

表3.7　预制楼梯端部在支承构件上的最小搁置长度

抗震设防烈度	6 度	7 度	8 度
最小搁置长度/mm	75	75	100

3.9　楼盖设计

装配整体式结构的楼盖宜采用叠合楼盖。结构转换层、平面复杂或开洞较大的楼层、作为上部结构嵌固部位的地下室楼层宜采用现浇楼盖。

叠合板应按现行国家标准《混凝土结构设计规范》(GB 50010—2010)进行设计,叠合板的预制板厚度不宜小于60 mm,后浇混凝土层厚度不应小于60 mm;当叠合板的预制板采用空心板时,板端空腔应封堵;跨度大于3 m的叠合板,宜采用桁架钢筋混凝土叠合楼板;跨度大于6 m的叠合板,宜采用预应力混凝土预制板;板厚大于180 mm的叠合板,宜采用空心混凝土楼板。

叠合板可根据预制板接缝构造、支座构造、长宽比按单向板或双向板设计。当预制板块之间采用分离式接缝(图3.7(a))时,宜按单向板设计。对长宽比不大于3的四边支承叠合板,当其预制板块之间采用整体式接缝(图3.7(b))或无接缝(图3.7(c))时,可按双向板设计。

(a) 单向叠合板   (b) 带接缝的双向叠合板   (c) 无接缝双向叠合板

图 3.7　叠合板的预制板块布置形式示意图

1—预制板;2—梁或墙;3—板侧分离式接缝;4—板侧整体式接缝

叠合板支座处的纵向钢筋,在板端支座处,预制板内的纵向受力钢筋宜从板端伸出并锚入支承梁或墙的后浇混凝土中,锚固长度不应小于 $5d$,且宜伸过支座中心线(图 3.8(a)),d 为纵向受力钢筋直径;单向叠合板的板侧支座处,当预制板内的板底分布钢筋伸入支承梁或墙的后浇混凝土中时,应符合本条第 1 款的要求;当板底分布钢筋不伸入支座时,宜在紧邻预制板顶面的后浇混凝土层中设置附加钢筋,附加钢筋截面面积不宜小于预制板内的同向分布钢筋截面积,间距不宜大于 600 mm,在板的后浇混凝土层内锚固长度不应小于 $15d$,在支座内锚固长度不应小于 $15d$ 且宜伸过支座中心线(图 3.8(b)),d 为附加钢筋直径。

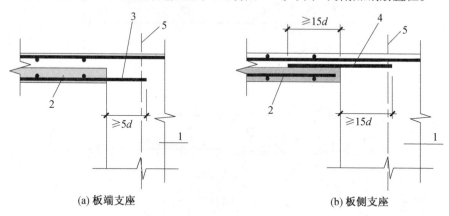

(a) 板端支座   (b) 板侧支座

图 3.8　叠合板端及板侧支座构造示意图

1—支承梁或墙;2—预制板;3—纵向受力钢筋;4—附加钢筋;5—支座中心线

单向叠合板板侧的分离式接缝宜配置附加钢筋(图 3.9),接缝处紧邻预制板顶面宜设置垂直于板缝的附加钢筋,附加钢筋伸入两侧后浇混凝土的锚固长度不应小于 $15d$,d 为附加钢筋直径;附加钢筋截面面积不宜小于预制板中该方向钢筋截面积,钢筋直径不宜小于 6 mm、间距不宜大于 250 mm。

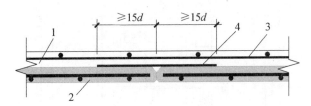

图 3.9 单向叠合板侧分离式拼缝构造示意图

1—后浇混凝土层;2—预制板;3—后浇层内钢筋;4—附加钢筋

双向叠合板板侧的整体式接缝宜设置在叠合板的次要受力方向上且宜避开弯矩最大处,接缝可采用后浇带形式(图 3.10),叠合板厚度不应小于 10d,且不应小于 120 mm,d 为垂直接缝的板底纵向受力钢筋直径的较大值;垂直接缝的板底纵向受力钢筋配筋量宜按计算结果增大 15% 配置;接缝处预制板侧伸出的纵向受力钢筋应在后浇混凝土层内锚固,且锚固长度不应小于 l_a;两侧钢筋在接缝处重叠的长度不应小于 10d,钢筋弯折角度不应大于 30°,弯折处沿接缝方向应配置不少于 2 根通长纵向钢筋,且直径不应小于该方向预制板内纵向钢筋直径;预制板侧应设置粗糙面。

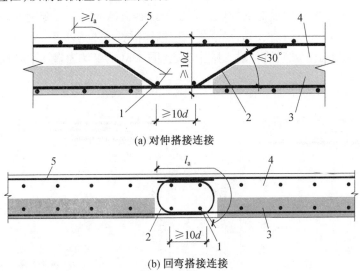

(a) 对伸搭接连接

(b) 回弯搭接连接

图 3.10 双向叠合板整体式接缝构造示意图

1—构造筋;2—纵向受力钢筋;3—预制板;4—后浇混凝土层;5—现浇层内钢筋

叠合板的预制板与后浇混凝土层之间应设置抗剪构造钢筋:单向叠合板跨度大于 3 m 时,距支座 1/4 跨范围内;双向叠合板短向跨度大于 3 m 时,距四边支座 1/4 短跨范围内;悬挑板叠合板的上部纵向受力钢筋在相邻叠合板的后浇混凝土锚固范围内。叠合板的预制板与后浇混凝土层之间设置的抗剪构造钢筋宜采用马镫形状,间距不宜大于 400 mm,钢筋直径 d 不应小于 6 mm,马镫钢筋宜伸到叠合板上、下部纵向钢筋处,预埋在预制板内的总长度不应小于 15d,水平段长度不应小于 50 mm;预制板的桁架钢筋可作为抗剪构造钢筋。阳台板、空调板宜采用预制构件或预制叠合构件,负弯矩钢筋应可靠锚固。

复　习　题

1. 中国现行装配式混凝土结构设计标准有哪些?

2. 国家行业标准《装配式混凝土结构技术规程》(JGJ 1—2014)基本规定有哪些? 基本规定的主要目的是什么?

3.《装配式混凝土结构技术规程》(JGJ 1—2014)对于结构最大适用高度、最大高宽比、抗震等级、平面布置、竖向布置等方面的规定与现浇结构的《高层建筑混凝土结构技术规程》有何异同?

4.《装配式混凝土结构技术规程》(JGJ 1—2014)对于结构地下室、底部加强区、剪力墙边缘构件等特殊部位宜采用现浇的规定的目的是什么? 有什么影响? 如何解决?

5.《装配式混凝土结构技术规程》(JGJ 1—2014)对于结构分析中的结构作用、作用组合及结构分析方法,与现浇结构有何异同?

6.《装配式混凝土结构技术规程》(JGJ 1—2014)规定了哪些纵筋连接方法?

7.《装配式混凝土结构技术规程》(JGJ 1—2014)对于预制构件的结合面有哪些规定?

8. 叠合板预制厚度、后浇厚度有哪些构造要求?

9.《装配式混凝土结构技术规程》(JGJ 1—2014)规定预制梁端面应设置键槽且宜设置粗糙面。键槽有哪些具体规定? 试标注图 3.11 中的尺寸基本要求。

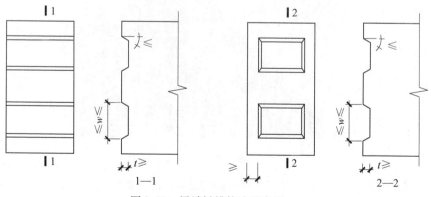

图 3.11　梁端键槽构造示意图

第4章　装配式混凝土框架结构设计

框架结构是广泛应用于工业与民用建筑领域的结构体系,采用装配式混凝土框架的建造方式可以提高工程质量和建造效率,在地震高发的地区可以更好地解决混凝土结构的抗震问题。本章介绍的装配式混凝土框架结构是指装配整体式框架结构,其预制构件包括:预制柱、叠合梁、叠合板、预制外墙板、预制楼梯、预制女儿墙等,节点连接采用灌浆套筒连接、浆锚搭接连接等湿式连接,可达到等同现浇的效果。

4.1　装配式混凝土框架的拆分与连接

由于预制构件连接部位是影响装配整体式结构性能的重要部位,拆分预制构件时,从现浇结构上来讲,宜将连接设置在应力水平较低处,如梁、柱的反弯点处,但由此带来加工制作、运输的困难,实际工程中较难实现。常用的框架结构拆分如图 4.1 所示,拆分为框架柱、框架梁、叠合板,梁柱在节点通过后浇混凝土连接,梁板采用叠合式梁板,梁板顶面后浇混凝土连接。

图 4.1　构件拆分与连接示意图

除此之外,也会考虑到节点装配的复杂性、构件制作安装的便捷性,而采用一些其他拆分连接方法。框架结构的拆分连接可分为如下几种方法:

(1)梁、柱预制,节点现浇。如图 4.2(a)所示,当梁、柱节点现浇时,由于节点内钢筋拥挤,钢筋伸出预制梁较长,容易打架、碰撞,设计和制作构件时需采取措施避让,而且安装时需要控制构件吊装顺序,施工较为复杂。

（2）梁、柱、节点分别预制,在现场进行连接。如图4.2（b）所示,当采用该种连接形式时,各个预制节点与梁的结合面均要预留钢筋与梁连接,预留孔道给柱钢筋穿过。

（3）梁、柱、节点与梁共同预制,柱端梁中连接。如图4.2（c）所示,节点内钢筋可在构件制作阶段布置完成,简化施工步骤,也可以梁、柱节点与柱共同预制,在柱端和梁中进行连接。

（4）梁、柱共同预制成T字形或十字形构件,构件现场连接。如图4.2（d）所示,此种方法可减少预制构件数量与连接数量,但在构件设计时应充分考虑构件运输与安装对构件尺寸和重量的限制。

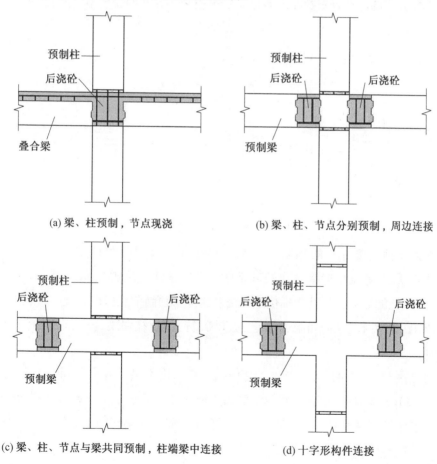

(a) 梁、柱预制,节点现浇　　(b) 梁、柱、节点分别预制,周边连接

(c) 梁、柱、节点与梁共同预制,柱端梁中连接　　(d) 十字形构件连接

图4.2　构件拆分与连接示意图

　　在装配式混凝土框架结构中,各个预制梁、柱、板构件一般是在节点处进行连接,使之形成一个传力可靠的整体,因此节点对结构的整体性起到至关重要的作用,梁、柱、板在节点处的连接方式是整个装配式混凝土框架结构的关键。

　　哈工大课题组首创了 3 种装配式混凝土框架节点,即外接整体式节点、外接分离式节点和穿筋式节点。所谓外接整体式节点,如图 4.3(a)所示,即节点区与下部柱整体预制,将梁与柱的现浇连接段设于节点区之外;所谓外接分离式节点,如图 4.3(b)所示,即节点区与柱分离而单独预制,梁柱现浇连接段设于节点区之外;所谓穿筋式节点,如图 4.3(c)所示,即节点区由预制主梁和预制次梁自然围成,两侧的主梁预埋纵筋分别与相应穿筋搭接连接。这样的拆分和连接方式的优点是避免了节点区钢筋纵横交错导致的安装不便问题。

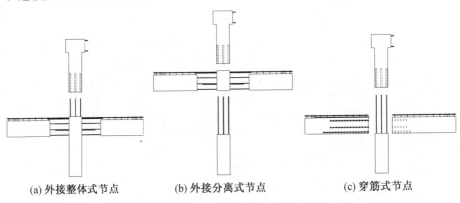

(a) 外接整体式节点　　　　　(b) 外接分离式节点　　　　　(c) 穿筋式节点

图 4.3　3 种装配式框架节点简图

　　对 3 种连接方式的预制节点及其对比件进行拟静力抗震性能试验,如图 4.4 所示,考察了连接方式的可靠性。足尺试件的抗震性能与现浇节点接近,节点耗能能力及延性指标优于现浇对比件。预制节点的破坏模式都表现为梁端出现塑性铰、纵筋屈服、混凝土被压溃,符合“强柱弱梁、更强的节点”的设计原则。

　　预制框架柱的设计应符合现行国家标准《混凝土结构设计规范》(GB 50010—2010)的要求,柱纵向受力钢筋直径不宜小于 20 mm;矩形柱截面宽度或圆柱直径不宜小于 400 mm,且不宜小于同方向梁宽的 1.5 倍。

　　装配整体式混凝土框架结构框架柱的纵筋连接,优先采用底部坐浆层或灌浆层的灌浆套筒连接或约束搭接连接。也可在采取足够的安全措施后,采用底部后浇区的焊接连接、挤压套筒连接或环筋扣合连接等有效连接措施,具体参见相关标准。

　　预制装配式框架柱与现浇框架柱的抗震性能对比试验研究结果表明,采用灌浆套筒、约束浆锚搭接连接的框架柱,纵筋在连接处未发生黏结破坏,纵筋达到了屈服甚至进入强化阶段,与现浇柱相比具有等同的抗震承载性能。纵筋采用约束浆锚搭接连接的预制框架柱试件,具有更优的耗能和延性性能。不同纵筋连接框架柱抗震性能试验对比如图 4.5 所示。

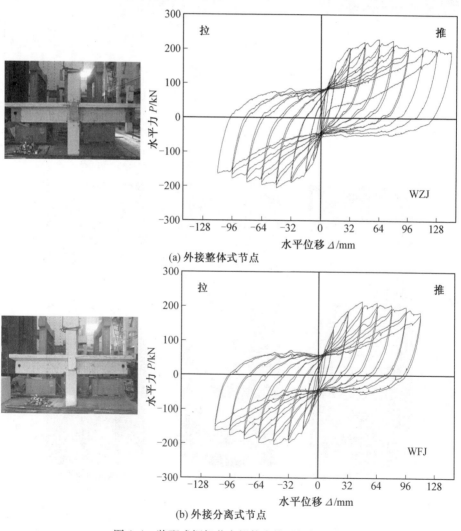

(a) 外接整体式节点

(b) 外接分离式节点

图 4.4　装配式框架节点拟静力抗震性能试验

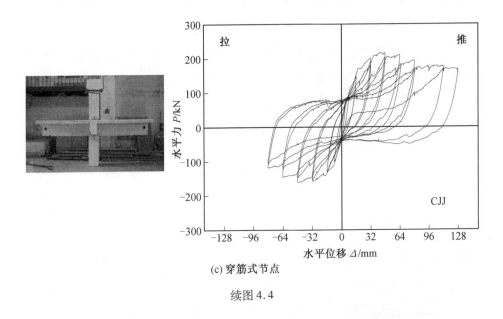

(c) 穿筋式节点

续图 4.4

(a) 约束浆锚搭接连接　　　(b) 现浇直通　　　(c) 灌浆套筒连接

图 4.5　不同纵筋连接框架柱抗震性能试验对比

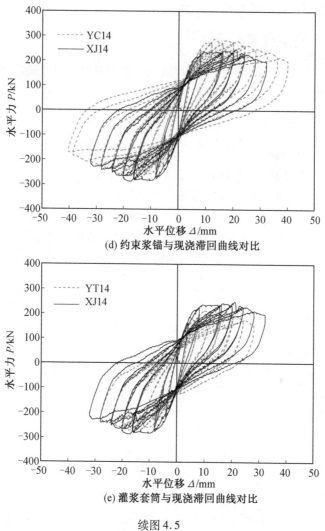

(d) 约束浆锚与现浇滞回曲线对比

(e) 灌浆套筒与现浇滞回曲线对比

续图 4.5

4.2　框架结构设计一般规定

对于装配式混凝土框架结构,除按《装配式混凝土结构设计规程》(JGJ 1—2014)的规定外,装配整体式框架结构可按现浇混凝土框架结构进行设计。

装配整体式框架结构中,预制柱的纵向钢筋连接,当房屋高度不大于 12 m 或层数不超过 3 层时,可采用套筒灌浆、浆锚搭接、焊接等连接方式;当房屋高度大于 12 m 或层数超过 3 层时,宜采用套筒灌浆连接。装配整体式框架结构中,预制柱水平接缝处不宜出现拉力。

4.2.1　框架柱截面尺寸

装配整体式框架结构构件截面尺寸的估算与现浇混凝土结构类似,对于框架柱,根据轴压比初步确定截面尺寸,即

$$A_c \geqslant \frac{N}{f_c[n]} \tag{4.1}$$

式中　A_c——柱的截面面积;

　　　N——柱的轴力设计值;

　　　f_c——混凝土抗压强度设计值;

　　　$[n]$——轴压比限值。

一、二、三、四级抗震等级的各类结构的框架柱、框支柱,其轴压比不宜大于表4.1 规定的限值。对Ⅳ类场地上较高的高层建筑,柱轴压比限值应适当减小。

表 4.1　框架柱轴压比限值

结构体系	抗震等级			
	一级	二级	三级	四级
框架结构	0.65	0.75	0.85	0.90
框架-剪力墙结构、筒体结构	0.75	0.85	0.90	0.95
部分框支剪力墙结构	0.60	0.70	—	—

柱轴力设计值可按下式估算

$$N = 1.35C\beta N_v \tag{4.2}$$

式中　1.35——综合考虑永久荷载和楼面活荷载的分项系数;

　　　C——中柱取 1.0,边柱取 1.1,角柱取 1.2;

　　　β——水平力作用对柱轴力的放大系数,抗震等级为一至三级时,取 1.1 至 1.2;抗震等级为四级或非抗震时,取 1.05 ~ 1.1;

　　　N_v——竖向荷载作用下柱的轴力标准值,可根据柱支承的楼板面积、楼层数及楼层上的竖向荷载计算,楼层上的竖向荷载可按 11 ~ 14 kN/m² 计算。

4.2.2　框架梁截面尺寸

框架梁往往是刚度起控制作用,因此采用跨高比确定梁的截面高度。一般情况下,框架结构的主梁截面高度可按计算跨度的 1/10 ~ 1/18 确定,梁净跨与截面高度之比宜大于 4。梁的截面宽度一般取梁截面高度的 1/2 ~ 1/3,且不宜

小于 200 mm;同时,框架梁截面宽度不宜小于截面高度的 1/4,以保证梁平面外的稳定性。

4.3　框架的构造与连接

4.3.1　框架柱的构造与连接

预制柱的设计应符合现行国家标准《混凝土结构设计规范》(GB 50010—2010)的要求,柱纵向受力钢筋直径不宜小于 20 mm;柱纵向受力钢筋采用灌浆套筒连接时,柱箍筋加密区长度不应小于纵向受力钢筋连接区域长度与500 mm 之和;套筒上端第一个箍筋距离套筒顶部不应大于 50 mm。采用预制柱及叠合梁的装配整体式框架中,柱底接缝宜设置在楼面标高处,节点区后浇混凝土上表面应设置粗糙面;柱纵向受力钢筋应贯穿后浇节点区;柱底接缝厚度宜为 20 mm,并应采用灌浆料填实。钢筋采用套筒灌浆连接时柱底箍筋加密区域构造示意图如图 4.6 所示。

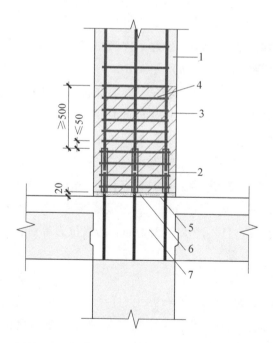

图 4.6　钢筋采用套筒灌浆连接时柱底箍筋加密区域构造示意图
1—预制柱;2—套筒灌浆连接接头;3—箍筋加密区(阴影区域);4—加密区箍筋;5—节点区后浇混凝土上表面粗糙面;6—接缝灌浆层;7—后浇节点区

4.3.2 框架梁的构造与连接

1. 框架梁的构造

装配整体式框架结构中,当采用叠合梁时,框架梁的后浇混凝土层厚度不宜小于 150 mm(图 4.7(a)),次梁的后浇混凝土层厚度不宜小于 120 mm;当采用凹口截面预制梁时(图 4.7(b)),凹口深度不宜小于 50 mm,凹口边厚度不宜小于 60 mm。

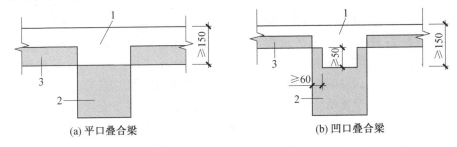

(a) 平口叠合梁　　　　　　　　(b) 凹口叠合梁

图 4.7　叠合框架梁截面示意图
1—后浇混凝土层;2—预制梁;3—预制板

叠合梁的箍筋配置,抗震等级为一、二级的叠合框架梁的梁端箍筋加密区宜采用整体封闭箍筋(图 4.8(a)、图 4.8(c));采用组合封闭箍筋的形式(图 4.8(b))时,开口箍筋上方应做成 135°弯钩;非抗震设计时,弯钩端头平直段长度不应小于 $5d$(d 为箍筋直径);抗震设计时,平直段长度不应小于 $10d$。现场应采用箍筋帽封闭开口箍,箍筋帽末端应做成 135°弯钩;非抗震设计时,弯钩端头平直段长度不应小于 $5d$;抗震设计时,平直段长度不应小于 $10d$。框架梁箍筋加密区长度内的箍筋肢距:一级抗震等级,不宜大于 200 mm 和 20 倍箍筋直径的较大值,且不应大于 300 mm;二、三级抗震等级,不宜大于 250 mm 和 20 倍箍筋直径的较大值,且不应大于 350 mm;四级抗震等级,不宜大于 300 mm,且不应大于 400 mm。

2. 框架梁的对接连接

叠合梁可采用对接连接(图 4.9)时,连接处应设置后浇段,后浇段的长度应满足梁下部纵向钢筋连接作业的空间需求;梁下部纵向钢筋在后浇段内宜采用机械连接、套筒灌浆连接或焊接连接;后浇段内的箍筋应加密,箍筋间距不应大于 $5d$,且不应大于 100 mm,d 为纵向钢筋直径。

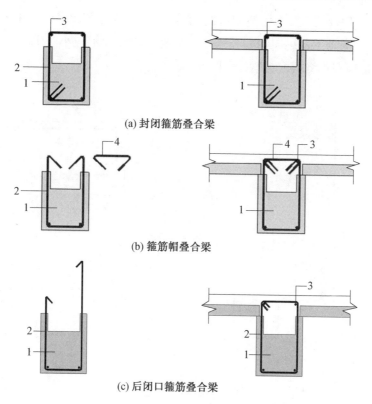

(a) 封闭箍筋叠合梁

(b) 箍筋帽叠合梁

(c) 后闭口箍筋叠合梁

图 4.8　叠合梁箍筋构造示意图

1—预制梁;2—开口箍筋;3—上部纵向钢筋;4—箍筋帽

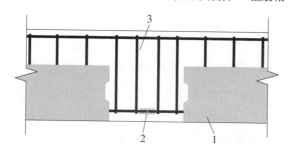

图 4.9　叠合梁连接节点示意图

1—预制梁;2—钢筋连接接头;3—后浇段

3. 框架主梁与次梁的连接

主梁与次梁采用后浇段连接时,次梁在端部节点处,次梁的下部纵向钢筋伸入主梁后浇段内的长度不应小于 12d。次梁上部纵向钢筋应在主梁后浇段内锚固,当采用弯折锚固时,直段长度不应小于 $0.6l_{ab}$,弯折段长度不应小于

15d（图4.10(a)）；当采用锚固板时,直段长度不应小于$0.4l_{ab}$。在中间节点处,两侧次梁的下部纵向钢筋伸入主梁后浇段内长度不应小于$12d$；次梁上部纵向钢筋应在现浇层内贯通(图4.10(b))。

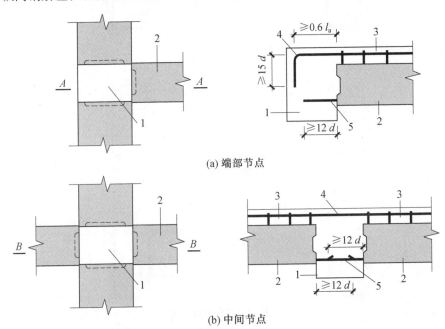

(a) 端部节点

(b) 中间节点

图4.10　主次梁连接节点构造示意图

1—主梁后浇段;2—次梁;3—后浇混凝土层;4—次梁上部纵向钢筋;5—次梁下部纵向钢筋

4. 框架梁与框架柱的连接

在预制柱叠合梁框架节点中,梁钢筋在节点中锚固及连接方式是决定施工可行性以及节点受力性能的关键。梁、柱构件尽量采用较粗直径、较大间距的钢筋布置方式,节点区的主梁钢筋较少,有利于节点的装配施工,保证施工质量。设计过程中,应充分考虑到施工装配的可行性,合理确定梁、柱截面尺寸及钢筋的数量、间距及位置等。

梁、柱纵向钢筋在节点区内采用直线锚固、弯折锚固或机械锚固的方式时,其锚固长度应符合现行国家标准《混凝土结构设计规范》(GB 50010—2010)中的有关规定;当梁、柱纵向钢筋采用锚固板时,应符合现行行业标准《钢筋锚固板应用技术规程》(JGJ 256—2011)中的有关规定。

采用预制柱及叠合梁的装配整体式框架节点,梁纵向受力钢筋应伸入后浇节点区内锚固或连接,对框架中间层中节点,节点两侧的梁下部纵向受力钢筋宜锚固在节点区后浇混凝土内(图 4.11(a)),也可采用机械连接或焊接的方式直接连接(图 4.11(b));梁的上部纵向受力钢筋应贯穿节点区。

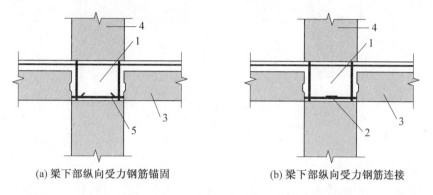

(a) 梁下部纵向受力钢筋锚固　　　　　(b) 梁下部纵向受力钢筋连接

图 4.11　预制柱及叠合梁框架中间层中节点构造示意图

1—后浇节点;2—下部纵向受力钢筋连接;3—预制梁;

4—预制柱;5—下部纵向受力钢筋锚固

对框架中间层端节点,当柱截面尺寸不满足梁纵向受力钢筋的直线锚固要求时,宜采用锚固板锚固(图 4.12),也可采用 90°弯折锚固。

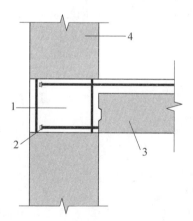

图 4.12　预制柱及叠合梁框架中间层端节点构造示意图

1—后浇节点;2—梁纵向受力钢筋锚固;3—预制梁;4—预制柱

对框架顶层中节点,梁纵向受力钢筋的构造应符合本条第 1 款的规定。柱纵向受力钢筋宜采用直线锚固;当梁截面尺寸不满足直线锚固要求时,宜采用锚固板锚固(图 4.13)。

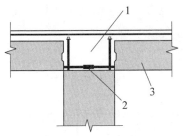
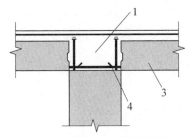

(a) 梁下部纵向受力钢筋连接　　　　(b) 梁下部纵向受力钢筋锚固

图 4.13　预制柱及叠合梁框架顶层中节点构造示意图

1—后浇节点;2—下部纵向受力钢筋连接;3—预制梁;4—下部纵向受力筋锚固

对框架顶层端节点,梁下部纵向受力钢筋应锚固在节点区后浇混凝土内,且宜采用锚固板的锚固方式;梁、柱其他纵向受力钢筋的锚固,柱宜伸出屋面并将柱纵向受力钢筋锚固在伸出段内(图 4.14(a)),伸出段长度不宜小于 500 mm,伸出段内箍筋间距不应大于 5d,且不应大于 100 mm;柱纵向钢筋宜采用锚固板锚固,锚固长度不应小于 40d;梁上部纵向受力钢筋宜采用锚固板锚固;d 为柱纵向受力钢筋直径。柱外侧纵向受力钢筋也可与梁上部纵向受力钢筋在节点区搭接(图 4.14(b)),其构造要求应符合现行国家标准《混凝土结构设计规范》(GB 50010—2010)中的规定;柱内侧纵向受力钢筋宜采用锚固板锚固。

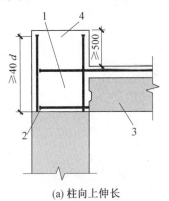
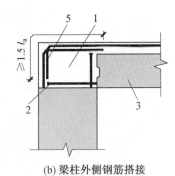

(a) 柱向上伸长　　　　　　　(b) 梁柱外侧钢筋搭接

图 4.14　预制柱及叠合梁框架顶层边节点构造示意图

1—后浇节点;2—纵向受力钢筋锚固;3—预制梁;
4—柱延伸段;5—梁柱外侧钢筋搭接

采用预制柱及叠合梁的装配整体式框架节点,梁下部纵向受力钢筋也可伸至节点区外的后浇梁段内连接(图 4.15),连接接头与节点区的距离不应小于 $1.5h_0$,h_0 为梁截面有效高度。

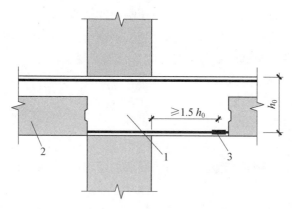

图 4.15　梁纵向钢筋在节点区外的后浇梁段内连接示意图
1—后浇节点;2—预制梁;3—纵向受力钢筋连接

现浇柱与叠合梁组成的框架节点中,梁纵向钢筋的连接与锚固应符合本规程上述规定。

4.4　框架连接的承载力计算

对一、二、三级抗震等级的装配整体式框架,应进行梁柱节点核心区抗震受剪承载力验算;对四级抗震等级可不进行验算。梁柱节点核心区受剪承载力抗震验算和构造应符合现行国家标准《混凝土结构设计规范》(GB 50010—2010)、《建筑抗震设计规范》(GB 50011—2010)中的有关规定。

装配整体式结构中连接的接缝主要指预制构件之间的接缝及预制构件与现浇及后浇混凝土之间的结合面,包括梁端接缝、柱顶底接缝、剪力墙的竖向接缝和水平接缝等。装配整体式结构中,接缝是影响结构受力性能的关键部位。

接缝的压力通过后浇混凝土、灌浆料或坐浆材料直接传递;拉力通过由各种方式连接的钢筋、预埋件传递;剪力由结合面混凝土的黏结强度、键槽或者粗糙面、钢筋的摩擦抗剪作用、销栓抗剪作用承担。装配整体式结构中,接缝的正截面承载力应符合现行国家标准《混凝土结构设计规范》(GB 50010—2010)的规定。

接缝处于受压、受弯状态时,静力摩擦可承担一部分剪力。预制构件连接接缝一般采用强度等级高于构件的后浇混凝土、灌浆料或坐浆材料。当穿过接缝的钢筋不少于构件内钢筋并且构造符合本规程规定时,节点及接缝的正截面受压、受拉及受弯承载力一般不低于构件,可不必进行承载力验算。当需要计算时,可按照混凝土构件正截面的计算方法进行,混凝土强度取接缝及构件混凝土材料强度的较低值,钢筋取穿过正截面且有可靠锚固的钢筋数量。

　　后浇混凝土、灌浆料或坐浆材料与预制构件结合面的黏结抗剪强度往往低于预制构件本身混凝土的抗剪强度。因此,预制构件的接缝一般都需要进行受剪承载力的计算。接缝的受剪承载力应符合下列规定。

　　持久设计状况:

$$\gamma_0 V_{jd} \leqslant V_u \tag{4.3}$$

　　地震设计状况:

$$V_{jdE} \leqslant V_{uE} / \gamma_{RE} \tag{4.4}$$

　　在梁、柱端部箍筋加密区及剪力墙底部加强部位,应符合以下规定

$$\eta_j V_{mua} \leqslant V_{uE} \tag{4.5}$$

式中　γ_0——结构重要性系数,安全等级为一级时不应小于 1.1,安全等级为二级时不应小于 1.0;

　　　γ_{RE}——承载力抗震调整系数;

　　　V_{jd}——持久设计状况下接缝剪力设计值;

　　　V_{jdE}——地震设计状况下接缝剪力设计值;

　　　V_u——持久设计状况下梁端、柱端、剪力墙底部接缝受剪承载力设计值;

　　　V_{uE}——地震设计状况下梁端、柱端、剪力墙底部接缝受剪承载力设计值;

　　　V_{mua}——被连接构件端部按实配钢筋面积计算的斜截面受剪承载力设计值;

　　　η_j——接缝受剪承载力增大系数,抗震等级为一、二级取 1.2,抗震等级为三、四级取 1.1。

　　由公式(4.5)可见,接缝的受剪承载力大于构件端部斜截面受剪承载力,即设计要实现强接缝、弱构件。

　　叠合梁端竖向接缝的受剪承载力设计值应按下列公式计算。

　　持久设计状况:

$$V_u = 0.07 f_c A_{c1} + 0.10 f_c A_k + 1.65 A_{sd} \sqrt{f_c f_y} \tag{4.6}$$

　　地震设计状况:

$$V_{uE} = 0.04 f_c A_{c1} + 0.06 f_c A_k + 1.65 A_{sd} \sqrt{f_c f_y} \tag{4.7}$$

式中　A_{c1}——叠合梁端截面后浇混凝土层截面面积;

　　　f_c——预制构件混凝土轴心抗压强度设计值;

　　　f_y——垂直穿过结合面钢筋的抗拉强度设计值;

　　　A_k——各键槽的根部截面面积(图 4.16)之和,按后浇键槽根部截面和预制键槽根部截面分别计算,并取二者的较小值;

A_{sd}——垂直穿过结合面所有钢筋的面积,包括叠合层内的纵向钢筋。

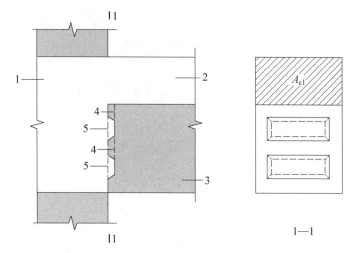

图 4.16　叠合梁端部抗剪承载力计算参数示意图

1—后浇区;2—后浇混凝土层;3—预制梁;4—预制键槽根部截面;5—后浇键槽根部截面

在地震设计状况下,预制柱底水平接缝受剪承载力设计值应按下列公式计算。

当预制柱受压时

$$V_{uE} = 0.8N + 1.65A_{sd}\sqrt{f_c f_y} \tag{4.8}$$

当预制柱受拉时

$$V_{uE} = 1.65A_{sd}\sqrt{f_c f_y\left[1 - \left(\frac{N}{A_{sd}f_y}\right)^2\right]} \tag{4.9}$$

式中　f_c——预制构件混凝土轴心抗压强度设计值;

f_y——垂直穿过结合面钢筋抗拉强度设计值;

N——与剪力设计值 V 相应的垂直于结合面的轴向力设计值,取绝对值进行计算;

A_{sd}——垂直穿过结合面所有钢筋的面积;

V_{uE}——地震设计状况下接缝受剪承载力设计值。

混凝土叠合梁的设计应符合本规程和现行国家标准《混凝土结构设计规范》(GB 50010—2010)中的有关规定。

例 1　某框架梁 $b×h = 300\text{ mm} × 600\text{ mm}$,上部纵筋 4 Φ25、下部纵筋 2 Φ25、侧面纵筋 2 Φ16,箍筋 Φ8@100(2),梁端剪力设计值 $V = 300\text{ kN}$。采用装配式设计,又合板厚 120 mm,混凝土采用 C30,试设计计算梁端抗剪(图 4.17)。

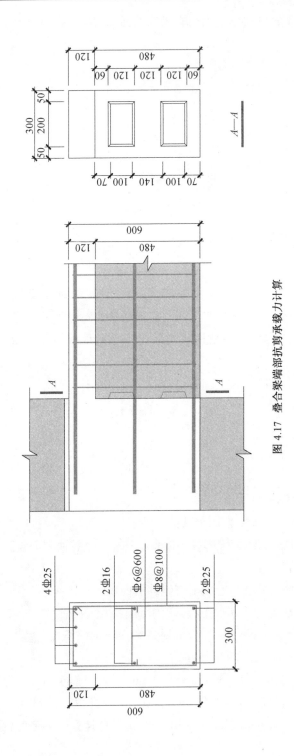

图 4.17　叠合梁端部抗剪承载力计算

解　计算参数 $f_t = 1.43$ N/mm^2，$f_c = 14.3$ N/mm^2，$f_{yv} = 360$ N/mm^2，$h_0 = 600 - 40 = 560$（mm），$S = 100$ mm。

（1）框架梁截面限制条件验算

$$0.25\beta_c f_c bh_0 = 0.25 \times 1.0 \times 14.3 \times 300 \times 560 = 600.6 \text{ kN} > V = 300 \text{ kN}$$

满足要求。

（2）梁端斜截面抗剪承载力验算（一般受弯构件）

$$V_{ux} = 0.7f_t bh_0 + f_{yv}\frac{nA_{sv1}}{S}h_0 = 0.7 \times 1.43 \times 300 \times 560 + 360 \times \frac{2 \times 50.3}{100} \times 560$$

$$= 371.0 \text{ kN} > V = 300 \text{ kN}$$

满足要求。

$$\rho_{sv} = \frac{nA_{sv1}}{bS} = \frac{2 \times 50.3}{300 \times 100} = 0.0034 > \rho_{sv,min} = 0.24\frac{f_t}{f_{yv}} = 0.24 \times \frac{1.43}{360} = 0.001$$

配箍率满足最小配箍要求。

（3）梁端直截面抗剪承载力计算

叠合梁端截面后浇混凝土叠合层截面面积。

$$A_{c1} = 120 \times 300 = 36\,000 \text{（mm}^2\text{）}$$

各键槽的根部截面面积之和（按后浇键槽根部截面和预制键槽根部截面分别计算，并取二者的较小值）为

$$A_k = \min[120 \times 200 \times 2, (70 \times 2 + 140) \times 200] = 48\,000 \text{（mm}^2\text{）}$$

垂直穿过结合面所有钢筋的面积为

$$A_{sd} = (4\pi \cdot 25^2 + 2\pi \cdot 25^2 + 2\pi \cdot 16^2)/4 = 3\,347.4 \text{（mm}^2\text{）}$$

叠合梁端竖向接缝的受剪承载力设计值–持久设计状况/地震设计状况

$$\left.\begin{aligned}
V_u &= 0.07f_c A_{c1} + 0.10f_c A_k + 1.65A_{sd}\sqrt{f_c f_y} \\
&= 0.07 \times 14.3 \times 36\,000 + 0.10 \times 14.3 \times 48\,000 + \\
&\quad 1.65 \times 3\,347.4 \times \sqrt{14.3 \times 360} = 501.0 \text{（kN）} \\
V_{uE} &= 0.04f_c A_{c1} + 0.06f_c A_k + 1.65A_{sd}\sqrt{f_c f_y} \\
&= 0.04 \times 14.3 \times 36\,000 + 0.06 \times 14.3 \times 48\,000 + \\
&\quad 1.65 \times 3\,347.4 \times \sqrt{14.3 \times 360} = 458.1 \text{ kN}
\end{aligned}\right\} > V_{ux} = 371.0 \text{ kN} > V = 300 \text{（kN）}$$

满足要求。

例 2　某框架柱反弯点在柱高范围内，净高 4.5 m，$b \times h = 500$ mm $\times 500$ mm，角部纵筋 4 Φ25、b 边中部纵筋 2 Φ20、h 边中部纵筋 2 Φ20，箍筋 Φ8@100（4），柱剪力设计值 $V = 300$ kN，柱轴力设计值 $N = +300$ kN，-200 kN。采用装配式设计，混凝土采用 C30，计算预制柱底水平接缝的受剪承载力（图 4.18）。

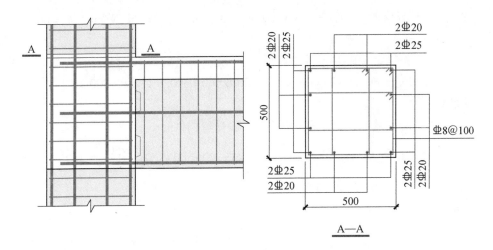

图 4.18 框架柱根部抗剪承载力计算

解 计算参数 $f_t = 1.43$ N/mm², $f_c = 14.3$ N/mm², $f_{yv} = 360$ N/mm², $h_0 = 500 - 40 = 460$（mm）, $S = 100$ mm。

（1）验算截面限制条件

$$\frac{h_w}{b} = \frac{360}{400} = 0.9 < 4$$

为一般受剪。

$$0.25\beta_c f_c b h_0 = 0.25 \times 1.0 \times 14.3 \times 500 \times 460 = 822.3 \text{ kN} > V = 300 \text{ kN}$$

满足要求。

（2）斜截面抗剪承载力

$$\lambda = \frac{H_n}{2h_0} = \frac{4\,500}{2 \times 460} = 4.9 > 3$$

取 $\lambda = 3$，得

$$V_{ux} = \frac{1.75}{\lambda + 1.0} f_t b h_0 + f_{yv} \frac{A_{sv}}{S} h_0 + 0.07N$$

$$= \frac{1.75}{3 + 1.0} \times 1.43 \times 500 \times 460 + 360 \times \frac{4 \times 50.3}{100} \times 460 + 0.07 \times 300 \times 10^3$$

$$= 498.1 \text{ kN} > V = 300 \text{ kN}$$

$$V \leqslant \frac{1.75}{\lambda + 1.0} f_t b h_0 + f_{yv} \frac{A_{sv}}{S} h_0 - 0.2N$$

$$= \frac{1.75}{3 + 1.0} \times 1.43 \times 500 \times 460 + 360 \times \frac{4 \times 50.3}{100} \times 460 - 0.2 \times 200 \times 10^3$$

$$= 437.1 \text{ kN} > V = 300 \text{ kN}$$

满足要求。

$$\rho_{sv} = \frac{nA_{sv1}}{bS} = \frac{4 \times 50.3}{600 \times 100} = 0.003\ 4 > \rho_{sv,min} = 0.24\frac{f_t}{f_{yv}} = 0.24 \times \frac{1.43}{360} = 0.001$$

满足最小配箍要求。

（3）预制柱底水平接缝的受剪承载力。

垂直穿过结合面所有钢筋的面积：

$$A_{sd} = (4\pi \cdot 25^2 + 4\pi \cdot 20^2 + 4\pi \cdot 20^2)/4 = 4\ 476.8\ (mm^2)$$

预制柱底水平接缝的受剪承载力设计值–地震设计状况：

受压时

$$V_{uE} = 0.8N + 1.65A_{sd}\sqrt{f_c f_y}$$

$$= 0.8 \times 300 \times 10^3 + 1.65 \times 4\ 476.8 \times \sqrt{14.3 \times 360}$$

$$= 770.0\ kN > V_{ux} = 498.1\ kN > V = 300\ kN$$

受拉时

$$V_{uE} = 1.65A_{sd}\sqrt{f_c f_y \left[1 - (N/A_{sd}/f_y)^2\right]}$$

$$= 1.65 \times 4\ 476.8 \times \sqrt{14.3 \times 360 \times \left[1 - (200 \times 10^3/4\ 476.8/360)^2\right]}$$

$$= 525.9\ kN > V_{ux} = 437.1\ kN > V = 200\ kN$$

满足要求。

复　习　题

1. 装配式框架梁柱节点连接方法有哪些？装配式框架与现浇框架相比抗震性能有哪些特点？

2. 装配式混凝土框架结构叠合梁采用凹口截面预制梁的目的是什么？

3. 叠合梁采用箍筋和箍筋帽的目的是什么？其缺点是什么？如何解决？

4. 装配式混凝土主次梁连接时，次梁纵筋在主梁后浇段锚固长度不满足要求时如何解决？

5. 装配式混凝土框架结构叠合梁端部竖向接缝的受剪承载力如何计算？

6. 装配式混凝土框架结构预制柱底水平接缝的受剪承载力如何计算？

第5章　装配式混凝土剪力墙结构设计

　　装配式混凝土剪力墙结构是一种应用比较广泛的装配式混凝土结构体系，尤其在住宅建筑中。本文主要介绍装配整体式剪力墙结构的研究与应用情况，以及剪力墙结构的设计方法与构造要求。

5.1　装配式混凝土剪力墙结构的研究与应用简介

　　随着住宅产业化、建筑工业化和建筑产业现代化概念的推进，哈工大课题组首先在装配式结构中取得了突破，提出了以约束浆锚搭接连接和钢筋环插筋连接等具有自主知识产权的装配式混凝土剪力墙结构技术体系。从基本连接性能、基本构件抗震性能，到足尺结构试验楼抗震性能进行了系统的试验研究。

5.1.1　装配式混凝土剪力墙连接性能试验研究

1. 约束搭接连接性能试验

　　以搭接长度、配箍率、钢筋直径、混凝土强度为主要参数，进行了约束浆锚钢筋锚固性能、搭接连接性能试验研究。81个试件的钢筋锚固试验，试件混凝土截面为150 mm ×150 mm，锚固长度比规范分别减小了10%、20%，HRB335钢筋直径12,14,16 mm；混凝土 C20,C30,C40。试验情况如图5.1所示。

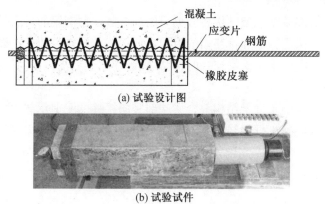

(a) 试验设计图

(b) 试验试件

图5.1　约束浆锚钢筋锚固性能试验

(c) 钢筋外部拉断破坏

(d) 钢筋锚固试验试件剖开图

续图 5.1

先后多批次完成了 370 个不同参数的试件连接性能试验(图 5.2),合理配箍情况下,受拉钢筋均可达极限强度被拉断,钢筋均未被拔出,未发现钢筋混凝土黏结段出现黏结滑移。建议搭接长度可以减短为锚固长度。

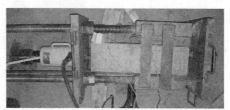

(a) 试验装置

(b) 破坏情况

图 5.2　约束浆锚钢筋搭接性能试验

另外,为研究叠合板式剪力墙的纵筋连接方法,哈工大课题组首次提出了以约束浆锚为基础的适用于叠合板式剪力墙纵筋连接的约束砼锚钢筋搭接方式,并进行了系列连接性能试验研究。为模拟约束砼锚采用分次浇筑混凝土试件的方法,进行了 12 个黏结试件、24 个约束砼锚钢筋搭接试件的连接性能试验(图 5.3),试验证明在合理配箍和搭接长度情况下满足受力要求,经进一步试验和分析,给出了约束砼锚钢筋搭接设计方法。

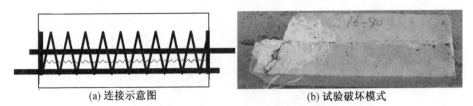

(a) 连接示意图   (b) 试验破坏模式

图 5.3 约束砼锚搭接连接及试验情况

2. 钢筋环插筋连接性能试验

为解决预制混凝土剪力墙构件水平拼接问题提出了"钢筋环插筋连接"关键技术,为研究其连接机理,进行了单向双剪、双向往复剪切试验,试验以试件结合面键槽、界面抗剪钢筋、界面正压力等为参数,设计及加载装置如图 5.4 所示。

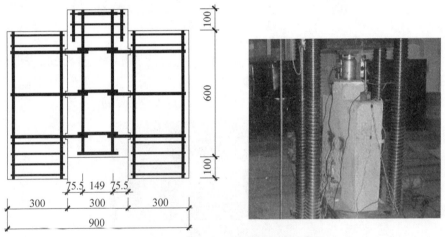

(a) 单向双剪试验试件配筋图和加载装置

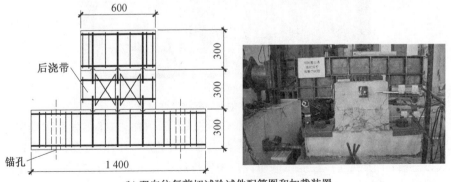

(b) 双向往复剪切试验试件配筋图和加载装置

图 5.4 设计及加载装置

单向双剪剪切试验结果如图 5.5 所示。

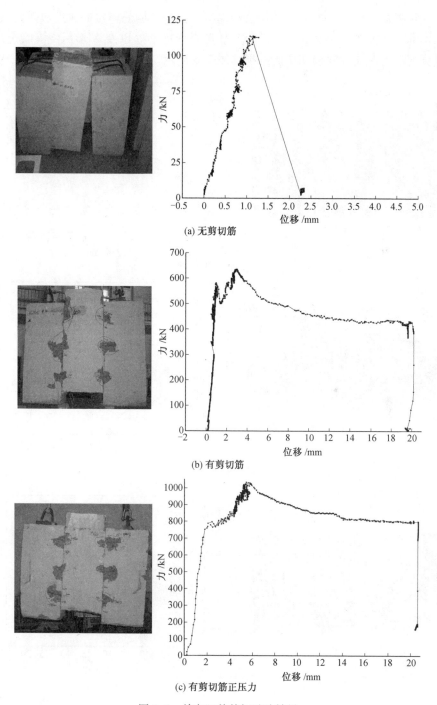

(a) 无剪切筋

(b) 有剪切筋

(c) 有剪切筋正压力

图 5.5　单向双剪剪切试验结果

　　往复荷载作用下的双向剪切试验提出了钢筋环插筋连接的改进加强方法，除钢筋环插筋连接之外，增设了 I 形、U 形界面剪切筋以及 X 形后浇混凝土加强抗剪筋。双向往复剪切试验结果如图 5.6 所示。

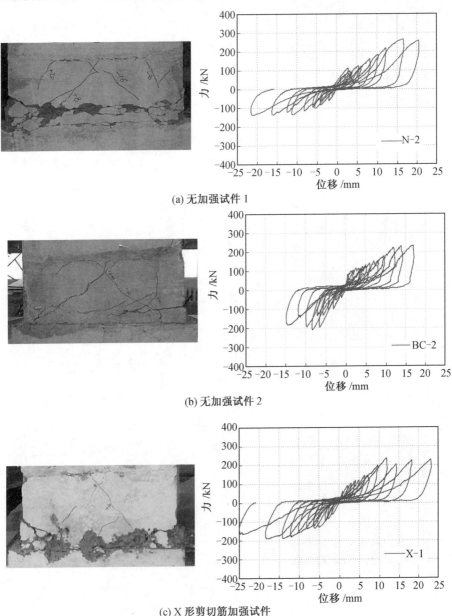

(a) 无加强试件 1

(b) 无加强试件 2

(c) X 形剪切筋加强试件

图 5.6　双向往复剪切试验结果

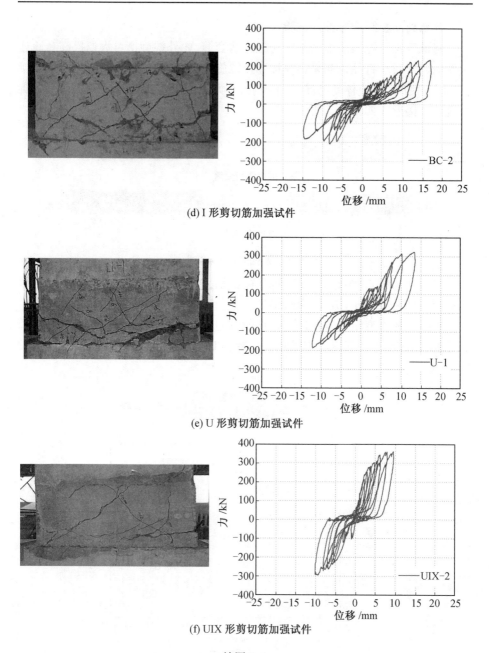

(d) I 形剪切筋加强试件

(e) U 形剪切筋加强试件

(f) UIX 形剪切筋加强试件

续图 5.6

无加强截面抗剪筋试件 1、试件 2 以及仅后浇区 X 形加强筋试件的承载力相当,但 X 形加强筋试件后浇混凝土区破坏较轻;I 形和 U 形界面加强筋试件承载力有明显的逐步提高,UIX 形界面加强筋试件承载力最高。

3. 螺旋肋套筒连接性能试验

将低碳钢管经滚压加工制作为螺旋肋套筒,内外螺旋槽可大幅提高套筒连接性能。针对小直径钢筋采用搭接连接螺旋肋套筒、大直径钢筋采用对接连接套筒,使用类宾汉流体新型灌浆料灌浆,大大提高了施工可靠度和效率。螺旋肋套筒连接形式如图5.7所示。

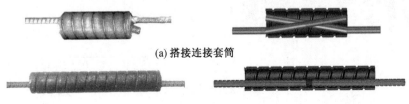

(a) 搭接连接套筒

(b) 对接连接套筒

图5.7　螺旋肋套筒连接形式

以10d为钢筋连接长度,钢筋直径分别采用8~16 mm、套筒外径及壁厚42×3.5~63×3.5 mm多种规格,进行了多批次共77个试件的单向拉伸、高应力反复拉压和大变形反复拉压连接性能试验,主要破坏形式都为连接钢筋在套筒外部被拉断,连接强度与钢筋相同。螺旋肋套筒连接性能试验结果如图5.8所示。

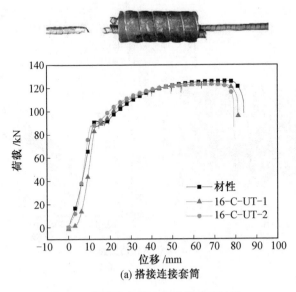

(a) 搭接连接套筒

图5.8　螺旋肋套筒连接性能试验结果

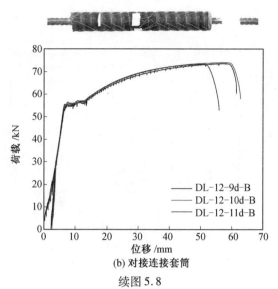

(b) 对接连接套筒

续图 5.8

结合试验数据采用有限元方法进一步分析了螺旋肋套筒连接的机理,得到了钢筋套筒应力、加载曲线对比和钢筋黏结应力分布等规律,螺旋肋套筒连接性能有限元分析结果如图 5.9 所示。

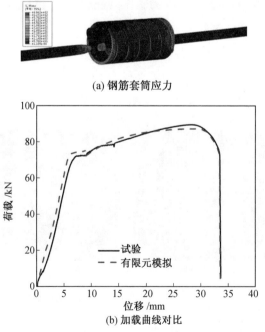

图 5.9　螺旋肋套筒连接性能有限元分析结果

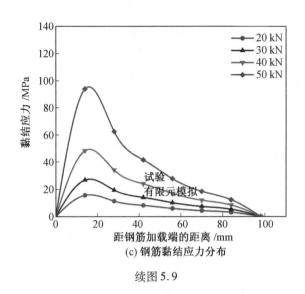

(c) 钢筋黏结应力分布

续图 5.9

5.1.2 装配式混凝土剪力墙抗震性能试验研究

为研究采用约束浆锚搭接连接预留孔灌浆钢筋连接的剪力墙抗震性能,进行了系列试验研究,基本受力工况为轴压、偏压和抗弯抗剪拟静力试验。

1. 剪力墙受压性能试验

设计了 2 片轴心受压、7 片小偏心受压剪力墙试验。混凝土强度等级为 C30,钢筋采用 HRB335 级,纵向钢筋直径为 12,14,16 mm。搭接长度为 $1.05l_a$。剪力墙受压性能试验试件破坏状态如图 5.10 所示。

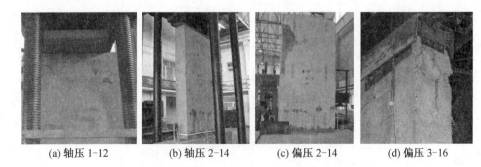

(a) 轴压 1-12   (b) 轴压 2-14   (c) 偏压 2-14   (d) 偏压 3-16

图 5.10 剪力墙受压性能试验试件破坏状态

　　通过对 9 片预制混凝土剪力墙的偏压、轴压的破坏形态和破坏特征,分析了试件应力应变和承载力,采用约束浆锚钢筋连接的墙片和现浇墙片轴压性能相同,纵筋连接可靠,可用现浇剪力墙的理论进行计算分析。

2. 剪力墙受弯受剪性能试验

　　3 片剪力墙试件截面 200 mm×1 400 mm,加载高度 2 400 mm,混凝土强度 C30,边缘构件纵筋分别为 12,14,16 mm,约束浆锚搭接连接长度 30d,箍筋 φ8@200,水平分布筋φ12@200。试验采用拟静力低周反复水平荷载试验,未施加竖向荷载,以充分检验纵筋连接性能。试验表明,在反复水平荷载作用下,全部试件都发生受弯破坏,在试件屈服时纵筋连接未发现黏结破坏。剪力墙受弯受剪性能试验结果如图 5.11 所示。

(a) 加载装置　　　　　　　　　(b) 剪力墙破坏状态

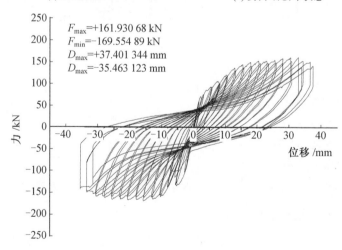

F_{max}=+161.930 68 kN
F_{min}=-169.554 89 kN
D_{max}=+37.401 344 mm
D_{max}=-35.463 123 mm

(c) 12 纵筋剪力墙

图 5.11　剪力墙受弯受剪性能试验结果

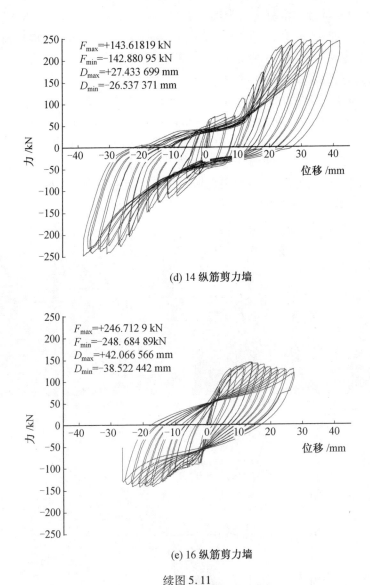

(d) 14 纵筋剪力墙

(e) 16 纵筋剪力墙

续图 5.11

　　约束浆锚搭接连接的剪力墙的受弯破坏形态与现浇剪力墙相似,采用$l_1 = l_a$的搭接长度满足受力要求。剪力墙有良好的强度、刚度、耗能及延性性能,达到极限荷载后仍能承受一定的荷载。墙片内钢筋屈服时,钢筋混凝土之间的黏结性能未发生破坏,初步证明了约束浆锚搭接连接的可行性和可靠性。

3. 一字形剪力墙抗震性能试验

　　试验共 6 片一字形试件,3 片预制,3 片现浇。边缘构件纵筋直径为 12, 16,20 mm,轴压比为 0.1,0.2,0.3。纵筋搭接长度分别为 15d,23d,28d。混凝土 C30,钢筋 HRB400。6 片剪力墙试件破坏现象及滞回曲线对比如图 5.12 所示。

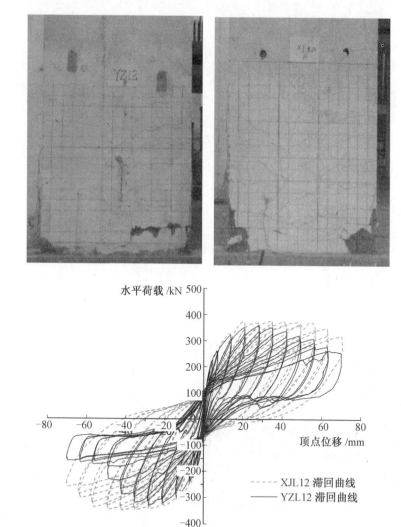

(a) 预制 12、现浇 12 及滞回曲线对比

图 5.12　6 片剪力墙试件破坏现象及滞回曲线对比

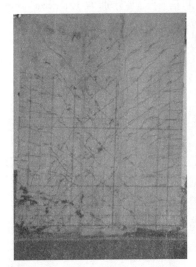

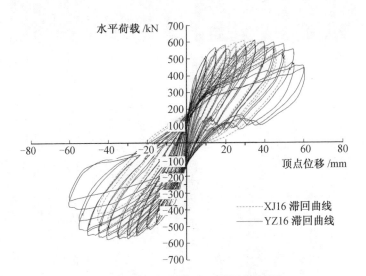

(b) 预制 16、现浇 16 及滞回曲线对比

续图 5.12

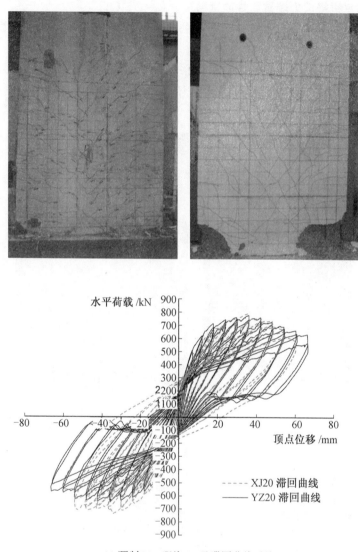

(c) 预制 20、现浇 20 及滞回曲线对比

续图 5.12

　　预制试件的开裂荷载、屈服荷载、极限荷载与现浇试件十分接近,预制试件的极限位移要比现浇试件大,优于现浇试件。预制试件裂缝更多,分布更均匀。从两者的破坏照片可以看到,现浇试件受压区混凝土大块剥落、露出纵筋,而预制试件受压区混凝土剥落较少,这是由于螺旋箍筋对边缘构件混凝土具有约束作用,防止混凝土大片剥落。

4. 水平拼接剪力墙抗震性能试验

采用"钢筋环插筋连接"水平拼接的 3 片预制剪力墙和 3 片同条件现浇对比剪力墙,进行了低周反复荷载试验。边缘构件纵筋直径分别为 12,14,16 mm,轴压比为 0.1,0.2,0.3。纵筋采用"约束浆锚搭接连接",搭接长度为 $1.0l_a$。试件混凝土 C30,钢筋强度等级 HRB400。水平拼接剪力墙试件破坏现象及滞回曲线对比如图 5.13 所示。

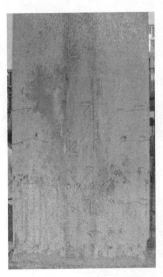

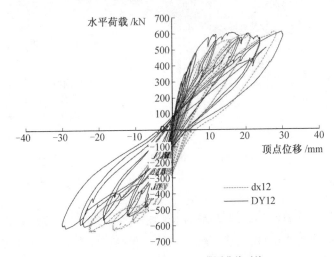

(a) 预制 12、现浇 12 及滞回曲线对比

图 5.13 水平拼接剪力墙试件破坏现象及滞回曲线对比

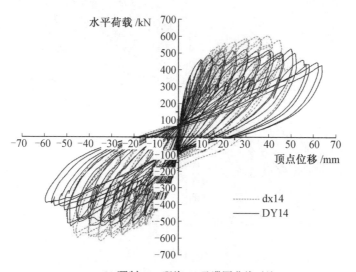

(b) 预制 14、现浇 14 及滞回曲线对比

续图 5.13

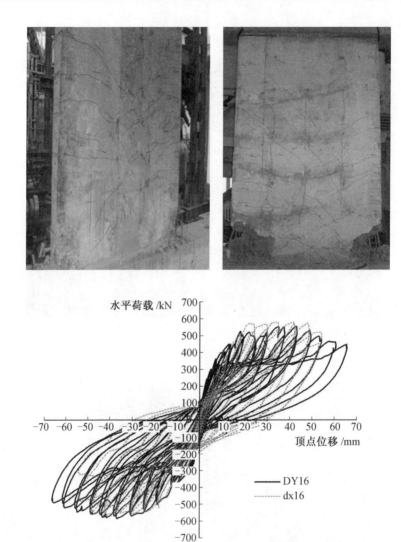

(c) 预制 16、现浇 16 及滞回曲线对比

续图 5.13

　　水平拼接剪力墙及对比现浇墙的试验可知,破坏形态都为弯剪破坏,带竖向结合面剪力墙斜裂缝开展较缓,延伸速度也较慢;水平拼接剪力墙承载力稍低,延性稍强,骨架和滞回曲线范围更广。水平拼接剪力墙具有与现浇墙相近的性质,各种特征指标都极为相近,试验证明了纵筋采用"约束浆锚搭接连接"和水平筋采用"钢筋环插筋连接"的可靠性。

5. 水平拼接工字形剪力墙抗震性能试验

剪力墙常拼接于纵横墙的交接处,试验简化为一个工字形墙片,水平筋采用"钢筋环插筋连接",纵筋采用"约束浆锚搭接连接"。3 片水平拼接工字形预制剪力墙 YZ 截面尺寸为厚 200 mm×宽 1 500 mm×高 2 700 mm,边缘构件纵筋分别为 12 ⌀14,12 ⌀16,12 ⌀18,3 片现浇剪力墙相同。混凝土强度等级 C30。试验为试件在恒定轴压力作用下对试件施加水平往复荷载,试件破坏形态如图5.14 所示。

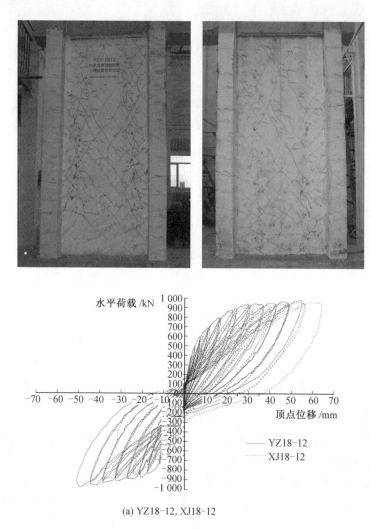

(a) YZ18-12, XJ18-12

图 5.14　水平拼接工字形剪力墙抗震性能试验试件破坏形态

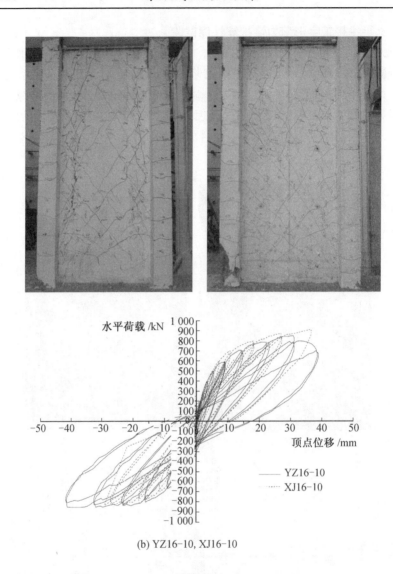

(b) YZ16-10, XJ16-10

续图 5.14

　　构件全部为弯剪破坏,腹板部分出现大量剪切斜裂缝,翼缘水平弯曲裂缝,翼缘脚部的压溃破坏。预制与现浇墙基本相似,滞回性能、耗能能力和刚度退化指标相当,抗侧承载力稍大于现浇墙,水平环筋插筋连接具有良好的抗震性能,能够满足工程设计要求。预制剪力墙的斜截面抗剪承载力可采用现浇剪力墙的计算方法进行计算,且具有一定安全储备。

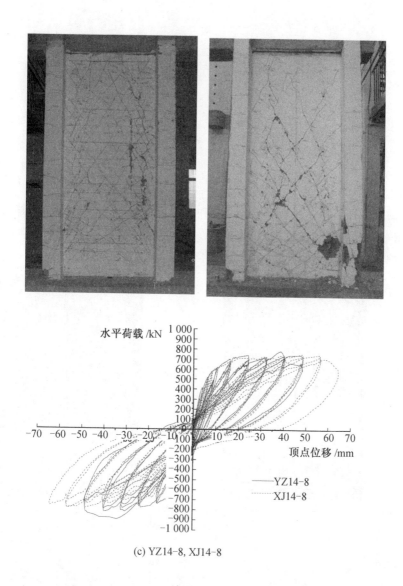

(c) YZ14-8, XJ14-8

续图 5.14

6. 叠合板式剪力墙抗震性能试验

　　叠合板式剪力墙将叠合和现浇结合于一体,具有重量轻、整体性好等优点。试验研究在钢筋环插筋连接和约束浆锚搭接连接基础上,提出了水平筋扣筋连接、纵筋约束砼锚搭接连接构造,进行了剪力墙抗震性能试验研究。叠合板剪力墙拼接示意图如图 5.15 所示。

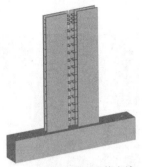

(a) 水平筋扣筋连接　　　　　　　(b) 水平筋扣筋连接剪力墙

图 5.15　叠合板剪力墙拼接示意图

　　试验设计了各 3 片预制叠合板式和现浇剪力墙,纵筋采用约束砼锚搭接连接,水平筋采用扣筋连接、钢筋环插筋连接。3 片现浇剪力墙对比件、尺寸和配筋与预制剪力墙试件相同。试件破坏形态如图 5.16 所示。

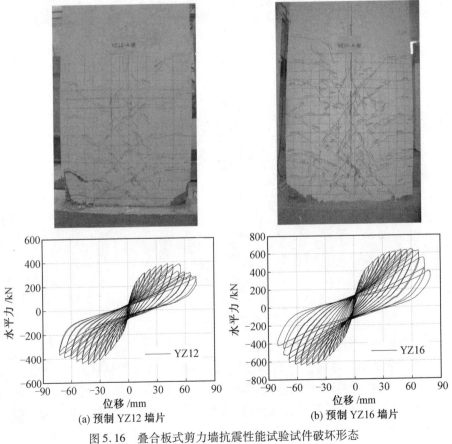

(a) 预制 YZ12 墙片　　　　　　　　(b) 预制 YZ16 墙片

图 5.16　叠合板式剪力墙抗震性能试验试件破坏形态

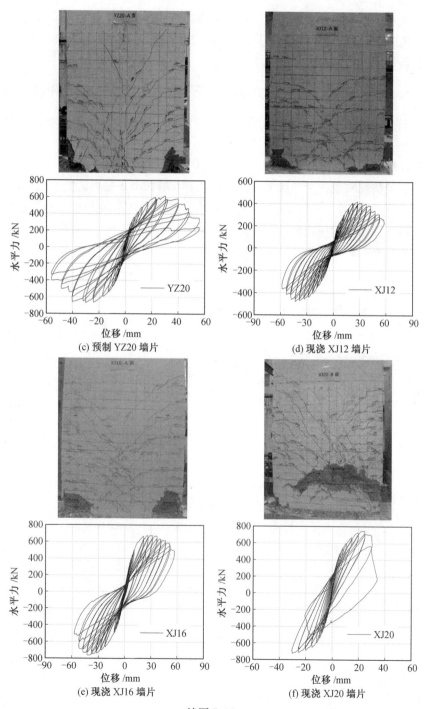

(c) 预制 YZ20 墙片

(d) 现浇 XJ12 墙片

(e) 现浇 XJ16 墙片

(f) 现浇 XJ20 墙片

续图 5.16

试验证明水平连接采用扣筋连接和螺旋箍筋插筋连接受力是可靠的,扣筋连接更方便快捷。预制墙片相比现浇墙片延性和耗能能力提高较多,具有良好的抗震性能。

5.1.3 预制混凝土剪力墙足尺子结构抗震性能试验研究

设计建造了 3 层足尺剪力墙结构,进行了单自由度拟静力、多自由度拟动力足尺子结构抗震性能试验。

1. 模型设计和制作

试验研究对象为某地区 12 层剪力墙结构,取底部 3 层为试验子结构,设防烈度为 7 度,抗震等级为二级,研究纵筋约束浆锚搭接连接和水平筋钢筋环插筋连接房屋整体结构的抗震性能。模型轴线尺寸 3 000 mm×4 200 mm,总高度为 9.6 m。模型平、立面图如图 5.17 所示。

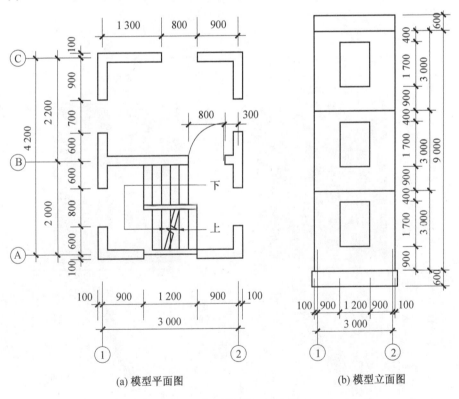

(a) 模型平面图   (b) 模型立面图

图 5.17 模型平、立面图

模型制作分为试验地梁和基本构件。试验用的地梁采用现场整浇的形式,模型根据设计图纸分解成基本构件,每一层构件总数 13 个。结构构件分解示意图如图 5.18 所示。

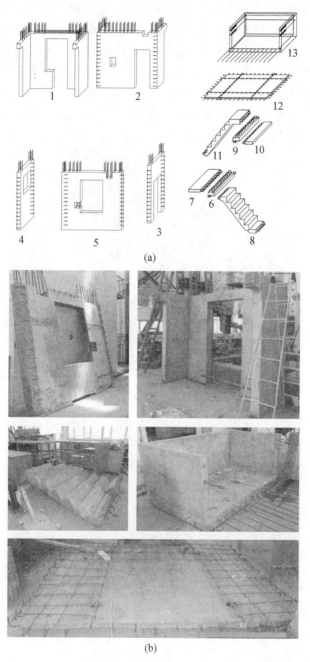

图 5.18　结构构件分解示意图

2. 预制混凝土剪力墙足尺子结构拟静力试验

拟静力试验水平加载装置如图 5.19 所示,在 3 层顶两侧各作用一固定在反力墙上的作动器,其量程均为±630 kN(±250 mm)。为了使水平荷载均匀地传递到楼层,且不造成作动器相连梁与楼板拉开,将与作动器相连处连梁截面局部加宽为 400 mm×400 mm。此外,为防止在水平力作用下试验模型发生整体移动,在基础承台上预留空洞,用锚栓将其与试验室地面连接,同时在靠反力墙侧基础承台侧面预埋钢板,通过两块角钢与反力墙连接,限制连梁底部位移。

图 5.19　拟静力试验水平加载装置

拟静力试验中试验模型各层滞回曲线如图 5.20 所示。

拟静力试验各层割线刚度退化曲线如图 5.21 所示。

根据试算结果确定了弹性状态下结构的最大适用高度,在规定高度范围内小震作用下不会发生明显破坏,满足我国规范的“小震不坏”原则。

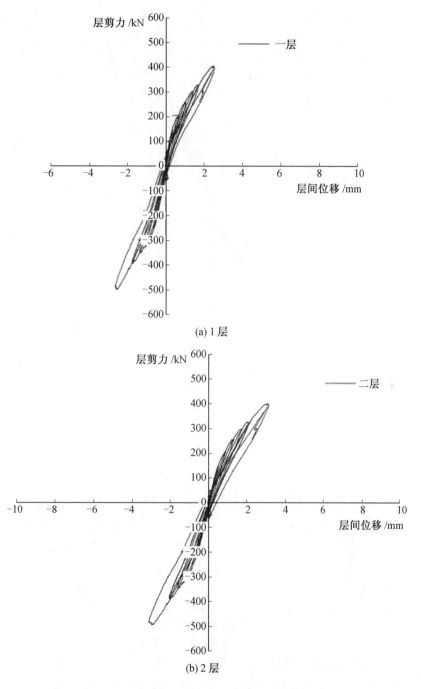

(a) 1 层

(b) 2 层

图 5.20　拟静力试验中试验模型各层滞回曲线

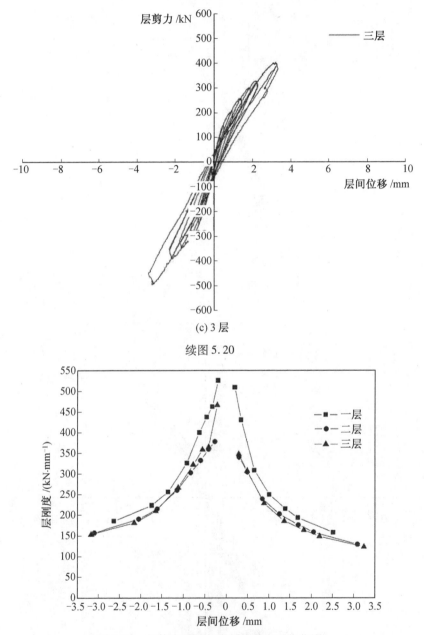

(c) 3 层

续图 5.20

图 5.21　拟静力试验各层割线刚度退化曲线

3. 预制混凝土剪力墙足尺子结构拟动力试验

采用拟动力子结构试验方法,对试验模型进行试验子结构为底部 3 层,计算子结构为上部 9 层的拟动力子结构试验,模拟 12 层预制混凝土剪力墙结构在地震作用下的反应,研究了该结构在地震作用下的破坏过程、破坏形态和抗震能力。预制混凝土剪力墙足尺子结构拟动力试验如图 5.22 所示。

图 5.22　预制混凝土剪力墙足尺子结构拟动力试验

试验依次进行了峰值加速度为 35,70,110,220 gal 的拟动力试验,墙肢、连梁、楼梯等结构构件均出现不同程度的破坏。各层墙肢破坏情况如图 5.23 所示,各层连梁破坏情况如图 5.24 所示。

地震动峰值加速度为 35 gal 时,结构各层层间位移角均小于 1/1 000, 110 gal层间位移角最大值达到 $\frac{1}{376}$,结构进入了弹塑性阶段。当达到 220 gal 时,各层的最大层间位移角分别为 $\frac{1}{78}$,$\frac{1}{63}$和$\frac{1}{78}$,均大于钢筋混凝土剪力墙结构弹塑性层间位移角限值 $\frac{1}{100}$,而此时试验模型未达到倒塌破坏状态。结构符合 "三水准"抗震设防目标:小震(峰值加速度为 35 gal)不坏、中震(峰值加速度为 70 gal 和 110 gal)可修、大震(峰值加速度为 220 gal)不倒。

以上结论充分说明,装配式混凝土剪力墙结构具有良好的抗震性能,约束搭接连接及钢筋环插筋连接等措施,连接可靠,构造合理。

(a) 一层 1-B 轴墙肢破坏图　　(b) 二层 1 轴 B-C 轴间墙肢　　(c) 三层 1 轴 B-C 轴间墙肢

图 5.23　各层墙肢破坏图

(a) 一层 2 轴 B-C 间连梁　　(b) 二层 1 轴 B-C 间连梁　　(c) 三层 2 轴 B-C 间连梁

图 5.24　各层连梁破坏图

在本模型试验中,包含了住宅中常见的结构构件,如楼梯、阳台、女儿墙等,在实际的组装过程中了解预制结构的施工工艺,通过对叠合板、阳台、楼梯的静载试验,考察装配式结构中基本构件的力学性能。

5.2　装配整体式剪力墙设计一般规定

抗震设计时,对同一层内既有现浇墙肢也有预制墙肢的装配整体式剪力墙结构,现浇墙肢水平地震作用弯矩、剪力宜乘以不小于 1.1 的增大系数。这是因为预制剪力墙的接缝对其抗侧刚度有一定的削弱作用,应考虑对弹性计算的内力进行调整,适当增大现浇墙肢在水平地震作用下的剪力和弯矩,且预制剪力墙的剪力及弯矩不减小。增大系数宜根据现浇墙肢与预制墙肢弹性剪力的比例确定。

装配整体式剪力墙结构的布置应满足下列要求:

(1)应沿两个方向布置剪力墙。

（2）剪力墙的截面宜简单、规则；预制墙的门窗洞口宜上下对齐，成列布置。

由于短肢剪力墙的抗震性能较差，抗震设计时，高层装配整体式剪力墙结构不应全部采用短肢剪力墙；抗震设防烈度为 8 度时，不宜采用具有较多短肢剪力墙的剪力墙结构。当采用具有较多短肢剪力墙的剪力墙结构时，应符合下列规定：

①在规定的水平地震作用下，短肢剪力墙承担的底部倾覆力矩不宜大于结构底部总地震倾覆力矩的 50%。

②房屋适用高度应比规定的装配整体式剪力墙结构的最大适用高度适当降低，抗震设防烈度为 7 度和 8 度时宜分别降低 20 m。

其中，短肢剪力墙是指截面厚度不大于 300 mm、各肢截面高度与厚度之比的最大值大于 4 但不大于 8 的剪力墙。具有较多短肢剪力墙的剪力墙结构是指，在规定的水平地震作用下，短肢剪力墙承担的底部倾覆力矩不小于结构底部总地震倾覆力矩的 30% 的剪力墙结构。

高层建筑中电梯井筒往往承受很大的地震剪力及倾覆力矩，采用现浇结构有利于保证结构的抗震性能。因此，抗震设防烈度为 8 度时，高层装配整体式剪力墙结构中的电梯井筒宜采用现浇混凝土结构。

5.3　剪力墙的截面

装配整体式剪力墙按照现浇剪力墙进行设计，即"等同现浇"的原则。剪力墙厚度的初选可按照下列方式：①一、二级抗震等级设计的剪力墙，一般部位墙厚不宜小于层高或无支承高度的 $\frac{1}{20}$，且不应小于 160 mm；底部加强部位墙厚不宜小于层高或无支承高度的 $\frac{1}{16}$，且不应小于 200 mm；②三、四级抗震等级设计的剪力墙，一般部位墙厚不宜小于层高或无支承高度的 $\frac{1}{25}$，且不应小于 160 mm；底部加强部位墙厚不宜小于层高或无支承高度的 $\frac{1}{20}$，且不应小于 160 mm。

剪力墙构件截面形式可采用实体剪力墙、叠合板式剪力墙或部分叠合板式剪力墙，如图 5.25 所示。叠合板式剪力墙的每侧叠合板的厚度不小于 50 mm。预制剪力墙的顶部和底部与后浇混凝土的结合面应做成粗糙面；侧面与后浇混凝土的结合面应做成粗糙面或键槽。粗糙面的面积不宜小于结合面的 80%，预制板的粗糙面凹凸深度不应小于 4 mm，预制梁端、预制墙端的粗糙面凹凸深度不应小于 6 mm。

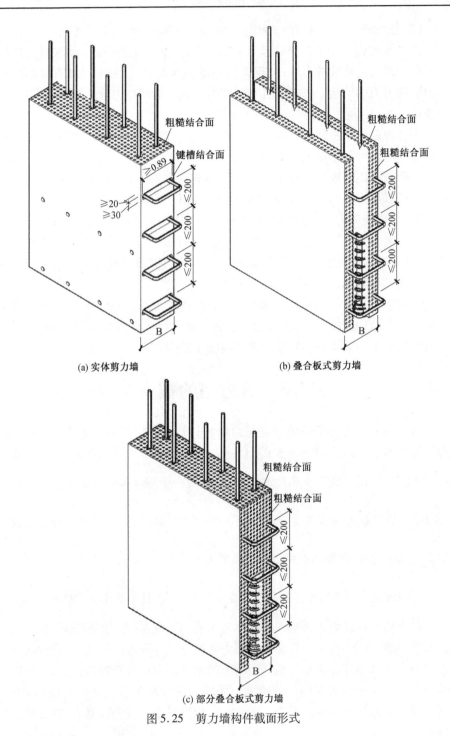

图 5.25 剪力墙构件截面形式

剪力墙应按照《高层建筑混凝土结构技术规程》（JGJ 3—2010）附录 D 验算墙体稳定性：

$$q \leqslant \frac{E_c t^3}{10 l_0^2} \tag{5.1}$$

式中　q——作用于墙顶的等效竖向均布线荷载设计值；

　　　E_c——剪力墙混凝土的弹性模量；

　　　t——剪力墙墙肢截面厚度；

　　　l_0——剪力墙墙肢计算长度。

装配整体式剪力墙的内力、位移计算以及截面的设计，与现浇剪力墙相同，不再赘述。

5.4　剪力墙的拆分与连接设计

剪力墙拆分的主要原则是便于标准化生产、吊装、运输和就位，具体包括：

（1）预制剪力墙的竖向拆分宜在各层楼面处。

（2）预制剪力墙的水平拆分宜保证门窗洞口的完整性。

（3）预制剪力墙结构最外部的转角部位应采取加强措施，当拆分后无法满足设计构造要求时应采用现浇构件。

剪力墙结构中的连接包括：预制剪力墙之间水平连接与竖向连接、连梁与剪力墙连接、楼面梁与剪力墙连接等。

5.4.1　剪力墙的竖向拆分与连接

预制剪力墙竖向拆分一般位于每层底部，接缝宜设置在楼面标高处，且接缝高度宜为 20 mm，接缝宜采用坐浆料或灌浆料填实，接缝处后浇混凝土上表面应设置粗糙面。

剪力墙的纵向钢筋的连接可采用灌浆套筒连接、浆锚搭接连接、挤压套筒连接，以及环筋扣合锚接。

1. 灌浆套筒连接

预制剪力墙的纵向钢筋采用套筒灌浆连接时，接头应满足行业标准《钢筋套筒灌浆连接应用技术规程》（JGJ 355—2015）中的性能要求，并应符合国家现行有关标准的规定；套筒灌浆连接钢筋可不另设，由下层预制剪力墙的竖向钢筋直接外伸形成。连接筋间距不宜小于 $5d$；连接筋与套筒位置应完全对应，误差不得大于 2 mm；连接筋插入套筒后进行压力灌浆，待浆液充满套筒后，停止灌浆，静养不少于 24 h；套筒外侧水平分布筋的混凝土保护层厚度不应小于 15 mm；套筒之间的净距不应小于 25 mm，且不应小于混凝土粗骨料的最大粒

径。当采用套筒灌浆连接时,自套筒底部至套筒顶部并向上延伸300 mm 范围
内,预制剪力墙的水平分布筋应加密(图 5.26),加密区水平分布筋的最大间距
及最小直径应符合表 5.1 的规定,套筒上端第一道水平分布钢筋距离套筒顶部
不应大于 50 mm。

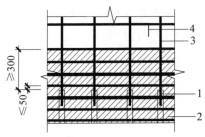

图 5.26   钢筋套筒灌浆连接部位水平分布钢筋的加密构造示意图
        1—灌浆套筒;2—水平分布钢筋加密区域(阴影区域);
        3—竖向钢筋;4—水平分布钢筋

表 5.1   加密区水平分布钢筋的要求

抗震等级	最大间距/mm	最小直径/mm
一、二级	100	8
三、四级	150	8

边缘构件是保证剪力墙抗震性能的重要构件,且钢筋较粗,每根钢筋应逐
根连接。抗震等级为一级的剪力墙以及二、三级底部加强部位的剪力墙,剪力
墙的边缘构件竖向钢筋宜采用套筒灌浆连接。

剪力墙的分布钢筋直径小且数量多,全部连接会导致施工烦琐且造价较
高,连接接头数量太多对剪力墙的抗震性能也有不利影响。因此,预制剪力墙
的竖向分布钢筋宜采用双排连接,当采用"梅花形"连接时,应符合相关要求。

除下列情况外,墙体厚度不大于 200 mm 的丙类建筑预制剪力墙的竖向分
布钢筋可采用单排连接,在计算分析时不应考虑剪力墙平面外刚度及承载力。

(1)抗震等级为一级的剪力墙。

(2)轴压比大于 0.3 的抗震等级为二、三、四级的剪力墙。

(3)一侧无楼板的剪力墙。

(4)一字形剪力墙、一端有翼墙连接但剪力墙非边缘构件区长度大于 3 m
的剪力墙以及两端有翼墙连接但剪力墙非边缘构件区长度大于 6 m 的剪力墙。

墙身分布钢筋采用单排连接时,属于间接连接,根据国内外所做的试验研
究成果和相关规范规定,钢筋间接连接的传力效果取决于连接钢筋与被连接钢
筋的间距以及横向约束情况。考虑到地震作用的复杂性,在没有充分依据的情

况下,剪力墙塑性发展集中和延性要求较高的部位墙身分布钢筋不宜采用单排连接。在墙身竖向分布钢筋采用单排连接时,为提高墙肢的稳定性,对墙肢侧向楼板支撑和约束情况提出了要求。对无翼墙或翼墙间距太大的墙肢,限制墙身分布钢筋采用单排连接。

当采用套筒灌浆部分连接竖向钢筋时,当竖向分布钢筋采用"梅花形"连接时(图 5.27),连接钢筋的直径不应小于 12 mm,同侧间距不应大于 600 mm,且在剪力墙构件承载力设计和分布钢筋配筋率计算中不得计入未连接的分布钢筋;未连接的竖向分布钢筋直径不应小于 6 mm。

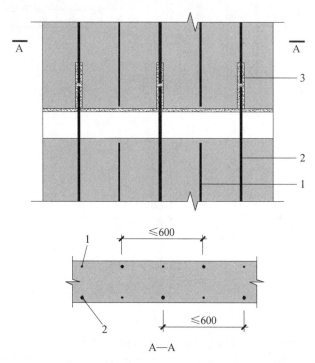

图 5.27　竖向分布钢筋"梅花形"套筒灌浆连接构造示意
1—未连接的竖向分布钢筋;2—连接的竖向分布钢筋;3—灌浆套筒

当竖向分布钢筋采用单排连接时(图 5.28),应满足接缝受剪承载力的要求。剪力墙两侧竖向分布钢筋与配置于墙体厚度中部的连接钢筋搭接连接,连接钢筋位于内、外侧被连接钢筋的中间;连接钢筋受拉承载力不应小于上下层被连接钢筋受拉承载力较大值的 1.1 倍,间距不宜大于 300 mm。下层剪力墙连接钢筋自下层预制墙顶算起的埋置长度不应小于 $1.2l_{aE}+b_w/2$(b_w 为墙体厚度),上层剪力墙连接钢筋自套筒顶面算起的埋置长度不应小于 l_{aE},上层连接钢筋顶部至套筒底部的长度尚不应小于 $1.2l_{aE}+b_w/2$,l_{aE} 按连接钢筋直径计算。

钢筋连接长度范围内应配置拉筋,同一连接接头内的拉筋配筋面积不应小于连接钢筋的面积;拉筋沿竖向的间距不应大于水平分布钢筋间距,且不宜大于150 mm;拉筋沿水平方向的间距不应大于竖向分布钢筋间距,直径不应小于6 mm;拉筋应紧靠连接钢筋,并钩住最外层分布钢筋。

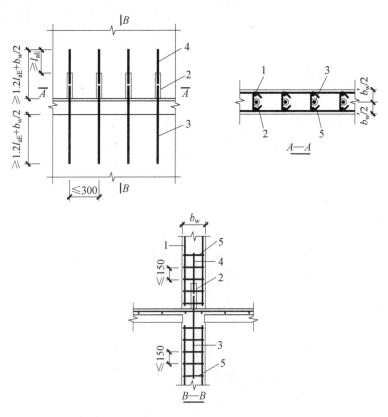

图 5.28　竖向分布钢筋单排套筒灌浆连接构造示意图

1—上层预制剪力墙竖向钢筋;2—灌浆套筒;3—下层剪力墙连接钢筋;

4—上层剪力墙连接钢筋;5—拉筋

预制剪力墙相邻下层为现浇剪力墙时,预制剪力墙与下层现浇剪力墙中竖向钢筋的连接应符合灌浆套筒连接的规定,下层现浇剪力墙顶面应设置粗糙面。

2. 浆锚搭接连接

预制剪力墙的竖向钢筋连接可采用约束搭接连接或非约束搭接连接。

预制剪力墙竖向钢筋采用约束浆锚搭接连接时,连接部位的水平分布筋、拉结筋应加密,如图 5.29 所示,加密范围应自竖向钢筋连接区底部至顶部并向上延伸不小于 300 mm 高度。竖向钢筋连接区域加密区水平分布筋、拉结筋的最大间距及最小直径应符合表 5.2 的规定,且竖向钢筋连接区上端第一道水平分布钢筋距离竖向钢筋连接区顶部不应大于 50 mm。本加密水平钢筋可不伸出预制构件并于后浇区域连接。

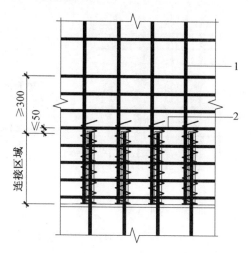

图 5.29　竖向钢筋连接部位水平分布钢筋的加密构造示意图
1—竖向钢筋;2—水平分布钢筋

表 5.2　竖向钢筋连接区域加密区水平分布筋、拉结筋最大间距及最小直径

抗震等级	最大间距	最小直径
一、二级	100 mm	8 mm
三、四级	150 mm	8 mm

　　实体截面剪力墙和叠合板式剪力墙的纵向钢筋采用约束浆锚搭接连接时,如图 5.30 所示,连接筋宜采用由下部构件伸出的纵筋进行约束搭接连接。采用后浇混凝土连接的叠合板式剪力墙纵筋也可采用单独设置的连接筋进行双侧约束或非约束搭接连接,单独设置的连接筋直径应不小于被连接钢筋的直径,如图 5.31 所示。

　　采用预留孔形式的钢筋搭接连接时,连接筋预留孔长度宜大于钢筋搭接长度 30 mm;约束螺旋箍筋顶部长度应大于预留孔长度 50 mm,底部应揟合不少于 2 圈;预留孔内径尺寸应适合钢筋插入搭接及灌浆。连接筋插入后宜采用压力灌浆,预留锚孔内灌浆饱满度不应小于 95%。经水泥基灌浆料连接的钢筋约束搭接长度 l_l 不应小于 l_a 或 l_{aE},经后浇混凝土连接的钢筋约束搭接长度 l_l 不应小于 l_a 或 l_{aE},经后浇混凝土连接的钢筋非约束搭接长度 l_l 不应小于 $1.2l_a$ 或 l_{aE}。约束螺旋箍筋的配箍率不小于 1.0%。

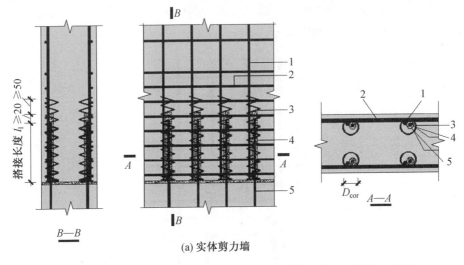

(a) 实体剪力墙

1—竖向钢筋;2—水平钢筋;3—螺旋箍筋;4—灌浆孔道;5—搭接连接筋

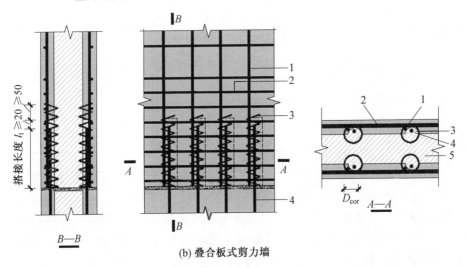

(b) 叠合板式剪力墙

1—竖向钢筋;2—水平钢筋;3—螺旋箍筋;4—搭接连接筋;5—后浇混凝土

图 5.30　剪力墙纵筋约束浆锚搭接连接

约束螺旋箍筋环内径 D_{cor} 不应大于表 5.3 的要求,约束螺旋箍筋的混凝土保护层厚度应满足设计要求。约束螺旋箍筋直径不应小于 4 mm、不宜大于 10 mm,约束螺旋箍筋螺距的净距应不小于混凝土最大骨料粒径,且不小于 30 mm。

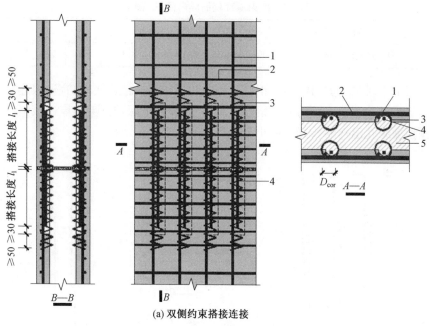

(a) 双侧约束搭接连接

1—竖向钢筋;2—水平钢筋;3—螺旋箍筋;4—搭接连接筋;5—后浇混凝土

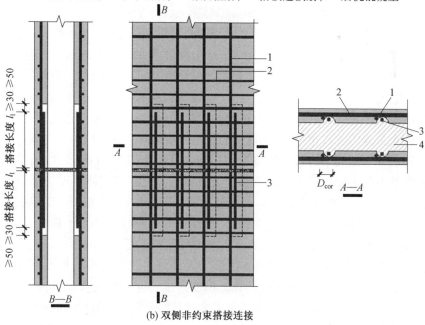

(b) 双侧非约束搭接连接

1—竖向钢筋;2—水平钢筋;3—搭接连接筋;4—后浇混凝土

图 5.31　叠合板式剪力墙纵筋后浇混凝土搭接连接

表 5.3　约束螺旋箍筋环内径 D_{cor} 限值

竖向钢筋直径/mm	8	10	12	14	16	18	20	25
D_{cor} 最大值/mm	50	60	70	80	90	100	110	120

当上下层预制剪力墙竖向钢筋采用非约束浆锚搭接连接时,宜逐根连接。

当采用非逐根连接的竖向钢筋非单排连接时,下层预制剪力墙连接钢筋伸入预留灌浆孔道内的长度不应小于 $1.2l_{aE}$,如图 5.32 所示。

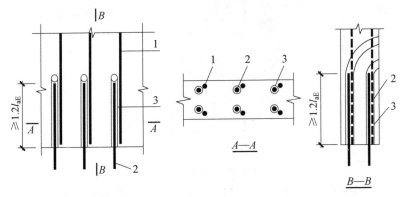

图 5.32　竖向钢筋浆锚搭接连接构造示意图

1—上层预制剪力墙竖向钢筋;2—下层预制剪力墙竖向钢筋;3—预留灌浆孔道

当竖向分布钢筋采用"梅花形"部分连接时,如图 5.33 所示,连接钢筋的配筋率不应小于现行国家标准《建筑抗震设计规范》(GB 50011—2010)规定的剪力墙竖向分布钢筋最小配筋率要求,连接钢筋的直径不应小于 12 mm,同侧间距不应大于 600 mm,且在剪力墙构件承载力设计和分布钢筋配筋率计算中不得计入未连接的分布钢筋;未连接的竖向分布钢筋直径不应小于 6 mm。

竖向分布钢筋单排浆锚搭接连接构造示意图如图 5.34 所示,应满足接缝受剪承载力的要求。剪力墙两侧竖向分布钢筋与配置于墙体厚度中部的连接钢筋搭接连接,连接钢筋位于内、外侧被连接钢筋的中间;连接钢筋受拉承载力不应小于上下层被连接钢筋受拉承载力较大值的 1.1 倍,间距不宜大于 300 mm。连接钢筋自下层剪力墙顶算起的埋置长度不应小于 $1.2l_{aE}+b_w/2$(b_w 为墙体厚度),自上层预制墙体底部伸入预留灌浆孔道内的长度不应小于 $1.2l_{aE}+b_w/2$,l_{aE} 按连接钢筋直径计算。钢筋连接长度范围内应配置拉筋,同一连接接头内的拉筋配筋面积不应小于连接钢筋的面积;拉筋沿竖向的间距不应大于水平分布钢筋间距,且不宜大于 150 mm;拉筋沿水平方向的肢距不应大于竖向分布钢筋间距,直径不应小于 6 mm;拉筋应紧靠连接钢筋,并钩住最外层分布钢筋。

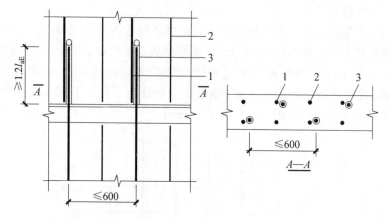

图 5.33　竖向分布钢筋"梅花形"浆锚搭接连接构造示意图

1—连接的竖向分布钢筋;2—未连接的竖向分布钢筋;3—预留灌浆孔道

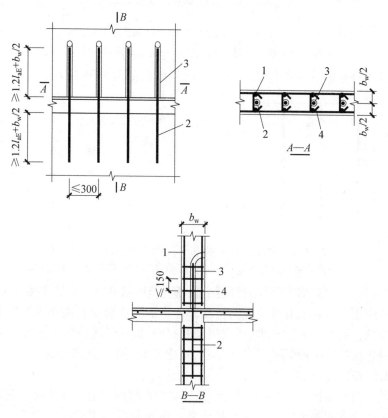

图 5.34　竖向分布钢筋单排浆锚搭接连接构造示意图

1—上层预制剪力墙竖向钢筋;2—下层剪力墙连接钢筋;3—预留灌浆孔道;4—拉筋

3. 挤压套筒连接

当上下层预制剪力墙竖向钢筋采用挤压套筒连接时,预制剪力墙底后浇段水平钢筋配置示意图如图 5.35 所示,预制剪力墙底后浇段内的水平钢筋直径不应小于 10 mm 和预制剪力墙水平分布钢筋直径的较大值,间距不宜大于 100 mm;楼板顶面以上第一道水平钢筋距楼板顶面不宜大于 50 mm,套筒上端第一道水平钢筋距套筒顶部不宜大于 20 mm。

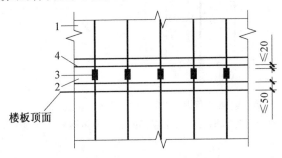

图 5.35 预制剪力墙底后浇段水平钢筋配置示意图
1—预制剪力墙;2—墙底后浇段;3—挤压套筒;4—水平钢筋

当竖向分布钢筋采用"梅花形"部分连接时,如图 5.36 所示。

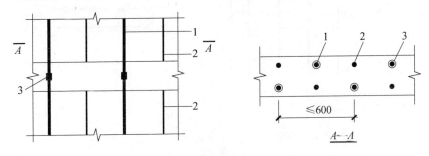

图 5.36 竖向分布钢筋"梅花形"挤压套筒连接构造示意图
1—连接的竖向分布钢筋;2—未连接的竖向分布钢筋;3—挤压套筒

预制剪力墙底部后浇段的混凝土现场浇筑质量是挤压套筒连接的关键,实际工程应用时应采取有效的施工措施。考虑到挤压套筒连接作为预制剪力墙竖向钢筋连接的一种新技术,其应用经验有限,因此其墙身竖向分布钢筋仅采用逐根连接和"梅花形"连接两种形式,不建议采用单排连接形式。

4. 环筋扣合锚接

预制剪力墙构件环筋扣合锚接,是预制构件端部预留的环形闭合钢筋相互扣合后锚固在混凝土中的一种连接方式。由预制环形钢筋混凝土内墙、预制环形钢筋混凝土外墙构件通过环筋扣合锚接形成的结构形式称为装配整体式混凝土剪力墙结构。该结构体系的基本规定等具体设计要求参见《装配式环筋扣合锚接混凝土剪力墙结构技术标准》(JGJ T430—2018)。采用预制环形钢筋混凝土内、外墙上下层连接的环筋扣合节点中,环筋扣合锚固形式如图 5.37 所示。

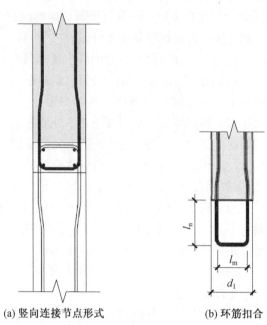

(a) 竖向连接节点形式　　　(b) 环筋扣合

图 5.37　环筋扣合锚固形式

单侧受拉钢筋的锚固长度应按下列公式计算

$$l_m + l_n \geqslant 20d \tag{5.2}$$

$$l_m = d_1 - 2c \tag{5.3}$$

式中　l_m——环筋扣合弯角间直线锚固长度,mm;

　　　l_n——环筋扣合直筋段锚固长度,mm,$l_n \geqslant 8d$ 且不应小于 120 mm;

　　　d——连接区域内竖向环形钢筋的最大直径,mm;

　　　d_1——预制环形钢筋混凝土内、外墙的厚度,mm;

　　　c——预制环形钢筋混凝土内、外墙的钢筋保护层厚度,mm。

预制环形钢筋混凝土内、外墙上下层连接的环筋扣合节点中,扣合单元内水平扣合连接筋的受拉承载力设计值应按下列公式计算

$$N_s \leqslant R \tag{5.4}$$

$$N_s = f_y A_s \tag{5.5}$$

$$R = 0.15 f_t A_{sc} + 0.55 f_{yv} A_{sd1} \tag{5.6}$$

$$A_{sc} = l_m \times l_n \tag{5.7}$$

式中　N_s——竖向环形闭合钢筋受拉承载力设计值;

R——水平扣合连接筋的受拉承载力设计值;

A_s——竖向环形闭合钢筋的面积,按两根钢筋面积计算;

f_t——混凝土轴心抗拉强度设计值,按后浇混凝土强度取值;

A_{sc}——环形闭合钢筋扣合单元中混凝土剪切面的面积;

f_{yv}——水平扣合连接筋的抗拉强度设计值;

A_{sd1}——水平扣合连接筋的面积,按封闭环内角部四根插筋面积计算。

采用环筋扣合连接的预制构件,楼层内相邻预制环形钢筋混凝土内、外墙预留的环形钢筋应位于同一标高。预制环形钢筋混凝土内、外墙内配置的双向环形钢筋应闭合连接。预制环形钢筋混凝土内、外墙宜采用平面一字形;下层相邻预制环形钢筋混凝土内、外墙的环形钢筋应交错设置,错开距离不宜大于 50 mm;结构层的厚度不宜小于 140 mm;当按节能设计时,外墙的保温层厚度应根据计算确定,保护层混凝土厚度不应小于 50 mm;墙内的竖向环形闭合钢筋宜采用端部扩大的形式,钢筋弯度不应大于 1∶10;墙的接缝处宜设置粗糙面,粗糙面的面积不宜小于结合面的 80%;粗糙面的凹凸深度不宜小于 6 mm;外墙内的连接件与其边缘的距离应大于 100 mm,与门窗洞口边缘的距离应大于 150 mm,连接件的间距应大于 200 mm,且不宜大于 500 mm。

5. 地震作用下水平接缝承载力

在地震设计状况下,剪力墙水平接缝的受剪承载力设计值应按下式计算

$$V_{uE} = 0.6f_y A_{sd} + 0.8N \qquad (5.8)$$

式中　V_{uE}——剪力墙水平接缝受剪承载力设计值,N;

f_y——垂直穿过结合面的钢筋抗拉强度设计值;

A_{sd}——垂直穿过结合面的抗剪钢筋面积;

N——与剪力设计值 V 相应的垂直于结合面的轴向力设计值,压力时取正,拉力时取负;当大于 $0.6f_c bh_0$ 时,取为 $0.6f_c bh_0$;此处 f_c 为混凝土轴心抗压强度设计值,b 为剪力墙厚度,h_0 为剪力墙截面有效高度。

进行预制剪力墙底部水平接缝受剪承载力计算时,计算单元的选取分以下 3 种情况:①不开洞或者开小洞口整体墙,作为一个计算单元;②小开口整体墙可作为一个计算单元,各墙肢联合抗剪;③开口较大的双肢及多肢墙,各墙肢作为单独的计算单元。

例1　某装配式剪力墙截面 $b \times h = 200$ mm×1 500 mm,两侧边缘构件纵筋各 6 ⱷ 12 和箍筋ⱷ 8@ 100(2)、竖向分布纵筋ⱷ 8@ 200、水平分布筋ⱷ 8@ 200,地震作用下剪力设计值 $V = 300$ kN,轴力设计值 $N = 1\,000$,−100 kN,剪跨比 $\lambda = 2$。采用装配式设计,混凝土采用 C30,试设计计算预制剪力墙底水平接缝的受剪承载力(图 5.38)。

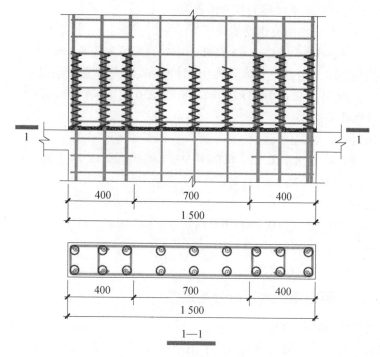

图5.38　例题1附图

解　　$f_t = 1.43$ N/mm^2，　$f_c = 14.3$ N/mm^2，　$f_{yv} = 360$ N/mm^2

$$h_0 = h_w = 1\ 500 - 200 = 1\ 300（\text{mm}）$$

（1）验算截面限制条件

$$0.25\beta_c f_c b_w h_{w0} = 0.25 \times 1.0 \times 14.3 \times 200 \times 1\ 300 = 929.5（\text{kN}）> V = 300\ \text{kN}$$

满足要求。

（2）剪力墙斜截面抗剪承载力：$\lambda = 2.2 > 2 > 1.5$，取 $\lambda = 2$，得出

$$V_{ux} = \frac{1}{\lambda - 0.5}\left(0.5 f_t b_w h_{w0} \pm 0.13 N \frac{A_w}{A}\right) + f_{yh}\frac{A_{sh}}{S} h_{w0}$$

$$= \frac{1}{2 - 0.5}\left(0.5 \times 1.43 \times 200 \times 1\ 300 \pm 0.13 \times 1\ 000 \times 10^3 \times \frac{1}{1}\right) + 360 \times \frac{2 \times 50.3}{200} \times 1\ 300$$

$$= 446.0\ \text{kN（压）} > V = 300\ \text{kN}$$

$$= 350.7\ \text{kN（拉）} > V = 300\ \text{kN}$$

斜截面抗剪满足要求。

$$\rho_{sv} = \frac{n A_{sv1}}{bS} = \frac{2 \times 50.3}{200 \times 200} = 0.002\ 5 > \rho_{sv,min} = 0.24\frac{f_t}{f_{yv}} = 0.24 \times \frac{1.43}{360} = 0.001\ 0$$

最小配箍率满足要求。

（3）剪力墙底水平接缝的受剪承载力。

垂直穿过结合面所有钢筋的面积为

$$A_{sd} = (6\pi \cdot 14^2 + 6\pi \cdot 8^2 + 6\pi \cdot 14^2)/4 = 2\ 147.8\ (mm^2)$$

剪力墙底水平接缝的受剪承载力设计值-永久、短暂设计状况

$$0.6f_c bh_0 = 0.6 \times 14.3 \times 200 \times 1\ 300 = 2\ 230.8\ kN > N = 1\ 000\ kN$$

取 $N = 1\ 000\ kN$。

受压时

$$V_{uE} = 0.8N + 0.6f_y A_{sd} = 0.8 \times 1\ 000 \times 10^3 + 0.6 \times 360 \times 2\ 148.8 = 1\ 264.1\ (kN)$$

$$> V_{ux} = 393.4\ kN > V = 300\ kN$$

受拉时

$$V_{uE} = 0.8N + 0.6f_y A_{sd} = 0.8 \times (-100) \times 10^3 + 0.6 \times 360 \times 2\ 148.8 = 384.1\ (kN)$$

$$> V_{ux} = 321.9\ kN > V = 300\ kN$$

水平接缝受剪满足要求。

5.4.2　剪力墙的水平拆分与连接

1. 剪力墙的水平拆分

楼层内相邻预制剪力墙之间应采用整体式接缝连接,且应符合下列规定:

（1）当接缝位于纵横墙交接处的约束边缘构件区域时,约束边缘构件的阴影区域(图 5.39)宜全部采用后浇混凝土,并应在后浇段内设置封闭箍筋。

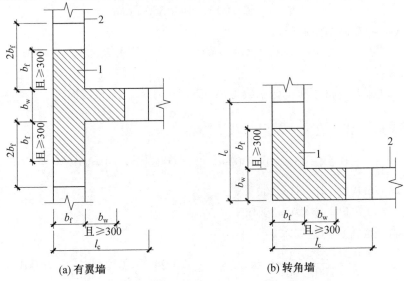

(a) 有翼墙　　　　　　　　　　(b) 转角墙

图 5.39　约束边缘构件阴影区域全部后浇筑构造示意图

l_c—约束边缘构件沿墙肢的长度;1—后浇段;2—预制剪力墙

（2）当接缝位于纵横墙交接处的构造边缘构件区域时，构造边缘构件宜全部采用后浇混凝土（图 5.40）；当仅在一面墙上设置后浇段时，后浇段的长度不宜小于 300 mm（图 5.41）。

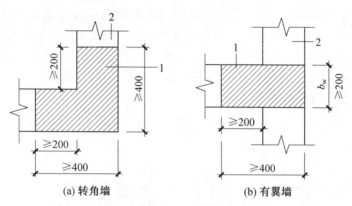

(a) 转角墙　　　　　　(b) 有翼墙

图 5.40　构造边缘构件全部后浇筑构造示意图

（阴影区域为构造边缘构件范围）

1—后浇段；2—预制剪力墙

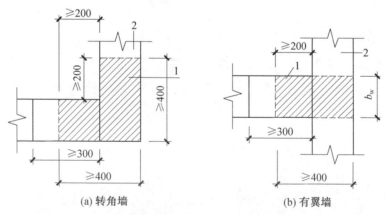

(a) 转角墙　　　　　　(b) 有翼墙

图 5.41　构造边缘构件部分后浇筑构造示意图

1—后浇段；2—预制剪力墙

（3）边缘构件内的配筋及构造要求应符合现行国家标准《建筑抗震设计规范》（GB 50011—2010）的有关规定；预制剪力墙的水平分布钢筋在后浇段内的锚固、连接应符合现行国家标准《混凝土结构设计规范》（GB 50010—2010）的有关规定。

（4）非边缘构件位置，相邻预制剪力墙之间应设置后浇段，后浇段的宽度不应小于墙厚且不宜小于 200 mm；后浇段内应设置不少于 4 根竖向钢筋，钢筋直径不应小于墙体竖向分布筋直径且不应小于 8 mm。两侧墙体的水平分布筋在后浇段内的锚固、连接应符合现行国家标准《混凝土结构设计规范》（GB 50010—2010）的有关规定。

2. 剪力墙的水平连接

实体剪力墙和叠合板式剪力墙的钢筋采用钢筋环插筋连接时,分别如图5.42、图5.43所示,剪力墙连接处的后浇连接区域长度不应小于被连接墙肢的厚度,且不小于200 mm。预制剪力墙外伸 U 形筋同剪力墙水平钢筋或箍筋,并应在预制剪力墙内充分锚固。连接环筋应为封闭环状,连接环筋直径间距同被连接的外伸 U 形筋或箍筋。

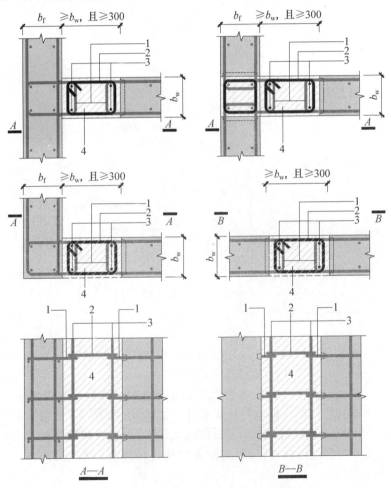

图 5.42　实体剪力墙钢筋环插筋连接

1—外伸 U 形水平筋或箍筋;2—连接环筋;3—插筋;4—后浇区域

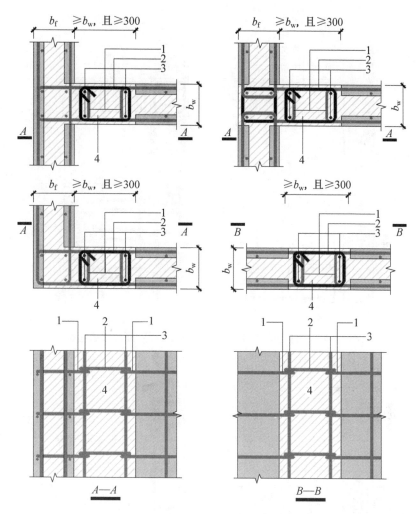

图 5.43　叠合板式剪力墙钢筋环插筋连接

1—外伸 U 形水平筋或箍筋；2—连接环筋；3—插筋；4—后浇区域

　　实体剪力墙和叠合板式剪力墙的后浇混凝土区域内竖向插筋应满足纵向钢筋设计要求，其竖向连接可采用约束或非约束搭接连接、焊接或机械连接。当后浇混凝土区域位于剪力墙边缘构件范围内时，区域内的配筋及构造要求尚应符合现行国家标准《建筑抗震设计规范》（GB 50011—2010）的有关规定，边缘构件箍筋、拉筋、纵向钢筋应满足边缘构件的设计要求，区域内的边缘构件箍筋应同样采用钢筋环插筋连接。实体剪力墙、叠合板式剪力墙位于边缘构件区域时钢筋环插筋连接分别如图 5.44、图 5.45 所示。

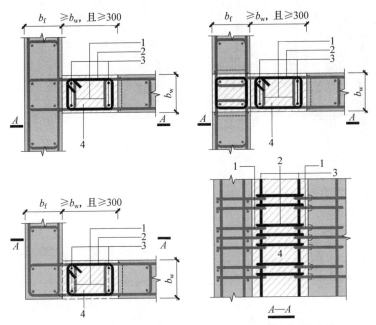

图 5.44　实体剪力墙位于边缘构件区域时钢筋环插筋连接
1—外伸 U 形水平筋或箍筋;2—连接环筋;3—插筋;4—后浇区域

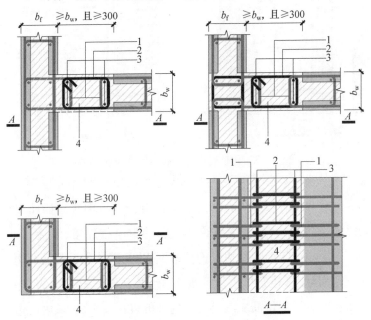

图 5.45　叠合板式剪力墙位于边缘构件区域时钢筋环插筋连接
1—外伸 U 形水平筋或箍筋;2—连接环筋;3—插筋;4—后浇区域

后浇混凝土强度等级不应低于相邻预制构件的混凝土强度等级,并应采取可靠措施保证混凝土浇筑密实。当后浇区域采用免模板拼接时,预制构件外伸薄壳厚度不小于 30 mm,并应采用钢筋网加强,此区域的外伸水平筋或箍筋弯折坡度不应大于 1∶6,如图 5.46 所示。

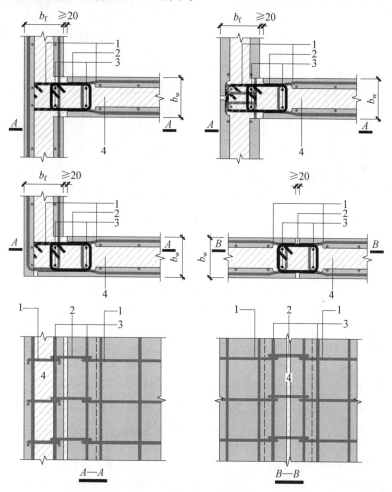

图 5.46　免模板叠合板式剪力墙钢筋环插筋连接
1—外伸 U 形水平筋或箍筋;2—连接环筋;3—插筋;4—后浇区域

后浇区域界面抗剪应满足设计计算要求,当不满足时可增设附加界面抗剪筋。附加界面抗剪筋直径不小于 10 mm,间距不大于 200 mm,在预制构件中的锚固长度不应小于 $10d$,在后浇区域内的直锚段长度应不小于 $5d$,单筋时弯折段长度应不小于 $5d$,如图 5.47 所示。

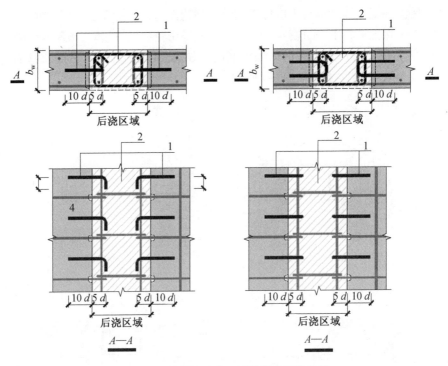

图 5.47　剪力墙后浇区域增设界面抗剪筋
1—界面抗剪筋;2—后浇混凝土

5.4.3　连梁的拆分与连接

　　预制剪力墙洞口上方的预制连梁宜与后浇圈梁或水平后浇带形成叠合连梁(图 5.48),叠合连梁的配筋及构造要求应符合现行国家标准《混凝土结构设计规范》(GB 50010—2010)的有关规定。当连梁剪跨比较小需要设置斜向钢筋时,一般采用全现浇连梁。

　　当预制剪力墙洞口下方有墙时,宜将洞口下墙内设置纵筋和箍筋,作为单独的连梁进行 (图 5.49),洞口下墙与下方的后浇混凝土之间连接少量的竖向钢筋,以防止接缝开裂并抵抗必要的平面外荷载。预制连梁与上方的后浇混凝土形成叠合连梁。

　　当洞口下墙采用轻质填充墙时,或者采用混凝土墙但与结构主体采用柔性材料隔离时,在计算中可仅作为荷载,洞口下墙与下方的后浇混凝土及预制连梁之间不连接,墙内设置构造钢筋。当计算不需要窗下墙时可采用此种做法。

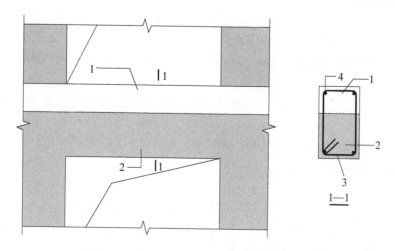

图 5.48　预制剪力墙叠合连梁构造示意图

1—后浇圈梁或后浇带;2—预制连梁;3—箍筋;4—纵向钢筋

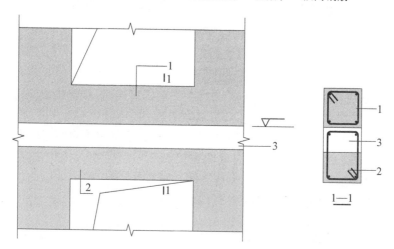

图 5.49　预制剪力墙洞口下墙与叠合连梁的关系示意图

1—洞口下墙;2—预制连梁;3—后浇圈梁或水平后浇带

当窗下墙需要抵抗平面外的弯矩时,需要将窗下墙内的纵向钢筋与下方的现浇楼板或预制剪力墙内的钢筋有效连接、锚固;或将窗下墙内纵向钢筋锚固在下方的后浇区域内。在实际工程中窗下墙的高度往往不大,当采用浆锚搭接连接时,要确保必要的锚固长度。

预制叠合连梁的预制部分宜与剪力墙整体预制,也可在跨中拼接或在端部与预制剪力墙拼接,但连梁端部钢筋锚固构造复杂,要尽量避免预制连梁在端部与预制剪力墙连接。

当预制叠合连梁在跨中拼接时,可按下列规定(图 5.50)进行接缝的构造设计:

(1)连接处应设置后浇段,后浇段的长度应满足梁下部纵向钢筋连接作业的空间需求。

(2)梁下部纵向钢筋在后浇段内宜采用机械连接、套筒灌浆连接或焊接连接。

(3)后浇段内的箍筋应加密,箍筋间距不应大于 $5d$,且不应大于 100 mm,d 为纵向钢筋直径。

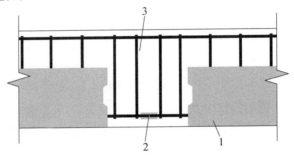

图 5.50　叠合梁连接节点示意图

1—预制梁;2—钢筋连接接头;3—后浇段

当预制叠合连梁端部与预制剪力墙在平面内拼接时,接缝构造应符合下列规定:

(1)当墙端边缘构件采用后浇混凝土时,连梁纵向钢筋应在后浇段中可靠锚固(图 5.51(a))或连接(图 5.51(b))。

(2)当预制剪力墙端部上角预留局部后浇节点区时,连梁的纵向钢筋应在局部后浇节点区内可靠锚固(图 5.51(c))或连接(图 5.51(d))。

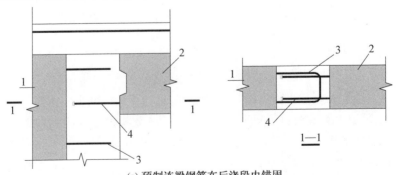

(a)预制连梁钢筋在后浇段内锚固

图 5.51　同一平面内预制连梁与预制剪力墙连接构造示意图

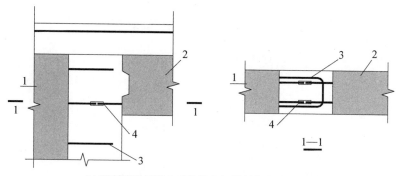

(b) 预制连梁钢筋在后浇段内与预制剪力墙预留钢筋连接

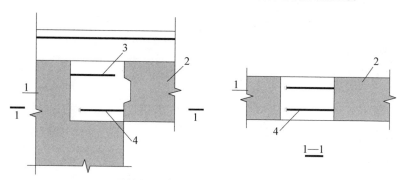

(c) 预制连梁钢筋在预制剪力墙局部后浇段内锚固

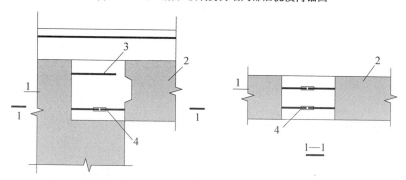

(d) 预制连梁钢筋在预制剪力墙局部后浇段内与墙板预留钢筋连接

续图 5.51

1—预制剪力墙;2—预制连梁;3—边缘构件箍筋;4—连梁下部纵向受力钢筋锚固或连接

　　当采用后浇连梁时,宜在预制剪力墙端伸出预留纵向钢筋,并与后浇连梁的纵向钢筋可靠连接,可采用搭接、机械连接、焊接等方式。(图 5.52)。

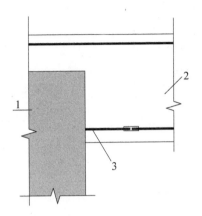

图 5.52　后浇连梁与预制剪力墙连接构造示意图
1—预制墙板;2—后浇连梁;3—预制剪力墙伸出纵向受力钢筋

5.4.4　楼面梁的连接

楼面梁不宜与预制剪力墙在剪力墙平面外单侧连接;当楼面梁与剪力墙在平面外单侧连接时,宜采用铰接,如在剪力墙上设置挑耳的方式,以减小梁端弯矩对剪力墙的不利影响。

5.4.5　圈梁和水平后浇带

屋面以及立面收进的楼层,应在预制剪力墙顶部设置封闭的后浇钢筋混凝土圈梁(图 5.53),以保证结构整体性和稳定性,并应符合下列规定:

(1)圈梁截面宽度不应小于剪力墙的厚度,截面高度不宜小于楼板厚度及250 mm 的较大值;圈梁应与现浇或者叠合楼、屋盖浇筑成整体。

(2)圈梁内配置的纵向钢筋不应少于 $4\phi12$,且按全截面计算的配筋率不应小于 0.5% 和水平分布筋配筋率的较大值,纵向钢筋竖向间距不应大于200 mm;箍筋间距不应大于 200 mm,且直径不应小于 8 mm。

各层楼面位置,预制剪力墙顶部无后浇圈梁时,为保证结构整体性和稳定性,应设置连续的水平后浇带(图 5.54);水平后浇带应符合下列规定:

(1)水平后浇带宽度应取剪力墙的厚度,高度不应小于楼板厚度;水平后浇带应与现浇或者叠合楼、屋盖浇筑成整体。

(2)水平后浇带内应配置不少于 2 根连续纵向钢筋,其直径不宜小于12 mm。

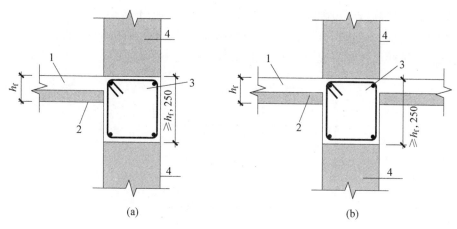

图 5.53　后浇筑钢筋混凝土圈梁构造示意图

1—后浇混凝土叠合层;2—预制板;3—后浇圈梁;4—预制剪力墙

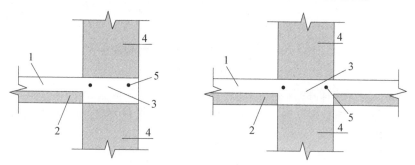

图 5.54　水平后浇带构造示意图

1—后浇混凝土叠合层;2—预制板;3—水平后浇带;4—预制墙板;5—纵向钢筋

5.5　剪力墙构造要求

预制剪力墙宜采用一字形,也可采用 L 形、T 形或 U 形;开洞预制剪力墙洞口宜居中布置,洞口两侧的墙肢宽度不应小于 200 mm,洞口上方连梁高度不宜小于 250 mm。

预制剪力墙的连梁不宜开洞;当必须开洞时,洞口宜预埋套管,洞口上、下截面的有效高度不宜小于梁高的 1/3,且不宜小于 200 mm;被洞口削弱的连梁截面应进行承载力验算,洞口处应配置补强纵向钢筋和箍筋,补强纵向钢筋的直径不应小于 12 mm。

预制剪力墙开有边长小于 800 mm 的洞口,且在结构整体计算中不考虑其影响时,应沿洞口周边配置补强钢筋;补强钢筋的直径不应小于 12 mm,截面面积不应小于同方向被洞口截断的钢筋面积;该钢筋自孔洞边角算起伸入墙内的长度,非抗震设计时不应小于 l_a,抗震设计时不应小于 l_{aE}(图 5.55)。

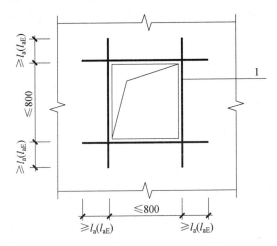

图 5.55　预制剪力墙洞口补强配筋示意图
1—洞口补强钢筋

端部无边缘构件的预制剪力墙,宜在端部配置 2 根直径不小于 12 mm 的竖向构造钢筋;且沿该钢筋竖向应配置拉筋,拉筋直径不宜小于 6 mm,间距不宜大于 250 mm。

当预制外墙采用夹心墙板时,外叶墙板厚度不应小于 50 mm,且外叶墙板应与内叶墙板可靠连接;夹心墙板的夹层厚度不宜大于 120 mm;当作为承重墙时,内叶墙板应按剪力墙进行设计;当作为非承重墙时,内叶墙板厚度不宜小于 60 mm。

5.6　多层剪力墙结构设计

5.6.1　一般规定

本节适用于 6 层及 6 层以下、建筑设防类别为丙类的装配式剪力墙结构设计。多层装配式剪力墙结构抗震等级应符合下列规定:抗震设防烈度为 8 度时取三级;抗震设防烈度为 6、7 度时取四级。

当房屋高度不大于 10 m 且不超过 3 层时,预制剪力墙截面厚度不应小于120 mm;当房屋超过 3 层时,预制剪力墙截面厚度不宜小于 140 mm。当预制剪力墙截面厚度不小于 140 mm 时,应配置双排双向分布钢筋网。剪力墙中水平及竖向分布筋的最小配筋率不应小于 0.15%。

5.6.2　结构分析和设计

多层装配式剪力墙结构可采用弹性方法进行结构分析,并宜按结构实际情况建立分析模型。在地震设计状况下,预制剪力墙水平接缝的受剪承载力设计值应按下列公式计算

$$V_{uE} = 0.6f_y A_{sd} + 0.6N \tag{5.9}$$

式中　f_y——垂直穿过结合面的钢筋抗拉强度设计值;

　　　N——与剪力设计值 V 相应的垂直于结合面的轴向力设计值,压力时取正,拉力时取负;

　　　A_{sd}——垂直穿过结合面的抗剪钢筋面积。

5.6.3　连接设计

抗震等级为三级的多层装配式剪力墙结构,在预制剪力墙转角、纵横墙交接部位应设置后浇混凝土暗柱,后浇混凝土暗柱截面高度不宜小于墙厚且不应小于 250 mm,截面宽度可取墙厚(图 5.56);后浇混凝土暗柱内应配置竖向钢筋和箍筋,配筋应满足墙肢截面承载力的要求,并应满足表 5.4 的要求;预制剪力墙的水平钢筋应在后浇混凝土暗柱内可靠连接或锚固。

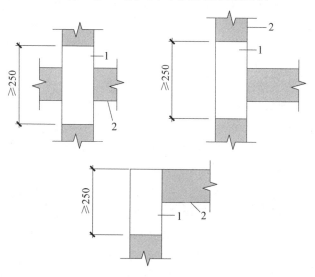

图 5.56　多层装配式剪力墙结构后浇混凝土暗柱示意图

1—后浇区域;2—预制剪力墙

表5.4　多层装配式剪力墙结构后浇混凝土暗柱配筋要求

底层			其他层		
纵向钢筋最小量	箍筋/mm		纵向钢筋最小量	箍筋/mm	
	最小直径	最大间距		最小直径	沿竖向最大间距
4 φ 12	6	200	4 φ 10	6	250

楼层内相邻预制剪力墙之间的竖向接缝可采用后浇混凝土连接,后浇段内应设置竖向钢筋,竖向钢筋配筋率不应小于墙体竖向分布筋配筋率,且不宜小于 2/12;预制剪力墙的水平分布钢筋应在现浇段内可靠锚固或连接。

预制剪力墙水平接缝宜设置在楼面标高处,接缝厚度宜为 20 mm。接缝处应设置连接节点,连接节点间距不宜大于 1 m;穿过接缝的连接钢筋数量应满足接缝受剪承载力的要求,且配筋率不应低于墙板竖向钢筋配筋率,连接钢筋直径不应小于 14 mm。连接钢筋可采用套筒灌浆连接、浆锚搭接连接、焊接连接,并应满足相应的构造要求。

当房屋层数大于 3 层时,屋面、楼面宜采用叠合楼盖,叠合板与预制剪力墙的连接应符合《装配式混凝土结构技术规程》(JGJ 1—2014)第 6.6.4 条的规定;沿各层墙顶应设置水平后浇带,并应符合本规程第 8.3.3 条的规定;当抗震等级为三级时,应在屋面设置封闭的后浇钢筋混凝土圈梁。

当房屋层数不大于 3 层时,楼面可采用预制楼板,预制板在墙上的搁置长度不应小于 60 mm,当墙厚不能满足搁置长度要求时可设置挑耳;板端后浇混凝上接缝宽度不宜小于 50 mm,接缝内应配置连续的通长钢筋,钢筋直径不应小于 8 mm。当板端伸出锚固钢筋时,两侧伸出的锚固钢筋应互相可靠连接,并应与支承墙伸出的钢筋、板端接缝内设置的通长钢筋拉接。当板端不伸出锚固钢筋时,应沿板跨方向布置连系钢筋,连系钢筋直径不应小于 10 mm,间距不应大于 600 mm;连系钢筋应与两侧预制板可靠连接,并应与支承墙伸出的钢筋、板端接缝内设置的通长钢筋拉接。

连梁宜与剪力墙整体预制,也可在跨中拼接。预制剪力墙洞口上方的预制连梁可与后浇混凝土圈梁或水平后浇带形成叠合连梁;叠合连梁的配筋及构造要求应符合现行国家标准《混凝土结构设计规范》(GB 50010—2010)的有关规定。

预制剪力墙与基础的连接应符合下列规定,基础顶面应设置现浇混凝土圈梁,圈梁上表面应做成粗糙面;剪力墙后浇暗柱和竖向接缝内的纵向钢筋应在基础中可靠锚固,且宜伸入到基础底部;预制剪力墙与圈梁顶面之间的接缝构造应符合相应的规定,连接钢筋应在基础中可靠锚固,且宜伸入到基础底部。

复　习　题

1. 装配式剪力墙的截面形式有哪些种类？

2. 剪力墙拆分的主要原则是什么？

3. 剪力墙的拆分与连接包括哪些方面内容？

4. 剪力墙的竖向连接有哪些方法？

5. 剪力墙纵筋部分连接有哪些优缺点？

6. 剪力墙纵筋连接中的约束搭接连接与非约束搭接连接有什么不同？

7. 地震设计状况下，剪力墙水平接缝的受剪承载力如何计算？

8. 剪力墙的水平拆分一般位于哪个部位？ 一般采用什么连接方法？

9.《装配式混凝土结构技术规程》(JGJ 1—2014)对于结构地下室、底部加强区、剪力墙边缘构件等特殊部位宜采用现浇的规定目的是什么？ 有什么影响？ 如何解决？

10. 装配式剪力墙结构拆分练习，如图 5.57 所示剪力墙结构，墙厚 200 mm、层高 3 m、板厚 120 mm。A 轴门尺寸 1 000 mm×2 000 mm、B 轴窗尺寸 1 800 mm×1 500 mm、1 轴窗尺寸 800 mm×1 500 mm、2 轴和 3 轴结构洞口尺寸 2 000 mm×2 600 mm。要求如下：采用钢筋环插筋连接进行剪力墙平面拆分，图上画出后浇连接带具体位置和形式，要求保持门窗洞口完整，拆分后构件不能超过 50 kN。采用整体连接进行叠合板拆分，图上画出后浇连接带宽度 200 mm，并画出连接带钢筋构造详图，要求 2.4 m 运输宽度。

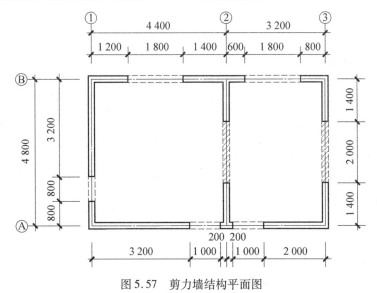

图 5.57　剪力墙结构平面图

第6章 钢筋混凝土叠合楼盖设计

装配整体式结构的楼盖宜采用叠合楼盖,即在预制混凝土梁、板顶部浇筑混凝土而形成的整体楼盖,简称叠合板、叠合梁。结构转换层、平面复杂或开洞较大的楼层、作为上部结构嵌固部位的地下室楼层宜采用现浇楼盖。

6.1 叠合楼盖的研究与应用

6.1.1 装配整体式双向叠合板受力性能试验研究

试验为装配式双向叠合板受力性能及挠度研究,共4块双向板,分别为分块叠合板、分块集中配筋叠合板、整块叠合板、整块现浇板,分块之间纵筋采用$10d$单面焊接,用以对比验证分块预制再连接的双向叠合板受力性能与全现浇、传统双向叠合板的差别。

试验用双向板跨度为4 m,板厚120,其中叠合板60 mm、后浇60 mm,保护层厚度为15 mm,钢筋采用$\phi 8@200$,其中分块集中布筋叠合板在跨中1/2范围内加密$\phi 8@100$。配筋图如图6.1所示。

采用混凝土砌块砌体台座,混凝土砌块堆载加载。试件量测和堆载布置图,如图6.2所示。

加载制度见表6.1。

表6.1 加载制度

砌块层数	总重/kN	均布重/(kN·m^{-2})	跨中弯矩/(kN·m)	设计值比例
1层	30.79	1.92	2.90	0.77
2层	61.58	3.85	4.03	1.07
3层	92.37	5.77	5.17	1.37
4层	123.16	7.70	6.30	1.67
5层	153.95	9.62	7.43	1.97
6层	184.74	11.55	8.57	2.27
7层	215.54	13.47	9.70	2.57
8层	246.33	15.40	10.83	2.87

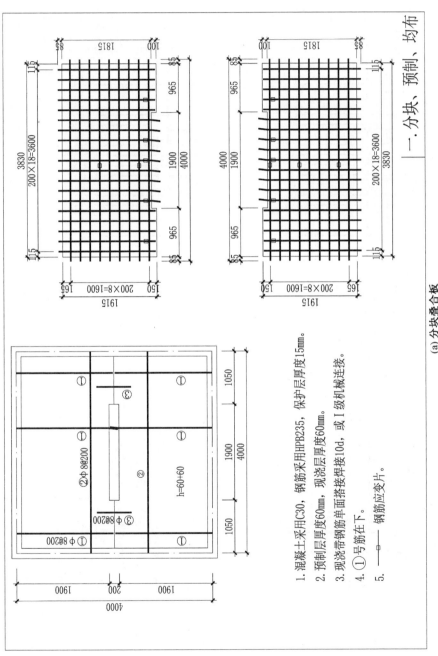

1. 混凝土采用C30，钢筋采用HPB235，保护层厚度15mm。
2. 预制层厚度60mm，现浇层厚度60mm。
3. 现浇带钢筋单面搭接焊接10d，或I级机械连接。
4. ①号筋在下。
5. ━━ 钢筋应变片。

（a）分块叠合板

图 6.1　配筋图

一、分块、预制、均布

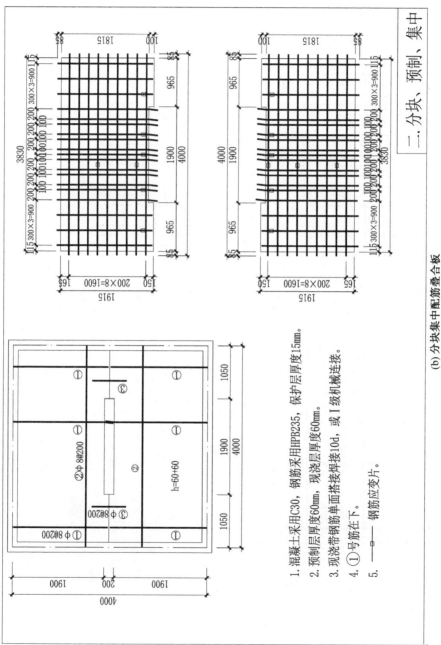

1. 混凝土采用C30，钢筋采用HPB235，保护层厚度15mm。
2. 预制层厚度60mm，现浇层厚度60mm。
3. 现浇带钢筋单面搭接焊接10d，或Ⅰ级机械连接。
4. ①号筋在下。
5. ——— 钢筋应变片。

(b) 分块集中配筋叠合板

续图 6.1

二、分块、预制、集中

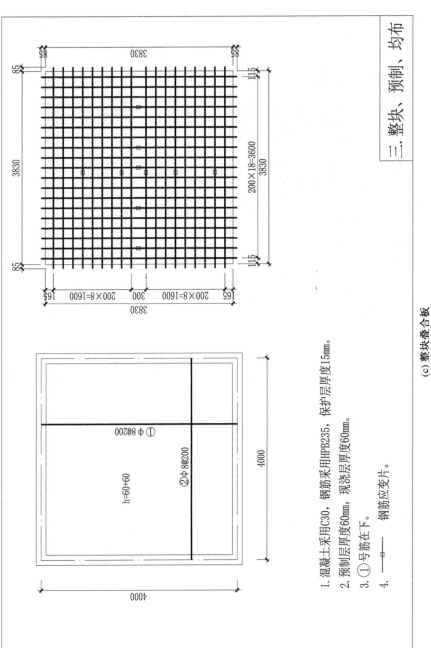

三、整块、预制、均布

(c) 整块叠合板

续图 6.1

1. 混凝土采用C30，钢筋采用HPB235，保护层厚度15mm。
2. 预制层厚度60mm，现浇层厚度60mm。
3. ①号筋在下。
4. ——□—— 钢筋应变片。

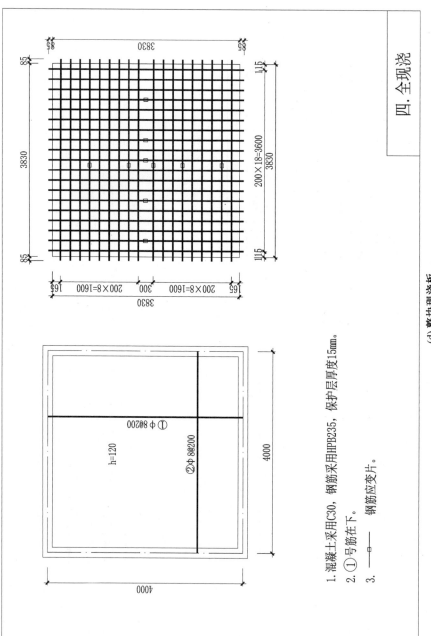

四. 全现浇

1. 混凝土采用C30，钢筋采用HPB235，保护层厚度15mm。

2. ①号筋在下。

3. ▭——钢筋应变片。

(d) 整块现浇板

续图 6.1

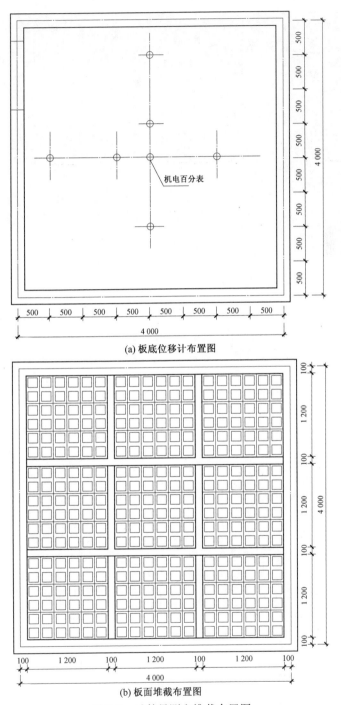

(a) 板底位移计布置图

(b) 板面堆载布置图

图 6.2　试件量测和堆载布置图

(c) 现场加载图

续图 6.2

　　测得板底挠度曲线如图 6.3 所示。4 块板的板底裂缝分布相同,都为板角 45°方向斜裂缝。经 4 块板的挠度数据和曲线比较分析可知,分块集中配筋叠合板的挠度最小,分块均布配筋叠合板的性能略差于全现浇板,通过钢筋加强等构造处理,分块叠合板适用于装配式楼盖。

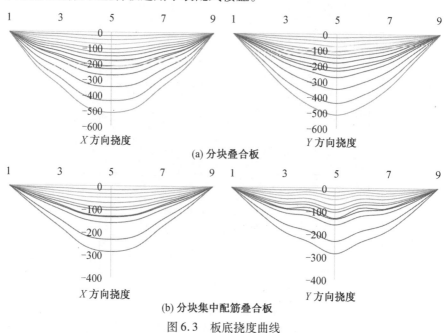

图 6.3　板底挠度曲线

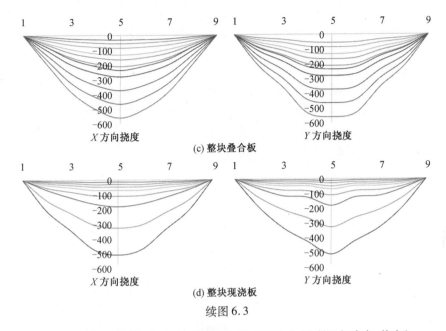

(c) 整块叠合板

(d) 整块现浇板

续图 6.3

6.1.2　装配整体式大跨度叠合楼板受力性能试验与分析

试验选取新城 36#楼标准层中部大跨度板为研究对象,根据板周边实际边界条件和受力特点进行简化,试验采用混凝土小型空心砌块进行堆载加载,如图 6.4 所示。

(a) 试验模型尺寸及配筋

图 6.4　试验模型和堆载布置图

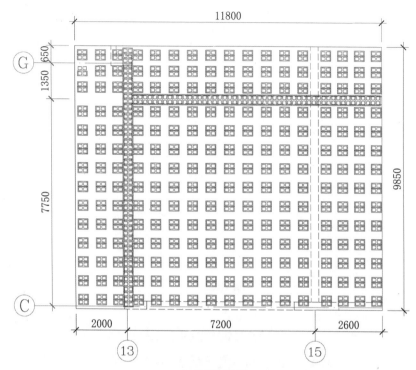

(b) 堆域布置图

(c) 堆域现场

续图6.4

加载时可将活载及恒载增量值换算成混凝土小型空心砌块重量,然后均匀加载到楼板上。按预定加载程序,加载到正常使用荷载时,板跨中沿两个跨度方向的挠度分别约为:$l_0/1\ 250$ 和 $l_0/1\ 330$,加载到设计荷载时,板跨中沿两个方向的挠度分别约为:$l_0/625$ 和 $l_0/667$。板加载挠度曲线如图 6.5 所示。

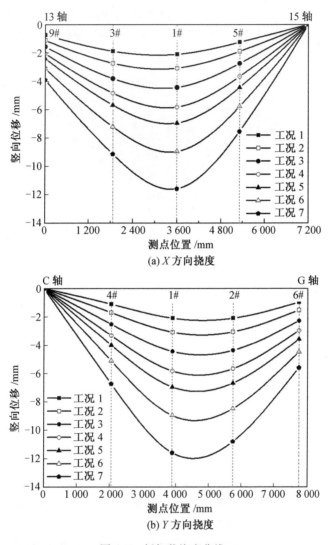

图 6.5　板加载挠度曲线

加载到设计荷载后进行短期持荷试验,板面位移随着时间的增长整体呈缓慢增加的趋势。设计荷载持荷约 15 h 后再逐级卸载,卸载到与加载后相同的荷载等级时,楼板的位移变形约为加载等级时的 2.0 倍左右,当荷载卸载到正常使用状态的准永久组合值时板的最大挠度约为 $l_0/645$,未超过《混凝土结构设计规范》(GB 50010—2010)要求的挠度限值。

将荷载卸载到正常使用荷载后,持荷约 7 个月。结束时总的位移增量为 25 mm,其最大挠度约为 $l_0/280$,最终挠度约为 $l_0/310$。最大位移仍能满足《混凝土结构设计规范》(GB 50010—2010)规定的挠度限值 $l_0/250(l_0/300)$ 要求。

　　采用 SAP2000 试验模型进行分析,荷载标准值组合下,模拟得到的楼板结构整体变形。当荷载达到 1.2 倍和 1.6 倍设计值时,分析得到的板最大位移分别为 11.90 mm 和 15.86 mm,板的挠度有较大幅度的增加,如图 6.6 所示。

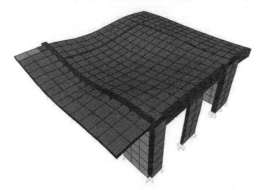

图 6.6　有限元模拟情况

　　基于分析结果及结论,提出以下设计建议,对于跨度及受力较大的梁,建议增大截面尺寸及配筋,以限制和降低裂缝的开展数量和宽度,增加梁的可靠度水平;部分剪力墙的尺寸和设置位置应进一步增加或优化,应使梁尽量以剪力墙为支座,避免较大跨度梁的交接。

6.2　叠合楼盖的形式与布置

6.2.1　叠合楼盖的形式

　　叠合板是由预制板和现浇钢筋混凝土层叠合而成的装配整体式楼板。预制板既是楼板结构的组成部分,也是现浇钢筋混凝土叠合层的永久性模板。现浇叠合层内可敷设水平设备管线。叠合楼板整体性好,板的上下表面平整,便于饰面层装修,适用于对整体刚度要求较高的高层建筑和大开间建筑。预应力楼板包括带肋预应力叠合板、空心预应力叠合板和双 T 形预应力叠合板。

　　叠合板设计的内容主要包括:

　　(1)划分现浇楼板和叠合板的范围,确定叠合板的类型。

　　(2)选用单向板或双向板方案,进行楼板拆分设计。

　　(3)构件受力分析。

　　(4)连接设计,包括支座节点、接缝及结合面设计。

　　(5)预制楼板构件制作图设计。

　　(6)施工安装阶段预制板临时支撑的布置和要求。

（7）设备埋件、留孔及洞口位置补强等细部设计。

不同形式和厚度的叠合板其受力性能有所不同。《装配式混凝土结构技术规程》（JGJ 1—2014）规定叠合楼板应按现行国家标准《混凝土结构设计规范》（GB 50010—2010）进行设计，并应符合下列规定：①叠合板的预制板厚度不宜小于 60 mm；后浇混凝土叠合层厚度不应小于 60 mm；②当叠合板的预制板采用空心板时，板端空腔应封堵；③跨度大于 3 m 的叠合板，宜采用钢筋混凝土桁架筋叠合板；④跨度大于 6 m 的叠合板，宜采用预应力混凝土叠合板；⑤厚度大于 180 mm 的叠合板，宜采用混凝土空心板。

叠合板分为带桁架钢筋和不带桁架钢筋两种。当叠合板跨度较大时，为了满足预制板脱模吊装时的整体刚度与使用阶段的水平抗剪性能，可在预制板内设置桁架钢筋。当未设置桁架钢筋时，叠合板的预制板与后浇混凝土叠合层之间应设置抗剪构造钢筋，目前国内较少应用此类叠合板。

叠合楼板的预制底板一般厚 60 mm，包括有桁架筋预制底板和无桁架筋预制底板。预制底板安装后绑扎叠合层钢筋，浇筑混凝土，形成整体受弯楼盖。

叠合楼板按现行《装配式混凝土结构技术规程》（JGJ 1—2014）的规定可做到 6 m 长，宽度一般不超过运输限宽，如果在工地预制，可以做得更宽。

叠合楼板构件制作的关键为表面不小于 4 mm 的粗糙面，严禁出现浮浆问题。

1. 设置桁架钢筋的叠合板楼盖

桁架钢筋叠合板目前在市场上广泛使用，其配筋图及实物图如图 6.7 所示。为加强预制层和现浇层之间的连接，特别是层面抗滑移，往往会设置桁架钢筋，桁架钢筋主要起增强刚度和抗剪作用，桁架的腹筋用于抗剪，其上下弦钢筋可作为混凝土楼板的纵向抗弯钢筋，焊接成小桁架，下部预埋在混凝土预制楼板中，上部等待现浇，组成叠合体系，共同受力。

叠合板具有以下优点：

（1）加快施工速度，节约大量模板，易于实现建筑构件工业化。

（2）与纯预制板相比，叠合板整体性能好，抗震性能强。

（3）钢筋桁架提高了叠合板的抗剪能力，限制层间滑移，参与板底和板面的抗弯承载，增强楼板预制层和现浇层的整体工作性能。

（4）叠合楼板是达到装配率的重要构件。

《装配式混凝土结构技术规程》（JGJ 1—2014）规定，桁架钢筋混凝土叠合板应满足下列要求：

（1）桁架钢筋沿主要受力方向布置。

（2）桁架钢筋距离板边不应大于 300 mm，间距不宜大于 600 mm。

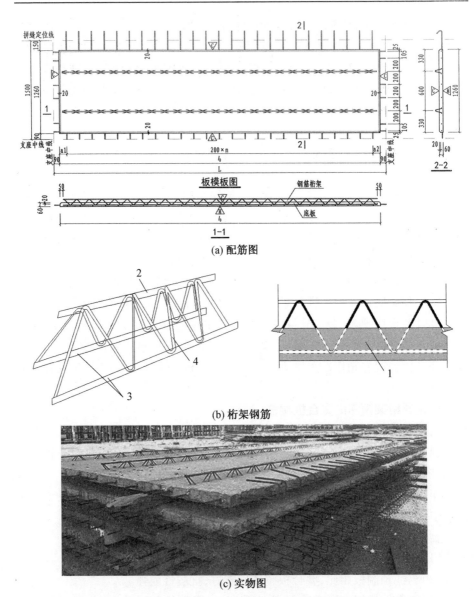

(a) 配筋图

(b) 桁架钢筋

(c) 实物图

图 6.7　桁架钢筋叠合板配筋图及实物图

1—预制板；2—上弦钢筋；3—下弦钢筋；4—斜向腹杆钢筋

（3）桁架钢筋的弦杆钢筋直径不宜小于 8 mm,腹杆钢筋直径不应小于 4 mm。

（4）桁架钢筋的弦杆混凝土保护层厚度不应小于 15 mm。

2.无桁架钢筋的叠合板楼盖

《装配式混凝土结构技术规程》（JGJ 1—2014）规定,当未设置桁架钢筋时,在下列情况下叠合板的预制板与后浇混凝土叠合层之间应设置抗剪构造钢筋，如图 6.3 所示。

（1）单向叠合板跨度大于 4.0 m 时，距支座 1/4 跨范围内。

（2）双向叠合板短向跨度大于 4.0 m 时，距四边支座 1/4 短跨范围内。

（3）悬挑叠合板。

（4）悬挑叠合板的上部纵向受力钢筋在相邻叠合板的后浇混凝土锚固范围内。

叠合板的预制板与后浇混凝土叠合层之间设置的抗剪构造钢筋应符合下列规定，如图 6.8 所示。

（1）抗剪构造钢筋宜采用马镫形状，间距不大于 400 mm，钢筋直径 d 不应小于 6 mm。

（2）马镫钢筋宜伸到叠合板上、下部纵向钢筋处，预埋在预制板内的总长度不应小于 15d，水平段长度不应小于 50 mm。

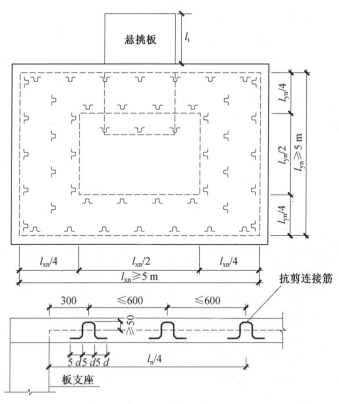

图 6.8　叠合板设置马镫钢筋示意图

6.2.2　叠合楼盖的布置

1. 楼盖现浇与预制范围的确定

装配整体式混凝土结构中，当部分楼层或局部范围设置现浇时，现浇楼板按常规方法设计。《装配式混凝土建筑技术标准》(GB/T 51231—2016)对高层装配整体式混凝土结构楼盖现浇与预制范围做了以下规定：

(1)结构转换层和作为上部结构嵌固部位的楼层宜采用现浇楼盖。

(2)屋面层和平面受力复杂的楼层宜采用现浇楼盖，当采用叠合楼盖时，楼板的后浇混凝土叠合层厚度不应小于 100 mm，且后浇层内应采用双向通长配筋，钢筋直径不宜小于 8 mm，间距不宜大于 200 mm。

通常在通过管线较多且对平面整体性要求较高的剪力墙核心筒区域楼盖采取现浇，当采用叠合楼板时，需采取整体式接缝以加强结构平面整体性。

2. 楼盖的拆分原则

根据接缝构造、支座构造和长宽比，叠合板可按照单向叠合板或者双向叠合板进行设计。当按照双向板设计时，同一板块内，可采用整块的叠合双向板或者几块预制板通过整体式接缝组合成的叠合双向板；当按照单向板设计时，几块叠合板各自作为单向板进行设计，板侧采用分离式接缝即可。

《装配式混凝土结构技术规程》(JGJ 1—2014)规定：当预制板之间采用分离式接缝时，宜按单向板设计。对长宽比不大于 3 的四边支承叠合板，当其预制板之间采用整体式接缝或无接缝时，可按双向板计算。叠合板的预制板布置形式如图 6.9 所示。

叠合板作为结构构件，其拆分设计主要由结构工程师确定。叠合板可根据预制板接缝构造、支座构造、长宽比按单向板或双向板进行设计。从结构合理性考虑，拆分原则如下：

(1)当按单向板设计时，应沿板的次要受力方向拆分。将板的短跨方向作为叠合板的支座，沿着长跨方向进行拆分，板两侧钢筋不伸出板边，通常采用板面附加钢筋形式拼缝，此时板缝垂直于板的长边。当预制板之间采用分离式接缝(图 6.9(a))时，宜按单向板设计。

(2)对长宽比不大于 3 的四边支撑叠合板，当其预制板之间采用整体式接缝(图 6.9(b))或无接缝(图 6.9(c))时，可按双向板设计，此时在板的最小受力部位拆分。如双向叠合板板侧的整体式接缝宜设置在叠合板的次要受力方向上(图 6.9(b))，且宜避开最大弯矩截面。通常为整体式拼缝，即预制板两边钢筋伸出板边，如双向板尺寸不大，采用无接缝双向叠合板，仅在板四周与梁或墙交接处拆分(图 6.9(c))。

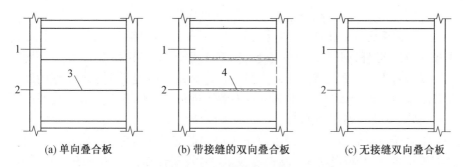

(a) 单向叠合板　　　　(b) 带接缝的双向叠合板　　　　(c) 无接缝双向叠合板

图 6.9　叠合板的预制板块布置形式示意图

1—预制板;2—梁或墙;3—板侧分离式接缝;4—板侧整体式接缝

（3）叠合板的拆分应注意与柱相交位置预留切角。

（4）板的宽度不超过运输宽度限制和工厂生产线平台宽度的限制。

（5）为降低生产成本,尽可能统一或减少板的规格。预制板宜取相同宽度,可将大板均分,也可按照一个统一的模数,视实际情况而定。如双向叠合板,拆分时可适当通过板缝调节,将预制板宽度调成一致。

（6）有管线穿过的楼板,拆分时须考虑避免与钢筋或桁架筋冲突。

（7）顶棚无吊顶时,板缝宜避开灯具、接线盒或吊扇位置。

根据《超限运输车辆行驶公路管理规定》,货车总宽度不能超过 2.55 m,当预制板尺寸超过运输宽度限制时,应考虑运输是否可行。目前,市场上生产预制楼板的模台包括流转模台和固定模台,常用流转模台的规格有 4 m×9 m,3 m×12 m,3.5 m×12 m,常用的固定模台的规格有 4 m×9 m,3 m×12 m,3.5 m×12 m。预制板拆分越宽,接缝越少,标准化程度则越低。

预制桁架钢筋叠合底板能够按照单向受力和双向受力进行设计,经过数十年的研究和实践,其技术性能与同厚度现浇的楼盖基本相当。

6.3　叠合楼盖的设计

楼板系统作为重要的水平构件,必须承受竖向荷载,并把它们传给竖向体系;同时还必须承受水平荷载,并把它们分配给竖向抗侧力体系。一般近似假定叠合板在其自身平面内无限刚性,减少结构分析的自由度,提高结构分析效率。叠合板设计必须保证整体性及传递水平力的要求,但因结构首层、结构转换层、平面复杂或开洞较大的楼层、作为上部结构嵌固部位的地下室楼层对整体性及传递水平力的要求较高,《装配式混凝土结构技术规程》(JGJ 1—2014)规定这些部位宜采用现浇楼板,当然也可采用叠合板,应把现浇层适当加厚。

《装配式混凝土建筑结构技术规程》(DBJ 15—107—2016)未给出叠合楼

板计算的具体要求,其平面内抗剪、抗拉和抗弯设计验算可按常规现浇楼板进行。当桁架钢筋布置方向为主受力方向时,预制底板受力钢筋计算方式等同现浇楼板,桁架下弦杆钢筋可作为板底受力钢筋,按照计算结果确定钢筋直径、间距。

安装时需要布置支撑并进行支撑布置计算,应当考虑预制底板上面的施工荷载及堆载。设计人员应当根据支撑布置图进行二次验算,设计预制底板受力钢筋、桁架下弦钢筋直径、间距。

第一阶段是后浇的叠合层混凝土未达到强度设计值之前的阶段。荷载由预制板承担,预制板根据支撑按简支或多跨连续梁计算;荷载包括预制板自重、叠合层自重以及本阶段的施工活荷载。

第二阶段是叠合层混凝土达到设计规定的强度值之后的阶段。叠合板按整体结构计算。荷载考虑下列两种情况并取较大值:施工阶段考虑叠合板自重、面层、吊顶等自重以及本阶段的施工活荷载;使用阶段考虑叠合板自重、面层、吊顶等自重以及使用阶段的可变荷载。

单向板导荷按对边传导,双向板按梯形三角形四边传导,如图6.10所示。

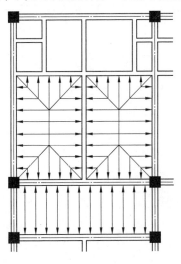

图6.10　楼板导荷示意图

应注意,当拆分前整板为双向板,如果拆分成单向板后,叠合板传递到梁、柱的荷载与整板导荷方式存在一定差异,计算时需人为调整板荷传导方式。

6.3.1　叠合板抗弯、抗剪计算

1. 正截面受弯承载力计算

预制板和叠合板的正截面受弯承载力应按《混凝土结构设计规范》(GB 50010—2010)第5.2节计算,其中,弯矩设计值应按下列规定取用。

预制板

$$M_1 = M_{1G} + M_{1Q} \tag{6.1}$$

叠合板的正弯矩区段

$$M = M_{1G} + M_{2G} + M_{2Q} \tag{6.2}$$

叠合板的负弯矩区段

$$M = M_{2G} + M_{2Q} \tag{6.3}$$

式中　M_{1G}——预制板自重和叠合层自重在计算截面产生的弯矩设计值;

M_{2G}——第二阶段面层、吊顶等自重在计算截面产生的弯矩设计值;

M_{1Q}——第一阶段施工活荷载在计算截面产生的弯矩设计值;

M_{2Q}——第二阶段可变荷载在计算截面产生的弯矩设计值,取本阶段施工活荷载和使用阶段可变荷载在计算截面产生的弯矩设计值中的较大值。

在计算中,正弯矩区段的混凝土强度等级,按叠合层取用,负弯矩区段的混凝土强度等级,按计算截面受压区的实际情况取用。

2. 斜截面受剪承载力计算

楼板一般不需抗剪计算,当有必要时,预制板和叠合板的斜截面受剪承载力,应按《混凝土结构设计规范》(GB 50010—2010)第6.3节的有关规定进行计算。其中,剪力设计值应按下列规定取用。

预制板

$$V = V_{1G} + V_{1Q} \tag{6.4}$$

叠合板

$$V = V_{1G} + V_{2G} + V_{2Q} \tag{6.5}$$

式中　V_{1G}——预制板自重和叠合层自重在计算截面产生的剪力设计值;

V_{2G}——第二阶段面层、吊顶等自重在计算截面产生的剪力设计值;

V_{1Q}——第二阶段可变荷载产生的剪力设计值,取本阶段施工活荷载和使用阶段可变荷载在计算截面产生的剪力设计值中的较大值;

V_{2Q}——第一阶段施工活荷载在计算截面产生的剪力设计值。

6.3.2　正常使用极限状态设计

钢筋混凝土叠合板在荷载准永久组合下,其纵向受拉钢筋的应力 σ_{sq} 应符合下列规定

$$\sigma_{sq} \leqslant 0.9 f_y \tag{6.6}$$

$$\sigma_{sq} = \sigma_{s1k} + \sigma_{s2q} \tag{6.7}$$

式中　σ_{s1k}——预制板纵向受拉钢筋的应力标准值;

σ_{s2q}——叠合板纵向受拉钢筋中的应力增量。

在弯矩 M_{1Gk} 作用下,预制板纵向受拉钢筋的应力 σ_{s1k} 可按下列公式计算

$$\sigma_{s1k} = \frac{M_{1Gk}}{0.87A_s h_{01}} \tag{6.8}$$

式中　M_{1Gk}——预制构件自重、预制楼板自重和叠合层自重标准值在计算截面
产生的弯矩值;

　　　　h_{01}——预制板截面有效高度。

在荷载准永久组合相应的弯矩 M_{2q} 作用下,叠合板纵向受拉钢筋中的应力
增量 σ_{s2q} 可按下列公式计算

$$\sigma_{s2q} = \frac{0.5\left(1+\dfrac{h_1}{h}\right)M_{2q}}{0.87A_s h_0} \tag{6.9}$$

当 $M_{1Gk} < 0.35M_{1u}$ 时,式(6.9)中的 $0.5\left(1+\dfrac{h_1}{h}\right)$ 值应取 1.0;此处 M_{1u} 为预制
板正截面受弯承载力设计值,应按《混凝土结构设计规范》(GB 50010—2010)
第 6.2 节计算,但式中应取等号,并以 M_{1u} 代替 M。

1. 裂缝控制验算

按荷载准永久组合或标准组合并考虑长期作用影响的最大裂缝宽度 ω_{max}
可按下列公式计算

$$\omega_{max} = 2\frac{\varphi(\sigma_{s1k}+\sigma_{s2q})}{E_s}\left(1.9c+0.08\frac{d_{eq}}{\rho_{te1}}\right) \tag{6.10}$$

$$\varphi = 1.1 - \frac{0.65f_{tk1}}{\rho_{te1}\sigma_{s1k}+\rho_{te}\sigma_{s2q}} \tag{6.11}$$

式中　c——最外层纵向受拉钢筋外边缘至受拉区底边的距离,mm;当 $c<20$
时,取 $c=20$;当 $c>65$ 时,取 $c=65$;

　　　　φ——裂缝间纵向受拉钢筋应变不均匀系数;当 $\varphi<0.2$ 时,取 $\varphi=0.2$;当
$\varphi>1.0$ 时,取 $\varphi=1.0$;对直接承受重复荷载的构件,取 $\varphi=1.0$;

　　　　d_{eq}——受拉区纵向钢筋的等效直径,按《混凝土结构设计规范》(GB
50010—2010)第 7.1.2 条的规定计算;

　　　　ρ_{te1}, ρ_{te}——按预制板、叠合板的有效受拉混凝土截面面积计算的纵向受
拉钢筋配筋率,按《混凝土结构设计规范》(GB 50010—2010)第 7.1.2
条的规定计算;

　　　　f_{tk1}——预制板的混凝土抗拉强度标准值。

最大裂缝宽度 ω_{max} 不应超过《混凝土结构设计规范》(GB 50010—2010)第
3.4 节规定的最大裂缝宽度限值。

2. 挠度验算

叠合板应按《混凝土结构设计规范》（GB 50010—2010）第 7.2.1 条的规定进行正常使用极限状态下的挠度验算。其中，叠合板按荷载准永久组合或标准组合并考虑长期作用影响的刚度可按下列公式计算。

钢筋混凝土构件

$$B = \frac{M_q}{\left(\dfrac{B_{s2}}{B_{s1}} - 1\right) M_{1Gk} + \theta M_q} B_{s2} \tag{6.12}$$

$$M_k = M_{1Gk} + M_{2k} \tag{6.13}$$

$$M_q = M_{1Gk} + M_{2Gk} + \psi_q M_{2Qk} \tag{6.14}$$

式中　θ——考虑荷载长期作用对挠度增大的影响系数，按《混凝土结构设计规范》（GB 50010—2010）第 7.2.5 条采用；

M_k——叠合板按荷载标准组合计算的弯矩值；

M_q——叠合板按荷载准永久组合计算的弯矩值；

B_{s1}——预制板的短期刚度，按《混凝土结构设计规范》（GB 50010—2010）第 H.0.10 条取用；

B_{s2}——叠合板第二阶段的短期刚度，按《混凝土结构设计规范》（GB 50010—2010）第 H.0.10 条取用；

M_{2k}——第二阶段荷载标准组合下计算截面产生的弯矩值，$M_{2k} = M_{2Gk} + M_{2Qk}$；

ψ_q——第二阶段可变荷载的准永久值系数。

荷载准永久组合或标准组合下叠合板正弯矩区段内的短期刚度，可按下列规定计算：

（1）预制板的短期刚度 B_{s1} 可按《混凝土结构设计规范》（GB 50010—2010）式（7.2.3-1）计算。

（2）叠合板第二阶段的短期刚度可按以下公式计算

$$B_{s2} = \frac{E_s A_s h_0^2}{0.7 + 0.6\dfrac{h_1}{h} + \dfrac{45\alpha_E \rho}{1 + 3.5\gamma'_f}} \tag{6.15}$$

式中　α_E——钢筋弹性模量与叠合层混凝土弹性模量的比值，$\alpha_E = \dfrac{E_s}{E_{c2}}$；

γ'_f——受压翼缘截面面积与腹板有效截面面积的比值。

荷载准永久组合或标准组合下叠合式受弯构件负弯矩区段内第二阶段的短期刚度 B_{s2} 可按《混凝土结构设计规范》（GB 50010—2010）式（7.2.3-1）计

算,其中,弹性模量的比值 $\alpha_E = \dfrac{E_s}{E_{c1}}$。

6.3.3 叠合面及板端连接处接缝计算

未配置抗剪钢筋的叠合板,水平叠合面的粗糙度应符合《装配式混凝土结构技术规程》(JGJ 1—2014)的有关规定:预制板与后浇混凝土叠合层之间的结合面应设置粗糙面。粗糙面的面积不宜小于结合面的80%,预制板的粗糙面凹凸深度不应小于4 mm。可按以下公式进行水平叠合面的抗剪验算

$$\frac{V}{bh_0} \leqslant 0.4 \tag{6.16}$$

式中　V——叠合板验算截面处剪力;

　　　b——叠合板宽度;

　　　h_0——叠合板有效高度。

6.4　构造要求

6.4.1　支座节点构造

叠合板现浇层内板负筋按《混凝土结构设计规范》(GB 50010—2010)要求设计,关于预制部分的钢筋锚入支座,《装配式混凝土结构技术规程》(JCJ 1—2014)规定:

(1)叠合板支座处,预制板内的纵向受力钢筋宜从板端伸出并锚入支承梁或墙的后浇混凝土中,锚固长度不应小于5d(d 为纵向受力钢筋直径),且宜过支座中心线,如图 6.11(a)所示。

(2)单向叠合板的板侧支座处,当预制板内的板底分布钢筋伸入支承梁或墙的后浇混凝土中时应符合(1)的要求;当板底分布钢筋不伸入支座时,宜在紧邻预制板顶面的后浇混凝土叠合层中设置附加钢筋,附加钢筋截面面积不宜小于预制板内的同向分布钢筋面积,间距不宜大于 600 mm,在板的后浇混凝土叠合层内锚固长度不应小于15d,在支座内锚固长度不应小于15d(d 为附加钢筋直径),且宜过支座中心线,如图 6.11(b)所示。

《装配式混凝土建筑技术标准》(GB/T 51231—2016)规定,当桁架钢筋混凝土叠合板板端支座构造满足以下条件时,也可采取支座附加钢筋的形式;当桁架钢筋混凝土叠合板的后浇混凝土叠合层厚度不小于 100 mm 且不小于预制板厚度的 1.5 倍时,支承端预制板内纵向受力钢筋可采用间接搭接方式锚入支承梁或墙的后浇混凝土中(图 6.12),并应符合下列规定:

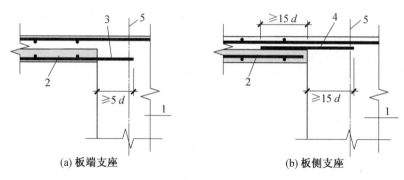

图 6.11 叠合板板端及板侧支座构造示意图

1—支承梁或墙;2—预制板;3—纵向受力钢筋;4—附加钢筋;5—支座中心线

(1)附加钢筋的面积应通过计算确定,且不应少于受力方向跨中板底钢筋面积的 1/3。

(2)附加钢筋直径不宜小于 8 mm,间距不宜大于 250 mm。

(3)当附加钢筋为构造钢筋时,伸入楼板的长度不应小于与板底钢筋的受压搭接长度,伸入支座的长度不应小于 $15d$(d 为附加钢筋直径)且宜伸过支座中心线;当附加钢筋承受拉力时,伸入楼板的长度不应小于板底钢筋的受拉搭接长度。伸入支座的长度不应小于受拉钢筋锚固长度。

(4)垂直于附加钢筋的方向应布置横向分布钢筋,在搭接范围内不宜少于 3 根,且钢筋直径不宜小于 6 mm,间距不宜大于 250 mm。

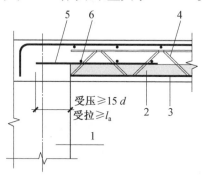

图 6.12 桁架钢筋混凝土叠合板板端构造示意图

1—支承梁或墙;2—预制板;3—板底钢筋;4—桁架钢筋;5—附加钢筋;6—横向分布钢筋

6.4.2 接缝构造设计

1.分离式接缝

《装配式混凝土结构技术规程》(JGJ 1—2014)规定:单向叠合板板侧的分离式接缝宜配置附加钢筋,并应符合下列规定:

（1）接缝处紧邻预制板顶面宜设置垂直于板缝的附加钢筋，附加钢筋伸入两侧后说混凝土叠合层的锚固长度不应小于 15d（d 为附加钢筋直径）。

（2）附加钢筋截面面积不宜小于预制板中该方向钢筋面积，钢筋直径不宜小于 6 mm，间距不宜大于 250 mm，如图 6.13 所示。

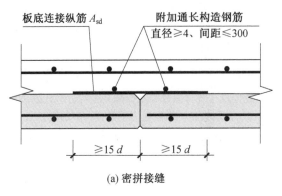

(a) 密拼接缝

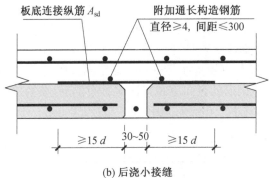

(b) 后浇小接缝

图 6.13　单向叠合板板侧拼缝构造（mm）

这种接缝形式简单，有利于构件生产及施工。

采用密拼接缝形式板底往往会有明显的裂纹，当不处理或不吊顶时，会影响美观。后浇小接缝拼接形式效果不错。

2. 整体式接缝

《装配式混凝土建筑技术标准》（GB/T 51231—2016）规定：双向叠合板板侧的整体式接缝宜设置在叠合板的次要受力方向且宜避开最大弯矩截面。接缝可采用后浇带形式（图 6.14），后浇带宽度不宜小于 200 mm。后浇带两侧板底纵向受力钢筋可在后浇带中焊接、搭接、弯折锚固、机械连接。

当后浇带两侧板底纵向受力钢筋在后浇带中搭接连接时，预制板板底外伸钢筋为直线形时（图 6.14（a）），钢筋搭接长度应符合现行国家标准《混凝土结构设计规范》（GB 50010—2010）的有关规定。

预制板板底外伸钢筋端部为90°(图6.14(b))或135°弯钩时(图6.14(c)),钢筋搭接长度应符合现行国家标准《混凝土结构设计规范》(GB 50010—2010)有关钢筋锚固长度的规定,90°或135°弯钩钢筋弯后直段长度分别为12d和5d(d为钢筋直径)。

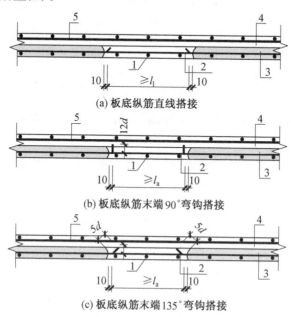

(a) 板底纵筋直线搭接

(b) 板底纵筋末端90°弯钩搭接

(c) 板底纵筋末端135°弯钩搭接

图6.14　双向叠合板整体式接缝构造示意图

1—通长钢筋;2—纵向受力钢筋;3—预制板;4—后浇混凝土叠合层;5—后浇层内钢筋

《装配式混凝土结构技术规程》(JGJ 1—2014)给出的接缝可采用后浇带形式,如图6.15所示。双向叠合板板侧的整体式接缝宜设置在叠合板的次要受力方向上且宜避开弯矩最大处,接缝可采用后浇带形式,叠合板厚度不应小于10d,且不应小于120 mm,d为垂直接缝的板底纵向受力钢筋直径的较大值;垂直接缝的板底纵向受力钢筋配筋量宜按计算结果增大15%配置;接缝处预制板侧伸出的纵向受力钢筋应在后浇混凝土层内锚固,且锚固长度不应小于l_a;两侧钢筋在接缝处重叠的长度不应小于10d,钢筋弯折角度不应大于30°,弯折处沿接缝方向应配置不少于2根通长纵向钢筋,且直径不应小于该方向预制板内纵向钢筋直径;预制板侧应设置粗糙面。

黑龙江省地方标准《预制装配整体式房屋混凝土剪力墙结构技术规程》(DB 23 T1813—2016)给出了交错环整体式接缝构造,如图6.16所示。该构造方法可以避免相邻板安装时钢筋阻碍问题。

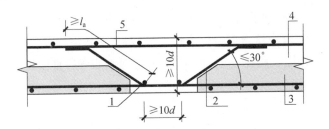

图 6.15　单向叠合板侧分离式拼缝构造示意图

1—后浇混凝土层;2—预制板;3—后浇层内钢筋;4—附加钢筋

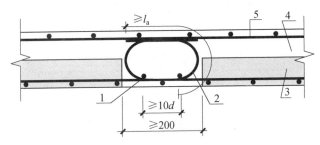

图 6.16　交错环整体式接缝构造

1—构造筋;2—钢筋锚固;3—预制板;4—后浇层;5—后浇层内钢筋

3. 板边角构造

叠合板边角做成 45°倒角。单向板和双向板的上部都做成倒角,一是为了保证连接节点钢筋保护层厚度;二是为了避免后浇段混凝土转角部位应力集中。单向板下部边角做成倒角是为了便于接缝处理,如图 6.17 所示。

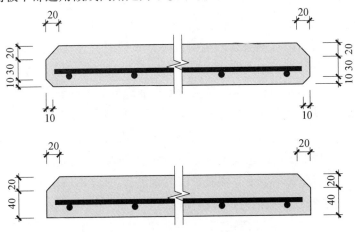

图 6.17　叠合板边角构造

第7章 预制混凝土构件

装配式混凝土结构是由各种构件经吊装安装连接而成,各种构件按照结构体系类型可以分为预制混凝土结构构件,如梁、板、柱、墙、楼梯、阳台、雨棚等,以及预制混凝土非结构构件,如围护墙体、隔墙等。

7.1 预制混凝土结构构件

7.1.1 预制混凝土梁

预制混凝土梁按照所在的结构体系和部位不同可以分为混凝土框架梁、楼面梁、楼梯梁、阳台悬挑梁等。预制混凝土梁一般为叠合式梁,便于与预制叠合板连接,梁端纵筋都要留出相应的连接锚固长度,便于与框架柱或剪力墙连接,与之相连的框架柱和剪力墙相应部位后浇混凝土,预制叠合梁及其支撑如图7.1所示。

图 7.1 预制叠合梁及其支撑

预制混凝土梁吊装就位后,下部需要进行临时支撑,在梁上预制叠合板安装之后进行叠合梁上部纵筋绑扎固定,再浇筑叠合层的后浇混凝土。

7.1.2 预制混凝土板

预制混凝土板常用于楼板、阳台悬挑板、雨棚等。常用的预制混凝土板由于要与框架梁、剪力墙或相邻板进行连接,板端钢筋都要留出相应的连接锚固长度,一般也做成叠合式板,吊装就位时进行临时支撑,如图7.2所示。

图7.2　预制叠合板及其支撑

7.1.3　预制混凝土柱

预制混凝土柱常用于装配式混凝土框架结构,柱的预制部分高度一般取到与之相连的框架梁底处,框架梁柱节点待钢筋连接后进行混凝土后浇,如图7.3所示。

(a) 预制混凝土柱　　　　　　　　　　(b) 梁柱节点

图7.3　预制混凝土柱及节点

7.1.4　预制混凝土剪力墙

预制混凝土剪力墙常用于装配式混凝土剪力墙结构,剪力墙的预制部分高度一般取至与之相连的预制混凝土叠合板底部,有预制楼面梁位置预留梁的后浇段。剪力墙纵筋向上伸出一定连接长度,与上层相应剪力墙进行连接。预制剪力墙安装时需要侧向支撑以保证垂直度,如图7.4所示。

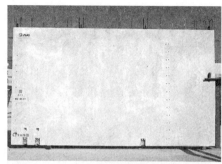

(a) 实体剪力墙

(b) 叠合板式剪力墙

(c) 带窗保温剪力墙

(d) 预制混凝土剪力墙及其支撑

图 7.4　预制混凝土剪力墙及支撑

　　预制混凝土剪力墙的外墙,经常采用结构、保温隔热和装饰装修一体化的外墙,将结构剪力墙、保温隔热和保护装饰层以及外窗集成在一起,各层之间采用断热连接件连接,形成夹心保温剪力墙,如图 7.5 所示。

(a) 带瓷砖外装饰面剪力墙

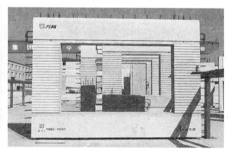

(b) 带装饰线槽剪力墙

图 7.5　预制混凝土一体化剪力墙

　　为减轻构件自重便于运输和吊装安装,预制剪力墙构件也可采用叠合板式剪力墙。

7.1.5　预制混凝土楼梯

预制混凝土楼梯,常见为板式楼梯和梁式楼梯,楼梯构件分为梯段板、平台板、楼梯梁和楼梯柱。一般采用叠合式楼梯梁,梯段板和平台板两端伸出连接钢筋,在叠合式楼梯梁的上部进行连接锚固,并后浇混凝土连接称为整体,如图7.6所示。

(a) 预制混凝土梯段板　　　　　　　(b) 预制混凝土楼梯及其支撑

图 7.6　预制混凝土楼梯及节点

在装配式混凝土剪力墙结构中,楼梯梁两端一般支撑于楼梯间两侧侧墙半层处预留的后浇洞中,或楼面预留的后浇段上。在混凝土框架结构中,半层位置处设置楼梯柱,支撑休息平台和梯段板。为避免楼梯的斜撑效应而增加楼梯间刚度,一般采取梯段板与楼梯梁铰接连接的方式,并设置限位装置避免坠落。

1. 预制楼梯的分类

(1)按照建筑功能。

装配式混凝土楼梯按建筑功能一般可分为预制单跑楼梯、双跑楼梯、多跑楼梯、交剪楼梯、旋转楼梯、弧形楼梯等多种类型。预制单跑楼梯、双跑楼梯、交剪楼梯在普通住宅中比较常见。预制装配式楼梯、梯台施工方法不仅比现场浇筑的传统方法节省模板,工期更短,而且预制楼梯梯段的预制工艺水平远比现场施工精准优良,无须二次水泥砂浆抹面,视觉感官良好。总体来说,预制楼梯构件质量要优于现场浇筑构件的质量。

(2)按照预制楼梯结构特点。

一般从结构上考虑,仅把预制楼梯看作功能性构件存在,其本身并不参与主体结构计算,设计荷载和地震力是由周围的墙、梁等主体结构来承担的。这种设计思路的意义在于保证主体结构的独立性,简化装配式楼梯的支座安装节点,能够实现干法施工,真正体现装配式优势。

预制楼梯按照自身的结构类型可分为以下两类。

①板式预制楼梯。板式预制楼梯是把预制楼梯当作一块板考虑,板的两端

支撑在休息平台的边梁上,休息平台的边梁支撑在墙上,结构关系简单。板式预制楼梯的水平投影长度控制在小于3 m,板厚小于等于120 mm时,比较经济合理。

②梁式预制楼梯。将踏步板支撑在两条斜梁上,斜梁支撑在平台梁上,平台梁再支撑在墙上。梁式预制楼梯的水平投影长度大于6 m时比较实用,板厚控制在80～100 mm,这样的设计可以有效减轻预制楼梯自重,而不影响施工塔吊的选型,对于一般6 m跨度剪刀梯,按1.2 m宽设计,可以将质量控制在4.0 t以下。

2. 预制楼梯与支承构件的连接节点

楼梯作为竖向疏散通道,是建筑物中的主要垂直交通空间,是重要的安全疏散通道。在火灾、地震等危险情况下,楼梯间疏散能力的大小直接影响着人民生命的安全。2008年汶川地震的大量震害资料显示了楼梯的重要性。楼梯不倒塌就能保证人员有疏散通道,更大限度地保证人民生命安全。《建筑抗震设计规范》(GB 50011—2010)(2016年版)第6.1.15节规定:"楼梯构件与体结构整浇时,应计入楼梯构件对地震作用及其效应的影响,应进行楼梯构件的抗震承载力验算;宜采取构造措施,减少楼梯构件对主体结构刚度的影响。"采取构造措施,减少楼梯对主体结构的影响是目前设计行业最简便、可行、可控的方法。

根据国家建筑标准设计图集《装配式混凝土结构连接节点构造(楼盖和楼梯)》(15G310—1),预制混凝土楼梯与现浇楼梯平台的连接方式分为3种:高端固定铰支座,低端滑动铰支座(图7.7),高端固定支座,低端滑动支座(图7.8),两端固定支座(图7.9)。

连接方式一为国家建筑标准设计图集《预制钢筋混凝土板式楼梯》(15G367—1)采用的连接方式,亦是《装配式混凝土结构技术规程》(JGJ 1—2014)推荐的连接方式梯段板按简支计算模型考虑,楼梯不参与整体抗震计算。

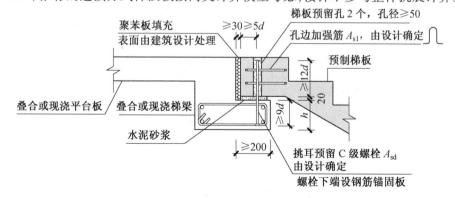

图7.7　高端固定铰支座,低端滑动铰支座

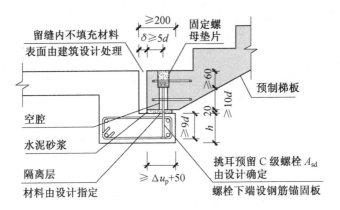

续图 7.7

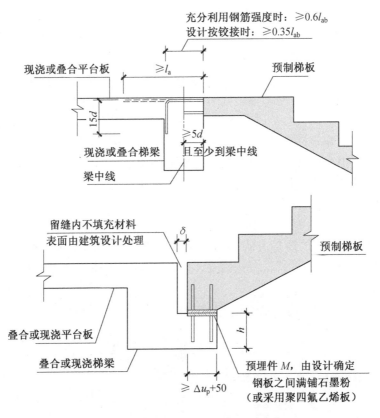

图 7.8 高端固定支座,低端滑动支座

构件制作时,梯板上下端各预留两个孔,不需预留胡子筋,成品保护简单。该方式应先施工梁板,待现场楼梯平台达到强度要求后再进行构件安装,梯板吊装就位后采用灌浆料灌实除空腔外的预留孔,施工方便快捷。

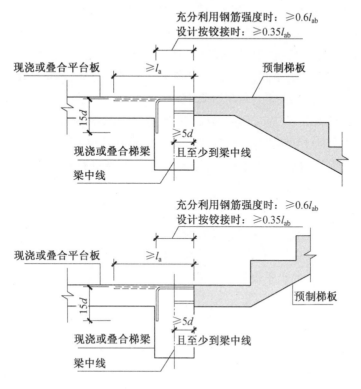

图 7.9　两端固定支座

　　连接方式二与传统现浇楼梯的滑移支座相似,楼梯不参与整体抗震计算,上端纵向钢筋需要伸出梯板,要求楼梯预制时在模具两端留出穿筋孔,使得构件加工时钢筋入模、出模以及运输、堆放、安装困难。施工时,需先放置楼梯,待楼梯吊装就位后,绑扎平台梁上部受力筋,现场施工不方便。

　　连接方式三类似于楼梯与主体结构整浇,需考虑楼梯对主体结构的影响,尤其是框架结构,楼梯应参与整体抗震计算,并满足相应的抗震构造要求。该形式楼梯上下端纵向钢筋均伸出梯板,制作、运输、堆放、安装和施工困难。

　　综合考虑构件制作、成品保护、现场安装等因素,连接方式一具有较大优势,在工程项目中使用最广泛。下节将基于连接方式一进行讨论。

3. 预制楼梯结构设计

　　《装配式混凝土结构技术规程》(JGJ 1—2014)要求:预制楼梯作为预制构件,其结构设计主要考虑以下 3 种状况。

　　对持久设计状况,应对预制构件进行承载力、变形、裂缝控制验算。

　　对地震设计状况,应对预制构件进行承载力验算。

对制作、运输和堆放、安装等短暂设计状况下的预制构件验算,应符合现行国家标准《混凝土结构工程施工规范》(GB 50666—2011)的有关规定。

前两种状况与传统现浇楼梯相同,短暂设计状况因混凝土强度、受力状态、计算模式与使用阶段不同,亦可能对构件设计起控制作用,不可忽略。

(1)预制楼梯持久设计状况计算。

持久设计状况下,应对预制楼梯进行承载力极限状态和正常使用极限状态计算。对采用简支的预制楼梯,梯段板两端无转动约束,支承构件仅受梯段板传来的竖向力,其梯段板按两端铰接的单向简支板进行计算,计算简图如图7.10所示,跨中弯矩按下式计算

$$M_{\max} = Pl_0^2/8 \tag{7.1}$$

式中　$M_{\max}$——斜板跨中最大弯矩设计值;

　　　P——斜板在水平投影面上的垂直均布荷载设计值;

　　　l_0——斜板的水平投影计算长度。

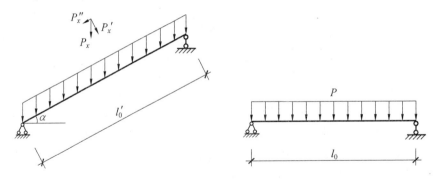

图 7.10　预制楼梯计算简图

此外,预制楼梯还需按受弯构件验算裂缝和挠度,裂缝控制等级为3级,最大裂缝宽度限值为0.3 mm;计算梯段板挠度时,应取斜向计算长度及沿斜向的垂直均布荷载 P_x',挠度限值为 $l_0'/200$。

支承预制楼梯的挑耳,持久设计状况下仅承受梯板传来的竖向荷载,按牛腿进行设计。

(2)预制楼梯地震设计状况计算。

①地震作用计算。

预制楼梯的地震作用主要是由自身质量产生的惯性力,可采用简化的等效侧力法进行计算,参考外挂墙板地震作用的计算公式

$$F_{EK} = \beta_E \alpha_{\max} G_K \tag{7.2}$$

式中　F_{EK}——施加于预制楼梯重心处的水平地震作用标准值；

　　　β_E——动力放大系数，可参考外挂墙板取 5.0；

　　　α_{max}——水平地震影响系数最大值；

　　　G_K——预制楼梯的重力荷载代表值。

②固定铰支座承载力计算。

预制楼梯采用固定连接时，地震作用产生的水平剪力 F_{EK} 由高端固定铰支座传递给梯梁，低端滑动铰支座仅产生变位，不承受水平剪力。高端固定铰支座共设置 2 个预埋螺栓，则每个螺栓所受水平地震剪力设计值为

$$V = F_{EK} \gamma_E / 2 \tag{7.3}$$

式中　V——每个螺栓承受的水平地震剪力设计值；

　　　γ_E——地震作用分项系数，取 1.4。

预埋螺栓的受剪承载力设计值应满足 $N_V^b \geqslant V$，由此计算确定螺栓大小和材质。

地震设计状况下，高端梯梁上的挑耳承受竖向荷载及水平剪力，按牛腿进行验算，结合持久设计工况计算结果，按不利情况配筋。

③滑动铰支座水平位移计算。

预制楼梯抗震设计时，滑动支座端不但要留出足够的位移空间，还要采取必要的连接措施，防止位移过大时楼梯从支承构件上滑落。根据不同结构体系在罕遇地震作用下弹塑性层间位移角限值的规定，预制楼梯的最大水平位移量可按下式计算

$$\Delta u_P = [\theta_P] h \tag{7.4}$$

式中　Δu_P——预制楼梯最大水平位移值；

　　　$[\theta_P]$——弹塑性层间位移角限值；

　　　h——预制楼梯的梯段高度。

设计时应注意以下几点：

①预制楼梯与梯梁之间的留缝宽度 δ 应大于 Δu_P，缝内不填充或填充柔性材料保证位移空间。

②预留孔洞大小应满足位移要求，考虑地震方向不确定性，孔洞直径 D 应大于 $d + \Delta u_P$。

③支座搁置长度应当大于 $\Delta u_P + 50$ 及规范中最小搁置长度。

④梯梁挑耳宽度应大于 $\delta + \Delta u_P + 50$ 及 200 mm。

7.1.6　预制混凝土阳台、雨棚、空调板

预制混凝土阳台、雨棚和空调板属于悬挑构件，一般按悬挑板设计，悬挑跨度较大时采用悬挑梁式结构。阳台、雨棚板与后浇混凝土结合处应做粗糙面；阳台、雨棚的栏板或上反沿与底板一体制作，也按设计要求预留安装栏板栏杆的预埋件、连接钢筋等，如图 7.11 所示。

(a) 预制混凝土梁式阳台　　　　　　　　(b) 预制混凝土板式雨棚

图 7.11　预制混凝土阳台、雨棚

预制阳台、雨棚是悬挑构件，安装时需设置可靠支撑防止构件倾覆，待预制阳台与连接部位的主体结构混凝土强度达到要求强度的 100% 时，并应在装配式结构能达到后续施工承载要求后，方可拆除支撑。

1. 阳台的分类与受力类型

阳台板为悬挑构件，有叠合板式、全预制板式和全预制梁式 3 种类型，如图 7.12 所示。

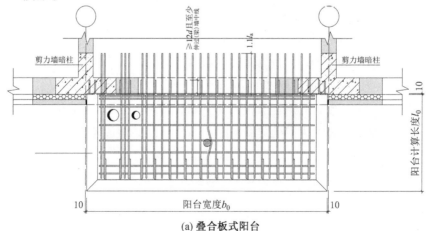

(a) 叠合板式阳台

图 7.12　阳台板类型

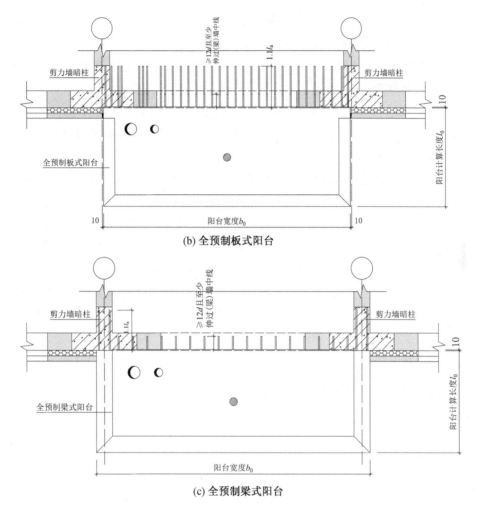

(b) 全预制板式阳台

(c) 全预制梁式阳台

续图 7.12

(1) 板式阳台。一般在现浇楼面或现浇框架结构中采用。阳台板采用现浇悬挑板,其根部与主体结构的梁板整浇在一起,板上荷载通过悬挑板传递到主体结构的梁板上。板式阳台由于受结构形式的约束,悬挑小于 1.2 m 一般用板式。

(2) 梁式阳台。阳台板及其上的荷载,通过挑梁传递到主体结构的梁、墙、柱上,阳台板可与挑梁整体现浇在一起,这种形式的阳台称为梁式阳台。另外,为了承受阳台栏杆及其上的荷载,另设了一根边梁,支撑于挑梁的前端部,边梁一般都与阳台一起现浇。悬挑大于 1.2 m 一般用梁式。

根据住宅建筑常用的开间尺寸,可将预制混凝土阳台板的尺寸标准化,以利于工厂制作。预制阳台板沿悬挑长度方向常用模数,叠合板式和全预制板式取 1 000,1 200,1 400 mm;全预制梁式取 1 200,1 400,1 600,1 800 mm;沿房间方向常用模数取 2 400,2 700,3 000,3 300,3 600,3 900,4 200,4 500 mm。

2. 设计规定

国家建筑标准设计图集《预制钢筋混凝土阳台板、空调板及女儿墙》(15G368—1)中对设计有相关规定,预制阳台结构安全等级取二级,结构重要性系数 $\gamma_0 = 1.0$,设计使用年限 50 年。钢筋保护层厚度:板取 20 mm,梁取 25 mm。正常使用阶段裂缝控制等级为 3 级,最大裂缝宽度允许值为 0.2 mm。挠度限制取构件计算跨度的 1/200,计算跨度取悬挑长度 l_0 的 2 倍。施工时应预起拱 $6l_0/1\ 000$(安装阳台时,将板端标高预先调高)。预制阳台板养护的强度达到设计强度等级值的 75% 时方可脱模,脱模吸附力取 1.5 kN/m²。脱模时的动力系数取 1.5,运输、吊装动力系数取 1.5,安装动力系数取 1.2。预制阳台板内埋设管线时,所铺设管线应放在板上层和下层钢筋之间,且避免交叉,管线的混凝土保护层厚度应不小于 30 mm。叠合板式阳台内埋设管线时,所铺设管线应放在现浇层内、板上层钢筋之下,在桁架筋空挡间穿过。

阳合板宜采用叠合构件或预制构件。预制构件应与主体结构可靠连接:叠合构件的负弯矩钢筋应在相邻叠合板的后浇混凝土中可靠锚固,叠合构件中预制板底钢筋的锚固应符合下列规定。

(1)当板底为构造配筋时,其钢筋应符合以下规定:叠合板支座处,预制板内的纵向受力钢筋宜从板端伸出并锚入支承梁或墙的后浇混凝土中,锚固长度不应小于 $5d$(d 为纵向受力钢筋直径),且宜过支座中心线。

(2)当板底为计算要求配筋时,钢筋应满足受拉钢筋的锚固要求。

受拉钢筋基本锚固长度也称为非抗震锚固长度,一般来说,在非抗震构件(如基础筏板、基础梁等)或四级抗震条件中用到它,表示为 l_a 或 l_{ab}。通常说的锚固长度是指抗震锚固长度 l_{aE},该数值以基本锚固长度乘以相应的系数 ζ_{aE} 得到。ζ_{aE} 在一、二级抗震时取 1.15,三级抗震时取 1.05,四级抗震时取 1.00。

3. 预制阳台板连接节点

叠合板式阳台连接节点如图 7.13 所示。

全预制板式阳台连接节点如图 7.14 所示。

全预制梁式阳台连接节点如图 7.15 所示。

4. 阳台板施工措施和构造要求

(1)预制阳台板与后浇混凝土结合处应做粗糙面。

（2）阳台设计时应预留安装阳台栏杆的孔洞（如排水孔、设备管道孔等）和预埋件等。

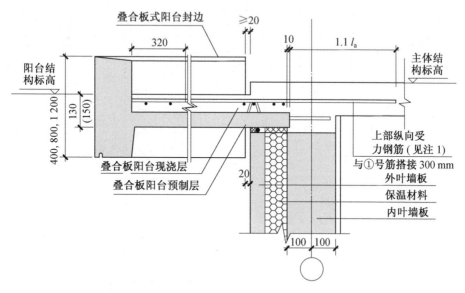

图 7.13　叠合板式阳台连接节点

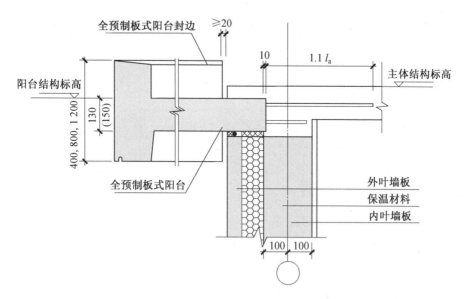

图 7.14　全预制板式阳台连接节点

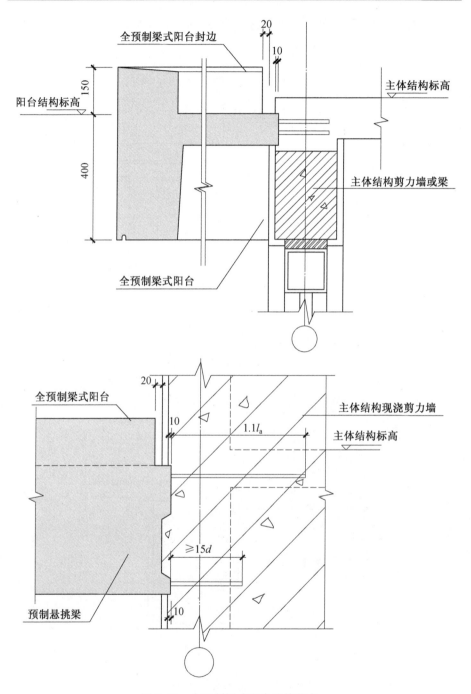

图 7.15 全预制梁式阳台连接节点

（3）预制阳合板安装时需设置支撑，防止构件倾覆，待预制阳台与连接部位的主体结构混凝土强度达到要求强度的 100% 时，并应在装配式结构能达到后续施工承载要求后，方可拆除支撑。

7.2　预制混凝土非结构构件

预制混凝土非结构构件是指一般情况下不参与主体结构受力，依附或镶嵌于结构外部或内部，满足特定建筑要求的构件，如围护构件和分隔构件等，非结构构件应采取与主体结构可靠的连接或锚固措施，并应满足安全性和适用性要求。非结构构件主要包括外挂墙板、内部填充墙体或隔墙，以及各种建筑的挑檐造型等。

7.2.1　预制混凝土外挂墙板

外挂墙板是由带有保温层、保护层和装饰装修层或门窗的混凝土墙板，常用于装配式结构的外墙，外挂墙板尺寸通常与开间和层高匹配，如图 7.16 所示。

(a) 框架结构外挂墙板　　　　　　(b) 剪力墙结构外挂墙板

图 7.16　预制混凝土外挂墙板

与剪力墙结构的夹心保温外墙不同，装配式框架的外挂墙板主要承受自重以及直接作用于其上的风荷载、地震作用、温度作用等。同时，外挂墙板也是建筑物的外围护结构，其本身不分担主体结构承受的荷载和地震作用。作为建筑物的外围护结构，绝大多数外挂墙板均附着于主体结构，必须具备适应主体结构变形的能力。外挂墙板适应主体结构变形的能力，可以通过多种可靠的构造措施来保证，如足够的胶缝宽度、构件之间的活动连接等。

1. 外挂墙板类型

根据外墙体的材料及结构构造,外挂墙板可分为单叶混凝土外挂墙板和预制混凝土夹心外挂墙板。

单叶混凝土外挂墙板是指墙体没有保温材料,只是用作承受外部荷载作用的结构层。例如,南北朝向无须保温隔热的外挂墙板和预制凸窗外挂墙板,由于构造复杂,一般采用单叶混凝土外挂墙板。

混凝土夹心外挂墙板是一种新型墙体结构类型,近年来发展很快。其特点是墙体结构材料和保温材料合二为一,可以充分发挥各层材料的特长,采用高效保温隔热材料,达到质量轻、强度高、保温、隔声、防火等目的。

预制混凝土夹心保温墙板是由内、外叶墙和保温层组成,通过连接件将3层连接起来。为了使墙板具有足够的承载能力以保证施工和使用阶段的安全,尚需在墙板中设置连接器以增强3层结构的整体连接性能。由于混凝土具有热惰性,内层的混凝土作为一个恒温的蓄热体,中间的保温层作为一个热的绝缘体,有效地延缓了热量在外墙内外层之间的传递。与传统的内贴保温或外贴保温层墙板构造相比,预制混凝土夹心保温墙板具有“热桥”作用、耐久性好等优点,无须进行二次保温层施工,具有良好的经济、社会和环境效益,已成为墙体结构的发展方向,但唯一的缺点就是造价较高。预制混凝土夹心保温墙板的内叶墙作为墙板自身的承重构件,连接在主体结构上,保温层和外叶墙通过连接件连接在内叶墙上。

2. 预制外挂墙板与主体结构的连接

目前,外挂墙板与主体结构之间的连接主要有两种连接方式:点支承式连接、线支承式连接。这两种连接方式各具优缺点,点支承式连接对结构刚度无影响,会产生较大的位移,连接件需进行防火、防锈处理,存在耐久性设计问题;线支承式连接墙板对主体结构刚度有一定影响。

(1)点支承式连接。

点支承式连接是采用预埋在墙板上的钢牛腿、锚栓通过角钢等连接在主体结构的预埋件上,其特点是墙板与骨架以及墙板之间在一定范围内可相对移位,能较好地适应各种变形,属于柔性节点。对于柔性节点,其随着主体结构变形而产生相应变位的能力应根据震级的不同有所区别:中震时墙板可以随着主体结构的变形而变位,墙体完好并且不需要修复可继续使用;大震时墙体可随着主体结构的变形而变位,墙体可能发生损坏但不脱落。根据外挂墙板适应主体结构层间变位原理,可将预制混凝土外挂墙板连接构造节点分为3类:平移式、旋转式和固定式(图 7.17)。

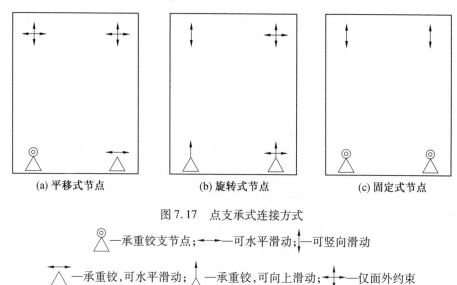

| (a) 平移式节点 | (b) 旋转式节点 | (c) 固定式节点 |

图 7.17　点支承式连接方式

⊚△—承重铰支节点;◀——▶—可水平滑动;⊥—可竖向滑动

△—承重铰,可水平滑动;人—承重铰,可向上滑动;⌐⌐—仅面外约束

　　平移式节点是在墙板的上部或下部设置水平滑移孔,当主体结构产生相对位移时墙体发生相应的变位而未对主体结构产生刚性约束。旋转式节点是在墙体的 4 个角设置竖向滑移孔,当主体结构发生相对位移时,墙体发生旋转而未对主体结构产生刚性约束。

　　固定式节点是当墙体作为窗间墙时,不需要层间位移的随从功能,在墙体的左侧或右侧设置水平滑移孔,墙体发生温度变形而未对主体结构产生刚性约束。外挂墙板与主体结构的连接节点,又可以分为承重节点和非承重节点两类。

　　目前,工程中常用的点支承式连接为四点支承连接,包括上承式和下承式:当下部两点为承重节点时,上部两点宜为非承重节点;相反,当上部两点为承重节点时,下部两点宜为非承重节点。应注意,平移式外挂墙板和旋转式外挂墙板的承重节点和非承重节点的受力状态和构造要求是不同的,因此设计要求也是不同的。根据日本和我国台湾地区的工程实践经验,点支承式连接节点一般采用在连接件和预埋件之间设置带有长圆孔的滑动垫片,形成平面内可滑移的支座。当外挂墙板相对于主体结构可能产生转动时,长圆孔宜按垂直方向设置;当外挂墙板相对于主体结构可能产生平动时,长圆孔宜按水平方向设置。

　　(2)线支承式连接。

　　线支承式连接是指外挂墙板顶部与支承梁通过钢筋及剪力键连接,顶部固定线支承底部两处限位件。当外挂墙板与主体结构采用线支承连接时,连接节点的抗震性能在多遇地震和设防地震作用下连接节点保持弹性;罕遇地震作用下外挂墙板顶部剪力键不破坏,连接钢筋不屈服。预制外挂墙板与主体结构线支承式连接节点构造如图7.18所示。连接节点的构造应满足以下条件。

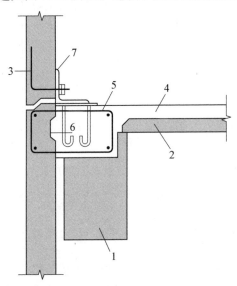

图7.18　预制外挂墙板与主体结构线支承式连接节点构造示意图
1—叠合梁;2—预制板;3—外挂墙板;4—后浇混凝土;
5—连接钢筋;6—剪力键槽;7—限位连接件

①外挂墙板顶部与梁连接,且固定连接区段应避开梁端1.5倍梁高长度范围。

②外挂墙板与梁的结合面应采用粗糙面并设置键槽,接缝处应设置连接钢筋,连接钢筋数量应经过计算确定且钢筋直径不宜小于10 mm,间距不宜大于200 mm;连接筋在外挂墙板和楼面梁后浇混凝土中的锚固应符合现行国家标准《混凝土结构设计规范》(GB 50010—2010)的有关规定。

③外挂墙板的底端应设置不少于2个仅对墙板有平面外约束的连接节点。

④当外挂墙板的两侧与主体结构竖向构件之间采用刚性连接时,主体结构在墙板面内方向的变形会受到外挂墙板的约束作用,从而使得外挂墙板参与主体结构抗侧力。外挂墙板提供的抗侧力刚度在地震作用的不同阶段很难通过定量分析确定,且可能产生对主体结构的不利影响。因此,外挂墙板的两侧与主体结构之间应不连接,或仅采用柔性连接。当采用柔性连接时,连接节点应在外挂墙板平面内具有足够的变形能力,即不小于主体结构在设防地震作用下弹性层间位移角3倍的变形能力。

在我国香港,由于不考虑抗震,在外墙板两侧预留钢筋与柱或者剪力墙连接(图 7.19),在仅受风荷载和重力荷载作用时较牢固,但对于抗震设防区,由于其对结构刚度的影响较难估算,在我国内地工程中仅有少量使用。

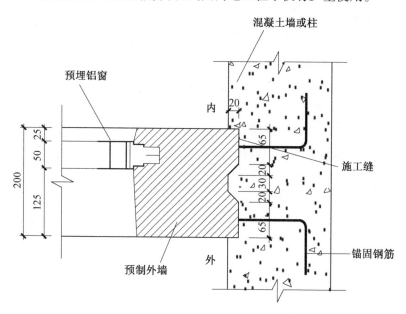

图 7.19　预制凸窗外挂墙板与墙、柱连接

3. 作用及作用组合

外挂墙板由于常年受到日晒雨淋、热胀冷缩的作用,再加之混凝土自身的徐变和收缩,其体积会有所改变,其支承系统也可能发生扭转和挠曲。这些可能会对外挂墙板内力产生影响的因素应尽量避免,当实在不能避免时,应进行定量的计算。外挂墙板不应使用刚度较小跨度较大的悬臂构件,可能会对外挂墙板引起不良影响。

外挂墙板按照围护结构进行设计。在进行结构设计计算时,不考虑分担主体结构所承受的荷载作用,只考虑直接施加于外墙上的荷载作用。竖向外挂墙板承受的作用包括自重、风荷载、地震作用和温度作用。建筑表面是非线性曲面时,可能会有倾斜的墙板,其荷载应当参照屋面板考虑,还有雪荷载、施工维修时的集中荷载。

(1)荷载组合效应。

持久设计状况:

当风荷载效应起控制作用时

$$S = \gamma_G S_{Gk} + \gamma_w S_{wk} \qquad (7.5)$$

当永久荷载效应起控制作用时

$$S = \gamma_G S_{Gk} + \psi_w \gamma_w S_{wk} \tag{7.6}$$

地震设计状况：

在水平地震作用下

$$S_{Eh} = \gamma_G S_{Gk} + \gamma_{Eh} S_{Ehk} + \psi_w \gamma_w S_{wk} \tag{7.7}$$

在竖向地震作用下

$$S_{Ev} = \gamma_G S_{Gk} + \gamma_{Ev} S_{Evk} \tag{7.8}$$

式中　S——基本组合的效应设计值；

　　　S_{Eh}——水平地震作用组合的效应设计值；

　　　S_{Ev}——竖向地震作用组合的效应设计值；

　　　S_{Gk}——永久荷载的效应标准值；

　　　S_{wk}——风荷载的效应标准值；

　　　S_{Ehk}——水平地震作用的效应标准值；

　　　S_{Evk}——竖向地震作用的效应标准值；

　　　γ_G——永久荷载分项系数,按《装配式混凝土结构技术规程》(JGJ 1—2014)第10.2.2节规定取值；

　　　γ_w——风荷载分项系数,取1.5；

　　　γ_{Ev}——竖向地震作用分项系数,取1.4；

　　　γ_{Eh}——水平地震作用分项系数,取1.4；

　　　ψ_w——风荷载组合系数,持久设计状况下取0.6,地震设计状况下取0.2。

进行外挂墙板平面外承载力设计时,γ_G 应取0；进行外挂墙板平面内承载力设计时,γ_G 应取1.3。进行连接节点承载力设计时,在持久设计状况下,γ_G 应取1.3；在地震设计状况下,γ_G 应取1.3。在永久荷载效应对连接节点承载力有利时,γ_G 应取1.0。

对外挂墙板进行持久设计状况下的承载力验算时,应计算外挂墙板在平面外的风荷载效应；当进行地震设计状况下的承载力验算时,除应计算外挂墙板平面外水平地震作用效应外,尚应分别计算平面内水平和竖向地震作用效应,特别是对开有洞口的外挂墙板,更不能忽略后者。

承重节点应能承受重力荷载、外挂墙板平面外风荷载和地震作用、平面内的水平和竖向地震作用；非承重节点仅承受上述各种荷载与作用中除重力荷载外的各项荷载与作用。在一定的条件下,旋转式外挂墙板可能产生重力荷载仅由一个承重节点承担的工况应特别注意分析。

计算重力荷载效应值时,除应计入外挂墙板自重外,尚应计入依附于外挂墙板的其他部件和材料的自重。计算风荷载效应标准值时,应分别计算风吸力和风压力在外挂墙板及其连接节点中引起的效应。对重力荷载、风荷载和地震作用,均不应忽略各种荷载和作用对连接节点的偏心在外挂墙板中产生的效应。外挂墙板及其连接节点的截面和配筋设计应根据各种荷载作用组合效应设计值中的最不利组合进行。

(2)地震作用。

计算水平地震作用标准值时,可采用等效侧力法,并应按下式计算:

$$F_{Ehk} = \beta_E \alpha_{max} G_k \tag{7.9}$$

式中 F_{Ehk}——施加于外挂墙板重心处的水平地震作用标准值;

β_E——动力放大系数,可取 5.0;

α_{max}——水平地震影响系数最大值,按表 7.1 采用;

G_k——外挂墙板的中立荷载标准值。

表 7.1 水平地震影响系数最大值

抗震设防烈度	6 度	7 度	7 度(0.15 g)	8 度	8 度(0.2 g)
α_{max}	0.04	0.08	0.12	0.16	0.24

7.2.2 预制内隔墙

装配式混凝土结构的内隔墙一般采用预制构件,常用的构件有轻质隔墙板、预制空心混凝土隔墙板等形式,其中轻质隔墙板采用企口拼装,上下采用轻钢预埋件与楼板固定,预制空心混凝土隔墙板采用空心制作方法减轻重量,与相邻结构构件采用钢筋或钢板预埋件连接,如图 7.20 所示。

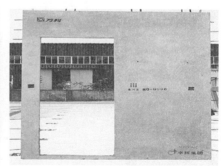

(a) 轻质隔墙板   (b) 预制空心混凝土隔墙板

图 7.20 预制内隔墙

7.2.3 预制装饰面

GRC 外墙装饰面,采用玻璃钢混凝土制品,解决了混凝土外墙表面形式和颜色单一问题,可替代传统的干挂理石外墙装饰,安全性、耐久性优势明显,如图 7.21 所示。

图 7.21 GRC 外墙装饰面

仅简单介绍上述采用预制混凝土构件,其他构件不再赘述。

第8章 装配式混凝土管廊结构设计

城市地下综合管廊是指在城市地下建造一个隧道空间,将电力、通信、热力、给水等各类工程管线集于一体,地上附着物为检修口、吊装口及通风口等设施,实施统一规划、统一设计、统一建设和管理,是保障城市运行的"主动脉",也是保障城市运行的重要基础设施和"生命线"。城市综合管廊示意图如图8.1所示。

图8.1 城市综合管廊示意图

8.1 国内外综合管廊应用情况

国外的综合管廊起源于欧洲,欧洲是世界上地下空间开发利用较先进的地区。法国从1833年巴黎开始,在系统规划排水网络的同时就开始兴建综合管廊,图8.2为巴黎市地下综合管廊图。英国于1861年在伦敦修建了第一条综合管廊,断面图如图8.3所示。该管廊宽12英尺(约3.6 m)、高约8英尺(约2.4 m),管廊含有水利、电力、通信管线以及污水、燃气管线,其特点为:综合管廊的产权为伦敦市政府所有,综合管廊燃气管道的位置是以出租的形式租给管线管理单位。

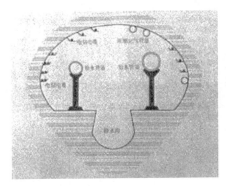

图 8.2　巴黎市地下综合管廊图

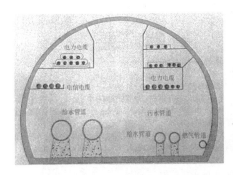

图 8.3　伦敦市地下综合管廊断面图

1890 年德国开始在汉堡修建地下综合管廊。瑞典斯德哥尔摩地下有综合管廊超过 30 km，因为其独特的地质条件管廊大部分建于岩层中，可兼做人防工程使用。俄罗斯的地下综合管廊非常发达，莫斯科地下有数公里长的综合管廊，除煤气管线外各种管线均有。20 世纪美国、西班牙、俄罗斯、日本、匈牙利等国也都开始兴建地下综合管廊。美国和加拿大虽然国土辽阔，但城市高度集中，城市公共空间用地矛盾仍十分尖锐。纽约的综合管廊系统规模较大，城市大型供水系统完全布置在综合管廊中。加拿大的多伦多和蒙特利尔也有十分发达的地下综合管廊系统。

国内早期的城市发展由于经济、技术等的限制，很多电线电缆架设在半空，燃气等地下管道设置比较浅，这些现状不可避免地严重影响城区改造以及城市的发展。而地下综合管廊的建设就可以有效解决马路反复开挖、架空线网密集、管线事故等城市发展顽疾，大大提升了城市保障供给能力和城市安全。

1985 年，北京天安门广场敷设了一条约 1 km 长的地下综合管廊。1977 年为配合毛主席纪念堂工程建设，又敷设了一条约 500 m 长的综合管廊。山西大同自 1979 年开始在一些新建的道路敷设综合管廊。但这些早期的管廊结构相对简单,容量也有限,是管廊的雏形。

上海世博园综合管廊总长度 6.4 km,成为 2010 年上海世博会永久性基础设施之一,主要包括现浇整体式和预制预应力两种形式,其中现浇整体式占比高达 6.2 km,预制预应力部分则占 200 m。世博园综合管廊采用等截面双舱构造,每个舱室宽 2.75 m,高 3.2 m,纳入了通信、电力、给水、热力、垃圾输送管,从经济技术和安全角度考虑,未将排水和燃气放在管廊中。上海世博园节段式综合管廊如图 8.4 所示。

图 8.4　上海世博园节段式综合管廊

装配式混凝土管廊是指在工厂分段浇筑成型,现场采用拼接工艺施工成整体的综合管廊,装配式地下综合管廊在近些年作为中国城市基础建设的一个特有名词频繁出现。本文主要介绍装配式混凝土管廊结构的设计方法与构造要求,并重点介绍装配叠合式综合管廊的结构设计方法。

8.2　综合管廊主要建造方式及特点

目前城市地下综合管廊主要有传统现浇式综合管廊、节段式综合管廊、预制装配式综合管廊,以及装配叠合整体式预制综合管廊,如图 8.5 所示。

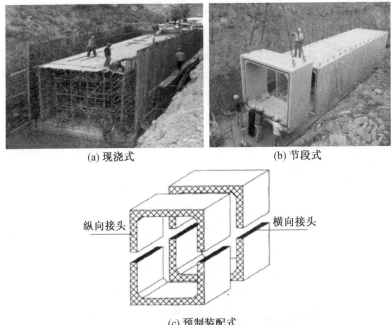

(a) 现浇式　　　　　　　　　　(b) 节段式

纵向接头　　　　　　　　横向接头

(c) 预制装配式

(d) 装配叠合整体式预制综合管廊

图 8.5　综合管廊形式

8.2.1　现浇式综合管廊

现浇式综合管廊是传统的综合管廊建造方式,结构刚度大,变形小,整体结构稳定性好,对地基承载能力要求较低。但开挖土方量较大,对基坑回填土质及回填方式要求较高。现场浇筑需要支模板、绑扎钢筋等传统施工方式,不仅工期长,投入的人力物力大,而且对城市环境造成污染。

8.2.2　节段式综合管廊

节段式综合管廊是目前国内综合管廊的主要建造方式,采用高精度钢模成型制作,专业化工厂质保体系健全,可保证产品在强度、耐久性方面具有一致性。但由于需运输起吊,节段式管廊节间长度不宜过长,这导致拼接缝的数量增多,接头防水问题目前在国内还没能够很好解决。且多数综合管廊为多仓,大型箱涵自重大,对吊装能力要求高,施工质量尤其是拼接精度不易保证,施工过程存在较大风险。

8.2.3　预制装配式综合管廊

预制装配式综合管廊的特点是将每一个节段再次拆分为多个部件,到现场再进行安装。上海世博园区综合管廊采用此种方式进行建造,通过预埋波纹管张拉预应力筋拼装而成。这种建造方式适当增大了单个节段的长度,对设计而言增加了断面形式的多样性,现场施工速度加快,但构件拼缝数量增多,对结构的受力与防渗性能而言是不利的。

8.2.4　装配叠合整体式预制综合管廊

2015 年哈工大课题组和黑龙江宇辉建设集团提出了装配叠合整体式综合管廊方式,采用叠合板式的装配式施工方法,将管廊的内外墙、顶板、底板拆分为单个构件,运输至施工现场进行装配式连接,装配叠合整体式综合管廊具有方便生产、运输与吊装的特点,管廊断面形式多样可满足不同功能需求,结构拼接缝少、防水性能高、整体性能好。

8.3　装配叠合整体式预制综合管廊研究与应用

8.3.1　装配叠合整体式预制综合管廊试点工程简介

国内首批试点工程之一哈尔滨市地下综合管廊试点项目,位于城市东部中心红旗大街区域,主要由红旗大街、南直路、长江路、宏图街等道路组成,建设长度 13.28 km,建筑时间 2015 年 10 月至 2016 年 7 月,为哈尔滨市地铁 3 号线和老旧管线改造区域,综合管廊将结合地铁和老旧管线改造同步实施。项目选取两通道综合管廊标准单元节段,结构体系采用叠合整体式混凝土结构,预制率80%,为国内首个采用叠合整体式方式建造的管廊结构。哈尔滨市地下综合管廊试点项目剖面图,如图 8.6 所示,建造过程如图 8.7 所示。

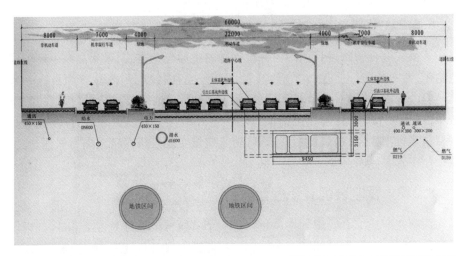

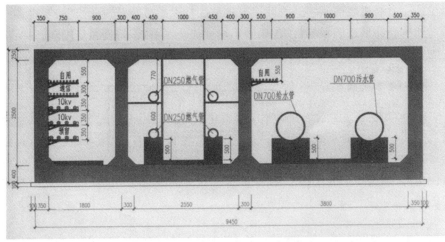

图 8.6　哈尔滨市地下综合管廊试点项目剖面图

(a) 顶板　　　　　　　　　　(b) 竖墙

图 8.7　哈尔滨市地下综合管廊建造过程

(c) 运输　　　　　　　　　(d) 安装

(e) 单仓　　　　　　　　　(f) 多仓

(g) 高低仓

续图 8.7

(h) 顶板吊装

(i) 建成

续图 8.7

8.3.2　装配叠合整体式预制综合管廊试验研究

叠合整体式预制综合管廊具有构件重量轻、整体性好、拼缝数量少、防水性能好、断面形式多样等优点,可以进行标准化设计,方便生产、运输、吊装施工。

2015 年,以哈尔滨市城市地下综合管廊工程为背景,为了研究叠合整体式预制综合管廊的构件连接和结构整体性能,以"钢筋环插筋连接"和"钢筋约束搭接连接"为核心技术,分别进行了叠合整体式预制综合管廊节点与整体结构的试验研究。

按照工厂标准叠合加工制作,按实际条件进行运输、吊装和连接施工,并进行考虑实际工程条件土侧压力和顶板覆土、车辆荷载作用下的足尺静载试验及防水性能试验,以验证方案的整体受力性能、施工工法及防水抗渗性能。

试验模型取自工程标准的两仓管廊截面(图 8.8),分别采用底板现浇、竖墙预制与底板钢筋采用约束搭接连接,以及底板和竖墙全部预制并采用约束搭接连接。

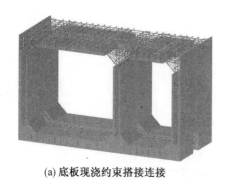 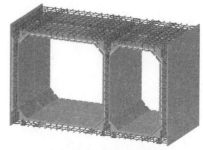

(a) 底板现浇约束搭接连接 　　(b) 全部预制钢筋环插筋连接

图8.8 叠合整体式综合管廊结构构件连接形式

1. 节点试验

节点连接受力性能试验构件选取上、下 L 形边角节点和 T 形中节点为研究对象,采用钢筋环插筋连接和约束搭接连接为节点连接方法,并设计了 3 种加腋形式,如图 8.9 所示。

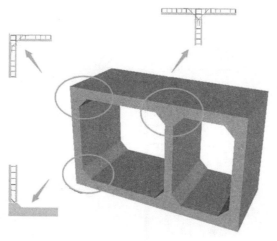

图8.9 装配叠合整体式综合管廊

根据地下综合管廊实际受力特点,对 L 形边角节点采用斜置加载方式,模拟边角节点压弯受力形式。T 形中节点以液压千斤顶施加水平力模拟轴力,通过竖向液压千斤顶施加竖向荷载,如图 8.10 所示。L 形试件试验图如图 8.11 所示;T 形试件试验图如图 8.12 所示。

节点试验表明,采用新型后浇混凝土连接的"约束钢筋搭接连接"和"钢筋环插筋连接"装配叠合节点,相比现浇节点的破坏模式相同、承载力相当、延性稍好,试验和分析充分证明,新型装配叠合式连接方法是安全可靠的。

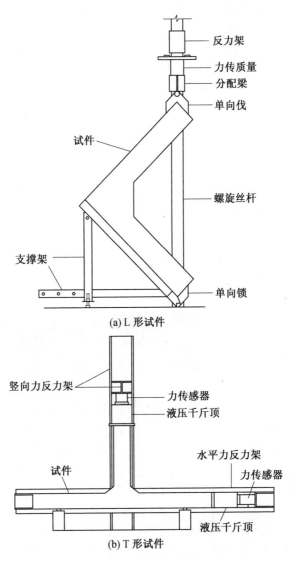

(a) L 形试件

(b) T 形试件

图 8.10　试件加载装置

(a) 无加腋　　　　　　(b) 加腋 150 mm　　　　　　(c) 加腋 300 mm

图 8.11　L 形试件试验图

(a) 无加腋　　　　　　　　　　(b) 加腋 150 mm

图 8.12　T 形试件试验图

2. 整体模型试验

整体模型试验选取了拟建综合管廊的两仓纵向拼接节点宽 0.4 m 及两侧各 1.0 m 宽度为研究对象,根据管廊周边实际边界条件和受力特点进行简化,提出合理的试验方案,并建立其有限元模型,采用有限元分析的方法进一步研究其受力性能,具体的研究内容包括:

(1)根据研究目标和试验条件提出合理的模型试验单元。

(2)研究探索综合管廊混凝土构件拆分、制作及连接方法。

(3)提出完整的试验方案,包括加卸载方案及量测方案。

(4)进行从初始状态到加载至荷载标准值及设计值作用下的加载试验,并量测各级荷载作用下管廊顶板、底板及混凝土墙的荷载−挠度变形、钢筋和混凝土应变等,考察管廊的整体受力性能,并验证拆分和施工方法的有效性。

（5）预制混凝土综合管廊由于构件的拆分，在连接节点处形成了施工缝，因此节点的防水抗渗能力是决定其使用性能的关键问题之一，故本次试验时在节点连接区域设置水管，以模拟地下水作用，验证管廊的防水抗渗性能。

（6）采用SAP2000对试验模型进行有限元分析，将分析结果与试验结果进行比较验证，在此基础上采用有限元分析的方法，对管廊受力性能进行进一步分析。

通过本次试验研究和理论分析，对提出的叠合装配式综合管廊的拆分方法、施工方法、整体受力性能及防水性能的合理性和有效性进行验证。

根据设计要求，管廊顶部距地面埋深 3 m，填土的容重取 $\gamma_s = 18$ kN/m^3，地面活荷载取最大消防荷载 $q = 10$ kN/m^2，地下水位位于地表以下 3 m 处，与管廊顶部等高，水容重为 $\gamma_w = 10$ kN/m^3。混凝土强度等级 C40，钢筋强度等级 HRB400，混凝土保护层厚度迎水面 50 mm，其他 20 mm。管廊荷载及埋深图如图 8.13 所示。

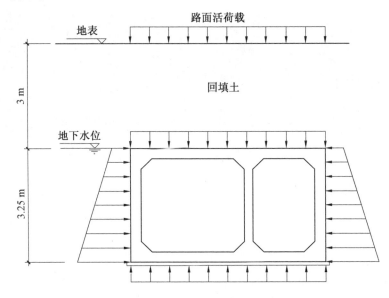

图 8.13　管廊荷载及埋深图

叠合整体式预制混凝土地下综合管廊整体模型试验，根据管廊周边实际边界条件和受力特点进行简化，提出合理的试验方案，并建立其有限元模型，采用有限元分析的方法进一步研究其受力性能。原型结构断面形式为 5.50 m× 3.25 m。

经 SAP2000 结构分析软件建模分析管廊内力,管廊弯矩图如图 8.14 所示。

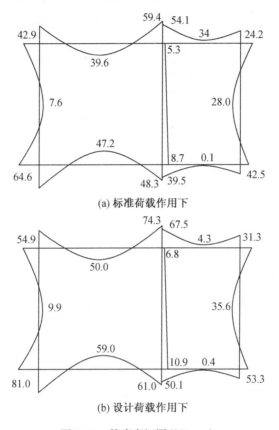

(a) 标准荷载作用下

(b) 设计荷载作用下

图 8.14　管廊弯矩图(kN · m)

选取拟建综合管廊的典型断面中含有较大跨度的其中两仓截面,纵向拼接节点宽 0.4 m 及两侧各 1.0 m 宽度为研究对象,原型结构断面形式为 5.50 m×3.25 m,混凝土强度等级为 C40,结构迎水面保护层厚度为 50 mm,其余为 20 mm,裂缝宽度限值 0.2 mm。设计院按照现浇结构设计的断面尺寸及配筋图如图 8.15 所示。

原设计配筋图中,按照相关要求,构件钢筋需要在相邻构件中弯折锚固,这造成配筋复杂、浪费,按照钢筋环插筋连接的基本方法进行优化改进,每段构件的配筋都取两侧较大直径钢筋,并采用一根钢筋弯折形成钢筋环,钢筋环在节点处相交,并在相交区域插入纵向钢筋,形成钢筋环插筋连接。这样的优化虽然取用了每侧较大的钢筋直径,但减少了弯折延长锚固,经测算优化后的配筋比原配筋用量有一定量的减少,而且大大增加了施工便捷性,如图 8.16 所示。

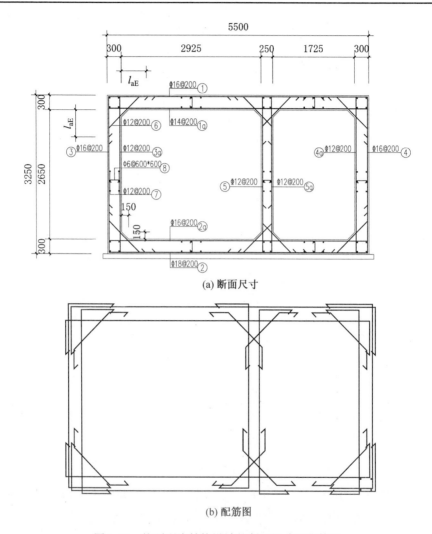

(a) 断面尺寸

(b) 配筋图

图 8.15　按照现浇结构设计的断面尺寸及配筋图

　　整体模型由黑龙江省宇辉建设集团按照模型设计图进行施工制作。首先进行顶板、底板及竖墙的模板制作及钢筋绑扎，各叠合板构件制作完成后进行试验现场吊装，然后进行后浇带混凝土的浇筑，后浇混凝土同样采用蒸汽养护。如图 8.17 所示。

　　整体模型试验采用穿心千斤顶张拉钢绞线施加预应力及二级分配梁的方式进行三分点加载，后浇带的防水性能在管廊纵向连接后浇带区域铺设水管，并在顶板、底板及侧墙迎水面处设置出水点，以模拟地下水对管廊的渗透作用。试验的加载装置示意图及实物图，如图 8.18、图 8.19 所示。

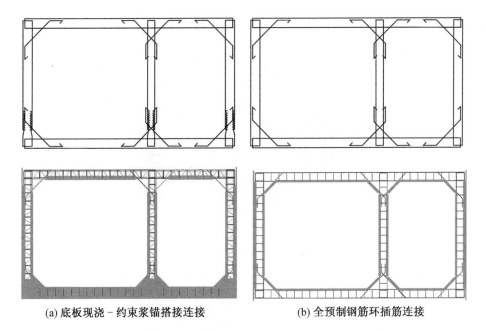

(a) 底板现浇－约束浆锚搭接连接　　　　　　(b) 全预制钢筋环插筋连接

图 8.16　整体模型设计优化配筋图

图 8.17　整体模型制作

整体模型受力性能试验采用穿心千斤顶施加预应力的方式对结构施加荷载,从初始状态分 5 级逐级加载到荷载标准值组合,然后继续分两级加载到荷载设计值组合,荷载标准值组合和设计值组合时持荷 30 min,最后加到破坏荷载。整体模型加载程序见表 8.1。

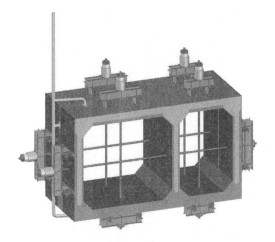

图 8.18　试验加载装置示意图

图 8.19　试验加载装置实物图

表 8.1　整体模型加载程序

序号	加载状态	顶板 1/kN		顶板 2/kN		外侧墙/kN		持荷/min
		总压力	分压力	总压力	分压力	总压力	分压力	
0	初始状态	0	0	0	0	0	0	0
1		90	45	53	26	61	31	5
2		180	90	106	53	122	61	5
3		270	135	159	79	184	92	5
4		359	180	212	106	245	122	5
5	恒荷活荷标准值	449	225	265	132	306	153	30
6		498	249	294	147	339	169	5
7	恒荷活荷设计值	546	273	322	161	372	186	30

　　达到荷载标准值组合时跨度较大的顶板最大挠度仅为其净跨度的
1/3 360,跨度较小的顶板仅约为其净跨度的万分之一。达到荷载设计值组合
时,跨度较大的顶板为 1/2 300,而跨度较小的顶板的最大竖向位移的变化则可
基本忽略。表明管廊结构顶板即使在较大荷载下其位移反应依然不大,顶板刚
度较大受力性能较好。大跨度顶板的挠度曲线较平缓,出现跨度较小顶板的位
移一直较小,跨中位移则较小的反拱现象。加载挠度曲线如图 8.20 所示。

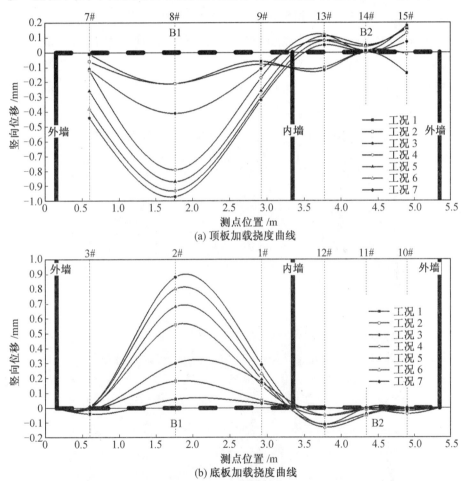

(a) 顶板加载挠度曲线

(b) 底板加载挠度曲线

图 8.20　加载挠度曲线

　　采用 SAP2000 对设计的试验模型进行分析,得到的结构整体变形图与试
验实测结果趋势基本一致,最大位移峰值位置也基本对应。结构整体变形模拟
如图 8.21 所示。

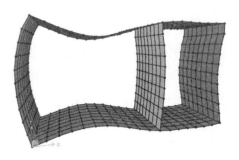

图 8.21　结构整体变形模拟

　　试验过程中在荷载达到标准值组合及设计值组合时均进行了 30 min 的持荷,并在此期间进行了裂缝观测,采用显微镜对混凝土裂缝进行观测和量测。顶板及底板上微裂缝的最大裂缝宽度约为 0.10 mm,大多裂缝宽度在 0.07 mm 左右。混凝土裂缝宽度如图 8.22 所示。

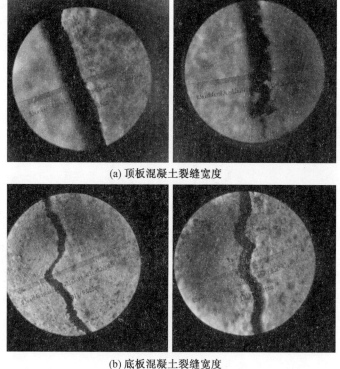

(a) 顶板混凝土裂缝宽度

(b) 底板混凝土裂缝宽度

图 8.22　混凝土裂缝宽度

　　试验中在上下底板及外墙的后浇带处安设了 3 m 高的水管,经长时间观察未发现管廊有渗水现象,其防水性能较好。

叠合整体式预制综合管廊整体模型试验研究表明,加载到荷载设计值时,管廊构件跨中最大挠度、最大裂缝宽度满足设计要求;加载到两倍荷载设计值时,整体及连接部位未发生弯剪破坏,表明装配叠合式管廊具有良好的整体受力性能和较高的安全储备;防水试验表明,构件接缝处未发生渗水现象,防水性能满足使用要求。试验方案及结论可供工程结构设计参考。

3. 结论与建议

试验选取位于哈尔滨市红旗大街区域拟建的地下综合管廊为研究对象,根据设计图纸对原结构配筋进行了优化,按照装配叠合整体式方法进行构件拆分和连接设计,完成了叠合装配整体式的管廊构件的制作和安装。进行了叠合装配整体式地下综合管廊的节点试验和足尺模型受力性能试验及防水性能试验,验证了叠合整体式综合管廊混凝土构件拆分、制作的可行性,以及连接的可靠性。试验和分析结果表明,叠合整体式综合管廊的构件拆分、制作和连接方法可行,叠合整体式综合管廊具有良好的整体受力性能和防水抗渗性能,满足设计要求。

8.4　装配叠合整体式预制综合管廊结构设计

为贯彻落实《国务院办公厅关于推进城市地下综合管廊建设的指导意见》(国办发〔2015〕61 号)和《黑龙江省人民政府办公厅关于加快推进全省城市地下综合管廊建设的通知》(黑政办发〔2016〕57 号)以及《国务院办公厅关于大力发展装配式建筑的指导意见》(国办发〔2016〕71 号)文件精神,遵循有利于节约资源、减少施工污染、提升劳动生产率和提高质量的原则,哈工大课题组会同哈尔滨市市政工程设计院、黑龙江宇辉新型建筑材料有限公司等有关单位共同编制了黑龙江省地方标准《叠合整体式预制综合管廊工程技术规程》(DB 23/T 2278—2018)。该规程结合黑龙江省气候严寒、施工工期短的实际,在参考国家及各省相关规范,调研有关企业的产品、技术标准以及工程实践经验,改进了综合管廊建造方式,进行了试验验证,在广泛征求意见的基础上编制而成。

规程的编制是为了推广叠合整体式预制装配式技术在城市地下综合管廊建设中的应用,促进市政工程建设的产业现代化发展,做到安全适用、技术先进、经济合理、提高质量、节能减排,便于施工和维护。规程适用于黑龙江省叠合整体式预制综合管廊工程的设计、构件制作、施工及验收。叠合整体式预制综合管廊工程的设计、构件制作、施工及验收,除应符合本规程规定外,尚应符合现行国家和黑龙江省有关标准、规范的规定。

8.4.1　基本规定

装配式综合管廊的设计应采取有效措施加强结构的整体性;宜采用高强混凝土、高强钢筋;节点和接缝应受力明确、构造可靠,并应满足承载力、变形、裂缝、耐久性等要求。

装配式综合管廊应在综合评价综合管廊的目的、周边环境、施工条件和经济性等因素后确定构造形式;装配式综合管廊纵向节段的尺寸及重量不应过大,在构件设计阶段应考虑到节段在吊装、运输过程中受到的车辆、设备、安全交通等因素的制约,并根据限制条件综合确定;管段的连接应确保构造上的安全性和防水效果,管廊的构件应设置接头。装配式综合管廊的连接部位宜设置在结构受力较小的部位,具体连接方式应符合现行行业标准《装配式混凝土结构技术规程》(JGJ 1—2014)的规定。有可靠研究与应用验证时,装配式综合管廊结构也可采用预应力筋连接接头、螺栓连接接头或承插式接头。

叠合整体式预制综合管廊工程应以综合管廊工程规划为依据,并符合现行国家标准《城市综合管廊工程技术规范》(GB 50838—2015)的相关规定。

叠合整体式预制综合管廊的设计阶段应做好建设、设计、构件制作、施工、运营各方之间的协调工作,在构件设计时充分考虑预埋、预留等因素的影响。深化设计单位应提前介入施工图设计,重点是与建设单位、设计单位做好技术沟通工作且保证图纸完整,在保证综合管廊功能完整的前提下确保施工图设计有利于叠合整体式预制综合管廊的实施,同时深化设计单位应与构件制作、施工各方做好技术沟通,因为预制构件成型后后期无法修改。

叠合整体式预制综合管廊的设计应遵循少规格多组合的原则,并应符合现行国家标准《装配式混凝土建筑技术标准》(GB/T 51231—2016)的基本要求。少规格、多组合能够实现综合管廊的多样性,同时减少模板用量,提高生产、安装效率,有利于节约成本。

叠合整体式预制综合管廊的抗震设计应符合现行国家标准《建筑抗震设计规范》(GB 50011—2010)和《构筑物抗震设计规范》(GB 50191—2012)的要求。叠合整体式预制综合管廊的总体设计及管线、附属设施的设计、施工、验收应符合现行国家标准《城市综合管廊工程技术规范》(GB 50838—2015)的规定。叠合整体式预制综合管廊宜采用建筑信息模型(BIM)技术,实现全专业、全过程的信息化管理。

8.4.2　材料

叠合整体式预制综合管廊宜采用高性能混凝土,混凝土强度等级不宜低于

C35。预制混凝土叠合构件及叠合部位现浇混凝土应采用自防水混凝土,设计抗渗等级应符合现行国家标准《混凝土结构耐久性设计规范》(GB/T 50476—2019)、《地下工程防水技术规范》(GB 50108—2008)、《城市综合管廊工程技术规范》(GB 50838—2015)及其他相关规范的规定。叠合整体式预制综合管廊结构叠合式底板内应浇筑自密实混凝土,叠合式侧壁、中隔墙、顶板内宜浇筑自密实混凝土,自密实混凝土应符合现行行业标准《自密实混凝土应用技术规程》(JGJ/T 283—2012)的规定;当采用普通混凝土时,混凝土粗骨料的最大粒径不宜大于20 mm,并应有可靠措施控制后浇混凝土合理的流动性、泌水率及收缩性。

混凝土外加剂的选用应符合现行国家标准《混凝土外加剂应用技术规范》(GB 50119—2013)的相关规定,其技术性能应符合《混凝土外加剂》(GB 8076—2008)的有关规定。叠合式底板叠合层内不含桁架筋时,后浇混凝土内可考虑掺加化学纤维或钢纤维,以增加混凝土抗裂性能。叠合整体式预制综合管廊位于标准冻深范围内的混凝土抗冻等级不应低于F200。

钢筋的选用应符合现行国家标准《混凝土结构设计规范》(GB 50010—2010)的规定,主受力钢筋宜采用高强钢筋。叠合式受力构件吊装、临时支撑专用的预埋件及配套吊具所用的材料,应符合现行国家标准《混凝土结构设计规范》(GB 50010—2010)的规定。叠合式受力构件预埋的综合管廊管线支吊架、预埋件等需满足现行国家标准《混凝土结构设计规范》(GB 50010—2010)、《城市综合管廊工程技术规范》(GB 50838—2015)的有关规定。

叠合整体式预制综合管廊变形缝、施工缝处的橡胶或钢板止水带及密封材料应符合现行《地下工程防水技术规范》(GB 50108—2008)的规定。叠合整体式预制综合管廊结构外部防水材料设计及施工应符合《地下工程防水技术规范》(GB 50108—2001)及相关规范的规定。

8.4.3 结构设计一般规定

叠合整体式预制综合管廊工程设计应采用以概率理论为基础的极限状态设计方法,应以可靠指标度量结构构件的可靠度。除验算整体稳定外,均应采用含分项系数的设计表达式进行设计。分项系数的取值应满足国家规范《工程结构可靠性设计统一标准》(GB 50153—2008)及《建筑结构荷载规范》(GB 50009—2012)的有关规定。

叠合整体式预制综合管廊结构设计应考虑承载能力和正常使用两种极限状态。叠合整体式预制综合管廊的结构设计使用年限应满足《城市地下综合管廊工程技术规范》(GB 50838—2015)相关要求。根据国家现行标准《建筑结构可靠度设计统一标准》(GB 50068—2001)第1.0.4、第1.0.5条规定,普通房屋和构筑物的结构设计使用年限按照 50 年设计,纪念性建筑和特别重要的建筑结构,设计年限按照 100 年考虑。近年来以城市道路、桥梁为代表的城市生命线工程,结构设计使用年限均提高到 100 年或更高年限的标准。综合管廊作为城市生命线工程,同样需要把结构设计使用年限提高到 100 年。

叠合整体式预制综合管廊结构应根据设计使用年限和环境类别进行耐久性设计,并应符合现行国家标准《混凝土结构耐久性设计标准》(GB/T 50476—2019)的有关规定。

叠合整体式预制综合管廊结构工程应按地下结构进行抗震设计,并满足《建筑工程抗震设防分类标准》(GB 50223—2008)及《构筑物抗震设计规范》(GB 50191—2012)的有关规定。叠合整体式预制综合管廊的结构安全等级应为一级,结构中各类构件的安全等级宜与整体结构的安全等级相同。叠合整体式预制综合管廊结构,整体计算分析可按现浇混凝土结构的方法进行。

叠合整体式预制综合管廊结构构件的裂缝控制等级应为三级,结构构件的最大裂缝宽度限值不应大于 0.2 mm,且不得贯通。叠合整体式预制综合管廊结构应进行防水设计,防水等级标准不低于二级。综合管廊的地下工程不得漏水,结构表面可有少量湿滞。总湿滞面积不应大于总防水面积的 1/1 000;任意 100 m² 防水面积上的湿滞不超过一处,单个湿滞的最大面积不得大于 0.1 m²。变形缝、施工缝和预制构件接缝等部位宜加强防水措施,外露金属件应按所处环境类别进行防腐、防锈、防火处理,并应符合现行国家标准《混凝土结构耐久性设计标准》(GB/T 50476—2019)的有关规定。对埋设在设计抗浮水位以下的叠合整体式预制综合管廊结构,应根据设计条件计算结构的抗浮稳定,并满足《城市地下综合管廊工程技术规范》(GB 50838—2015)相关要求。

8.4.4　结构上的作用及分析

当综合管廊位于绿化带或人非混合车道下方时,叠合整体式预制综合管廊结构上的作用,应符合现行国家标准《建筑结构荷载规范》(GB 50009—2012)的有关规定。当综合管廊位于机动车道下方时,叠合整体式预制综合管廊结构上车辆荷载的取值,应符合现行国家标准《城市桥梁设计规范》(CJJ 11—2011)的有关规定。结构设计时,综合管廊上方的荷载应根据道路等级进行取值,同时需考虑荷载分项系数、温度应力等问题。

结构主体及收容管线自重可按结构构件及管线设计计算确定。常用材料及其制件的自重可按现行国家标准《建筑结构荷载规范》(GB 50009—2012)的规定采用。

装配式综合管廊结构可采用与现浇混凝土结构相同的方法进行结构分析,地震设计状况下宜对现浇抗侧力在地震作用下的弯矩和剪力进行适当放大。

在预制构件之间及预制构件与现浇及后浇混凝土的接缝处,当受力钢筋采用安全可靠的连接方式,且接缝处新旧混凝土之间采用粗糙面、键槽等构造措施时,结构的整体性能与现浇结构类同,设计中可采用与现浇结构相同的方法进行结构分析,并根据相关规定对计算结果进行适当的调整。对于采用预埋件焊接连接、螺栓连接等连接节点的装配式结构,应该根据连接节点的类型,确定相应的计算模型,选取适当的方法进行结构分析。叠合整体式预制综合管廊承载能力极限状态及正常使用极限状态的作用效应分析可采用弹性方法。计算模型宜采用闭合框架模型,在计算时应考虑到拼缝刚度对内力折减的影响。闭合框架计算模型如图 8.23 所示。

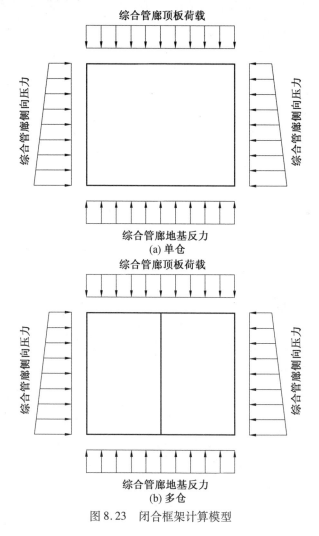

图 8.23　闭合框架计算模型

预制构件在制作、运输、堆放、安装等短暂设计状况下的荷载取值应符合现行国家标准《装配式混凝土结构技术规程》(JGJ 1—2014)、《混凝土结构设计规范》(GB 50010—2010)等有关规定。

8.4.5　结构构造

预制构件在工厂内生产,各类构件的保护层可根据实际生产质量控制水平进行适当减小,减小量不大于 5 mm。

叠合整体式预制综合管廊各类节点采用内框架的形式时,内框架柱截面厚度宜与侧壁同厚度,框架柱截面尺寸的种类宜标准化。实现框架柱与侧壁一起预制,实现节点全预制,框架柱截面尺寸统一易于组合多样化且可节约模具,提高产量,有利于节约成本。

叠合整体式预制综合管廊结构中设置腋角时,尺寸应统一且宜与底板、顶板同期预制,腋角钢筋的设置应考虑施工、安装等因素。腋角预制可避免现场腋角二次制作,施工方便、有利于缩短工期及提高工程质量,且腋角尺寸统一有利于节约模具、节约成本。若受现场场地环境的限制,部分位置处的腋角需现浇,腋角现浇时宜采用工具式模板。叠合整体式预制综合管廊结构底板与侧壁角隅处附加钢筋的设置应考虑施工安装因素。叠合整体式预制综合管廊中的集水坑及盖板宜采用预制,且宜采用标准化设计。

各类管线受力较大的支墩宜采用现浇,且支墩、支架的设置应考虑叠合构件的模数及其连接等因素。支墩也可预制,避免现场支墩二次制作,施工方便、有利于缩短工期及提高工程质量,各类支墩间距宜与构件的模数相匹配,利于构件生产及现场安装。

综合管廊底板采用叠合整体式时,综合管廊内垫层宜与叠合式底板同期预制。综合管廊内垫层与叠合式底板同期预制可增加叠合式底板的重量,利于叠合式底板的抗浮,同时也可避免现场垫层二次制作、施工方便且利于缩短工期及提高工程质量。

综合管廊变形缝的间距应考虑叠合受力构件模数,且最大间距不应大于 35 m。当底板采用现浇时,综合管廊伸缩缝的最大间距不应大于 35 m。

8.4.6　构件连接设计

1. 一般规定

叠合式侧壁、中隔墙构件的单叶预制厚度不宜小于 50 mm,空腔净距不宜小于 200 mm。侧壁厚度不宜小于 350 mm,中隔墙厚度不宜小于 250 mm。叠合式顶板、底板构件的混凝土厚度不宜小于 50 mm,叠合式底板构件上宜设置混凝土支腿及排气孔,以保证混凝土浇筑密实。叠合式底板中宜设置混凝土支腿用于调整叠合式底板的标高,底板设置排气孔,避免浇筑混凝土时构件上浮。

每个叠合式底板构件支腿数量不应少于4个且布置在构件边缘,应保证每平方米有一个排气孔。

叠合整体式预制综合管廊结构构件中应设置格构钢筋,并应符合现行国家标准《装配式混凝土建筑技术标准》(GB/T 51231—2016)的相关规定。叠合整体式预制综合管廊各类叠合受力构件中,两侧受力钢筋及分布钢筋间距宜分别相同,不宜小于150 mm,且模数宜为50 mm。施工图设计及深化设计在保证结构安全、经济合理的前提下,应考虑安装因素,保证构件方便加工和安装,可采用BIM技术检查构件内钢筋碰撞问题。

叠合式侧壁、中隔墙、顶板之间的接缝宽度不宜小于40 mm,叠合式底板之间的接缝宽度不宜小于300 mm,接缝处现浇混凝土应浇筑密实。构件之间的接缝用混凝土原浆封缝利于保证质量,底板之间的拼缝为施工要求。

叠合式受力构件模数的确定须考虑变形缝间距,变形缝处构造做法应考虑施工因素。叠合式受力构件模数与伸缩缝间距相匹配,可以提高装配率,且综合管廊内各类预埋件、支墩、吊钩等设置也应考虑叠合受力构件的模数要求,顶板的预埋吊钩宜布置在构件之间的拼缝中。

2. 构造要求

当基础坡度较大、场地条件较差或易发生不均匀沉降时,宜采用叠合式侧壁与现浇混凝土底板连接的方式。当底板坡度较大时,底板浇筑自密实混凝土时冲击力比较大,底板一般采用现浇。

叠合式侧壁、中隔墙与底板或顶板连接,连接钢筋采用非约束搭接连接时,连接钢筋应逐根连接;连接钢筋在叠合式侧壁与中隔墙中的锚固长度不应小于$1.2l_{aE}$;连接钢筋的间距不应大于叠合式侧壁中竖向受力钢筋的间距,且不宜大于200 mm,连接钢筋的直径应考虑安装工艺影响导致截面有效高度h_0降低,经计算确定。

叠合式侧壁、中隔墙与底板或顶板连接,连接钢筋采用配置螺旋箍筋的约束搭接连接时,连接钢筋应逐根连接;连接钢筋的搭接长度不应小于l_{aE};配置约束螺旋箍筋的形式参见表8.2的要求。螺旋箍筋配置高度范围应不小于受拉钢筋的搭接长度,螺旋箍筋两端并紧的圈数不宜少于两圈,螺旋箍筋到构件边缘的净距不应小于15 mm,螺旋箍筋之间的净距不宜小于50 mm。约束螺旋箍筋最小配筋表见表8.2。

表8.2 约束螺旋箍筋最小配筋表

竖向钢筋直径/mm	14	16	18	20	22	25	28
约束螺旋箍筋	φ4@40	φ4@40	φ6@60	φ6@50	φ6@40	φ6@30	φ6@30
螺旋净内径D_{cor}/mm	80	80	90	100	110	120	120

注:查表时纵向钢筋直径取搭接钢筋中直径较大者

表中φ4@40指箍筋直径为4 mm,螺距为40 mm

　　当叠合式底板、顶板与叠合式侧壁、中隔墙连接处采用钢筋环插筋销接连接时,销接环内插入的销接连接纵筋不宜少于 4 根,且直径为形成销接环两种叠合受力构件的受力钢筋直径最大者。销接连接纵筋应伸入两端支座内,锚固长度需满足相关规范要求;当为单舱时,叠合式顶板、底板销接连接纵筋宜采用机械连接,连接接头需满足相关规范要求。

3. 连接节点

（1）底板与叠合式侧壁、中隔墙之间采用搭接连接时参考图 8.24 做法。

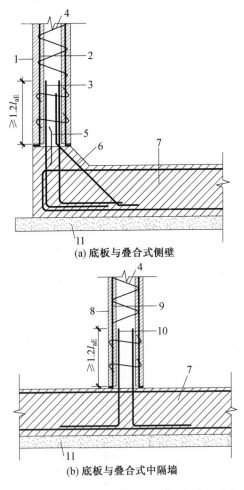

(a) 底板与叠合式侧壁

(b) 底板与叠合式中隔墙

图 8.24　底板与叠合式侧壁、中隔墙连接示意

1—叠合式侧壁;2—叠合式侧壁受力钢筋;3—叠合式侧壁连接钢筋;4—格构钢筋;5—钢板止水带;6—腋角附加筋;7—现浇底板或叠合式底板;8—叠合式中隔墙;9—叠合式中隔墙受力钢筋;10—叠合式中隔墙连接钢筋;11—垫层

（2）底板与叠合式侧壁、中隔墙连接采用约束搭接时参考图 8.25 做法。

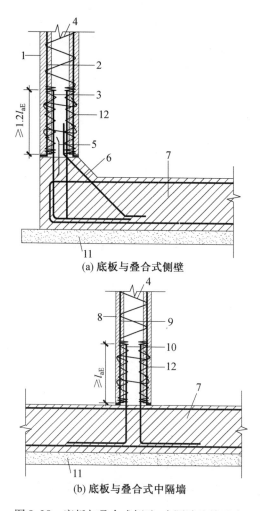

(a) 底板与叠合式侧壁

(b) 底板与叠合式中隔墙

图 8.25　底板与叠合式侧壁、中隔墙连接示意

1—叠合式侧壁；2—叠合式侧壁受力钢筋；3—叠合式侧壁连接钢筋；4—格构钢筋；5—钢板止水带；6—腋角附加筋；7—现浇底板或叠合式底板；8—叠合式中隔墙；9—叠合式中隔墙受力钢筋；10—叠合式中隔墙连接钢筋；11—垫层；12—螺旋箍筋

（3）叠合式底板与叠合式侧壁、中隔墙之间采用直接销接连接时可参考图8.26做法。

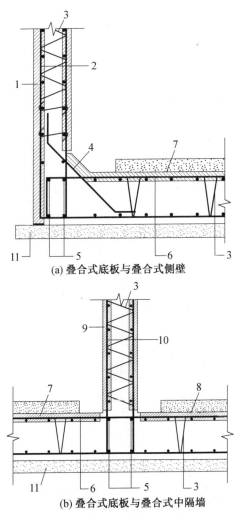

(a) 叠合式底板与叠合式侧壁

(b) 叠合式底板与叠合式中隔墙

图 8.26　叠合式底板与叠合式侧壁、中隔墙连接示意图

1—叠合式侧壁;2—叠合式侧壁受力钢筋;3—格构钢筋;4—腋角附加筋;5—销接连接纵筋;6—底板受力钢筋;7—叠合式底板一;8—叠合式底板二;9—叠合式中隔墙;10—叠合式中隔墙受力钢筋;11—垫层

（4）叠合式顶板与叠合式侧壁、中隔墙之间采用直接销接连接时参考图 8.27、图 8.28 做法。

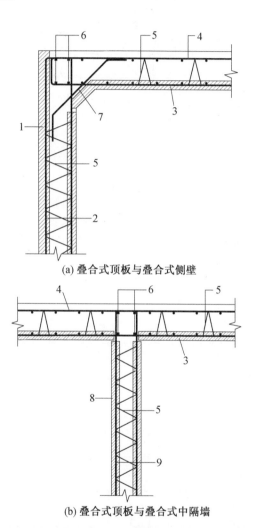

(a) 叠合式顶板与叠合式侧壁

(b) 叠合式顶板与叠合式中隔墙

图 8.27　叠合式顶板与叠合式侧壁、中隔墙连接示意图

1—叠合式侧壁;2—叠合式侧壁受力钢筋;3—叠合式顶板;4—叠合式顶板受力钢筋;5—格构钢筋;6—销接连接纵筋;7—腋角附加筋;8—叠合式中隔墙;9—叠合式中隔墙受力钢筋

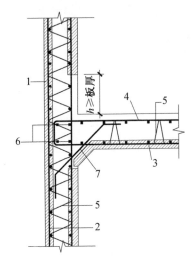

图 8.28　叠合式顶板与叠合式侧壁(高低跨)连接示意图

1—叠合式侧壁;2—叠合式侧壁受力钢筋;3—叠合式顶板;4—叠合式顶板受力钢筋;5—格构钢筋;6—销接连接纵筋;7—腋角附加筋;8—叠合式中隔墙;9—叠合式中隔墙受力钢筋

(5)叠合式底板之间采用销接连接时可参考图 8.29 做法。

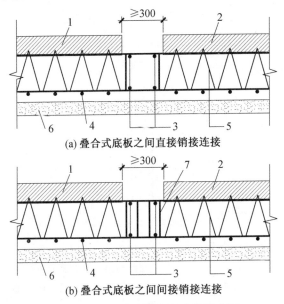

(a)叠合式底板之间直接销接连接

(b)叠合式底板之间间接销接连接

图 8.29　叠合式底板之间连接示意图

1—叠合式底板一;2—叠合式底板二;3—叠合式底板销接连接纵筋;4—叠合式底板受力钢筋;5—格构钢筋;6—垫层;7—销接连接环筋

（6）叠合式侧壁之间、叠合式中隔墙之间采用搭接连接时可参考图 8.30 做法。

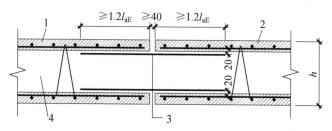

图 8.30　叠合式侧壁之间、叠合式中隔墙之间连接示意图
1—叠合式侧壁一、叠合式中隔墙一；2—叠合式侧壁二、叠合式中隔墙二；3—连接钢筋；
4—防水混凝土填实；h—侧壁、中隔墙厚度

（7）叠合式侧壁之间、叠合式中隔墙之间采用间接销接连接时可参考图 8.31 做法。

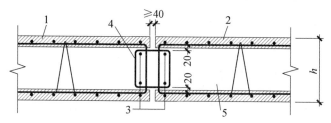

图 8.31　叠合式侧壁之间、叠合式中隔墙之间连接示意图
1—叠合式侧壁一、叠合式中隔墙一；2—叠合式侧壁二、叠合式中隔墙二；
3—叠合式侧壁、中隔墙销接连接纵筋；4—叠合式侧壁、中隔墙销接连接环
筋；5—防水混凝土填实；h—侧壁、中隔墙厚度

（8）叠合式顶板之间采用销接连接时可参考图 8.32 做法。

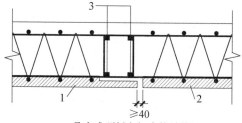

(a) 叠合式顶板之间直接销接连接

图 8.32　叠合式顶板之间连接示意图

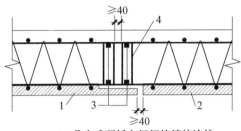

(b) 叠合式顶板之间间接销接连接

续图 8.32

1—叠合式顶板一;2—叠合式顶板二;3—叠合式顶板销接连接纵筋;4—销接连接环筋

8.4.7　构件制作、检验与运输堆放

1. 一般规定

叠合整体式预制综合管廊结构构件宜采用流水线形式生产,流水线上模具包括钢制底模具和侧模具。模具系统利于工厂化生产,其特点是质量易于保证、产量高。钢制底模具上的侧模具可采用玻璃钢、铝合金、高品质复合板等轻质材料制作。应对构件生产所需的原材料、模具等进行分类标识。在构件生产之前,应对员工进行专业技术操作技能的岗位培训,对各工序操作人员进行技术交底。

构件生产企业应建立构件标识系统,标识系统应满足唯一性要求。

2. 构件制作

模具组装完成后尺寸允许偏差应符合表 8.3 要求,净尺寸宜比构件尺寸缩小 1~2 mm,尺寸允许偏差可根据工程设计需要适当调整。

表 8.3　模具组装完成后尺寸允许偏差

测定部位	允许偏差/mm	检验方法
钢制底模具平整度	3	钢尺配合塞尺进行测量,取最大值
边长	±4	钢尺四边测量侧模具
对角线误差	5	侧模具组装后用钢尺测量两根对角线尺寸,取差值
侧模具间高差	3	钢尺两边测量取平均值

构件生产企业应依据构件详图进行综合管廊构件的制作,并应根据综合管廊构件种类、重量等特点制定相应的工艺流程,编制完整的构件制作计划书,对构件生产全过程进行质量管理和计划管理。

混凝土搅拌原材料计量误差应符合相关规范的规定,混凝土的强度、坍落度等各项指标直接影响构件的结构性能、质量及观感,混凝土应按照设计要求做配比试验,试验合格后方可批量生产。钢筋采用焊接连接时,钢材焊接的焊缝尺寸应满足设计要求,焊缝质量应符合现行国家标准的相关规定。预制构件内钢筋连接宜采用机械连接,并应符合现行行业标准《钢筋机械连接技术规程》(JGJ 107—2016)的规定。

叠合受力构件宜采用钢筋骨架和网片进行制作,钢筋骨架尺寸及安装位置允许偏差应符合表8.4 规定。

表8.4　钢筋骨架尺寸和安装位置偏差

序号	项目		允许偏差/mm	检查方法
1	钢筋骨架	长、宽、高	±10	每个骨架用钢尺检查4点
		端部各相邻偏差	10	钢尺检查
		垂直度	±10	
2	安装位置	间距	±10	
		端部外露各相邻偏差	±10	
		层距	±10	
		保护层厚度	±3	

注:表中保护层厚度的合格率点应达到90%以上,且不合格点不得有超过表数值1.5 倍的尺寸偏差

预埋件、预留孔洞应严格按构件详图安装,预埋件、预留孔洞位置的偏差应符合表8.5 的规定。

表8.5　预埋件、预留孔洞的允许偏差

项目			允许偏差/mm	检验方法
预埋件	螺旋箍筋	中心线位置	±10	钢尺检查
		安装垂直度	1/40	
	防雷接地、支撑点、吊点、槽道等	中心线位置	±10	
		外露长度	10	
	预留孔洞	中心线位置	±10	
		尺寸	10	

混凝土浇筑前,应逐项对模具、垫块、钢筋、预埋件、预留孔洞等尺寸、位置进行检查验收,并做好隐蔽工程记录。应严格按照技术要求做好隐蔽工程检查,这是保证预制构件满足结构性能的关键质量控制环节。

综合管廊预制构件采用卧式加工工艺,混凝土浇筑时宜采用振动平台进行振捣。综合管廊预制构件养护宜采用养护窑进行养护,并应严格按照养护制度

进行温度控制。养护条件达到设计要求时可采用其他养护形式,养护时间应按照养护制度的规定进行控制,这对于有效避免构件的温差收缩裂缝,保证产品质量非常关键。如果条件许可,构件也可以采用常温养护。

综合管廊预制构件脱模起吊时,同条件养护试块抗压强度不应低于设计强度的75%,构件起吊应平稳,宜采用专用的吊装工具进行吊装。平模工艺生产的大型预制构件宜采用翻板机翻转直立后再行起吊。对于设有较大洞口的构件,脱模起吊时应进行加固,防止扭曲变形造成的开裂。混凝土粗糙面的质量应满足国家现行相关规范执行。

3. 构件检验

综合管廊预制构件尺寸的允许偏差和检验方法应符合表 8.6 的规定。允许偏差可根据工程设计需要适当进行控制。

表 8.6　构件尺寸的允许偏差和检验方法

项　目	允许偏差/mm	检验方法
长度	±10	钢尺量一端及中部,取其中较大值
宽度	±8	
高(厚)度	5	
对角线差	10	钢尺量两个对角线
表面平整度	8	2 m 靠尺和塞尺检查

综合管廊预制构件外观不应有严重缺陷,且不宜有一般缺陷。对一般缺陷,应按技术方案处理,并应重新检测。处理方案详见表 8.7。

表 8.7　构件合格品判定及处理方案

项目	内容	合格品判定	缺陷类别	处理方案	检查依据与方法
设计	构件不满足设计要求	不合格	严重缺陷	废弃	设计图纸
钢筋	构件内钢筋直径小	不合格		废弃	卡尺测量
混凝土	叠合式侧壁、叠合式中隔墙厚度不满足设计要求	不合格		废弃	钢尺测量
	裂缝宽度不大于 0.2 mm,且裂缝长度不超过 300 mm	合格	一般缺陷	修补	卡尺测量

注:修补可用不低于混凝土设计强度的专用修补浆料修补或用环氧树脂浆料修补

不合格构件应用明显标志在构件显著位置,不合格构件应远离合格构件区域,可修复的构件经修复且经检验合格后放置于合格构件区域。

4. 构件运输与堆放

应制定综合管廊预制构件的运输计划及方案,包括运输时间、次序、堆放场地、运输线路、固定要求、堆放支垫及成品保护措施等内容。对于超高、超宽、形状特殊的综合管廊预制构件的运输和堆放应采取专门质量安全保证措施。

综合管廊预制构件运输时,运输宜选用矮平板车,车上应设有专用架,且有可靠的稳定措施;综合管廊预制构件场内运输时的混凝土强度,当设计无具体规定时,不得低于同条件养护的混凝土设计强度等级值的 75%;综合管廊预制构件支承的位置和方法,应根据其受力情况设计确定,不得造成综合管廊预制构件损伤;综合管廊预制构件装运时应连接牢固,防止移动或倾倒;对构件边缘或与链索接触处应采用衬垫加以保护。叠合式侧壁构件可选择采用插放架、靠放架直立堆放;也可水平叠放在垫木上,叠放层数不宜大于 5 层,且每堆叠合式侧壁至少用两道紧绳器与车辆固定。叠合式顶板构件(或叠合式底板)在运输过程中可使用一个或多个支架,水平叠放在垫木上进行水平装运,垫木垫放的位置垂直于构件中格构钢筋的方向,每堆构件下至少设置两道垫木,且每堆构件至少用两道紧绳器与车辆固定。

施工现场堆放的构件,宜按照安装顺序分类堆放,堆垛宜布置在调运机械设备工作范围内且不受其他工序施工作业影响的区域。综合管廊预制构件运输至现场后,堆放场地应平整、坚实,并应有排水措施;堆放预制构件的垫木或垫块应坚实;预埋吊件向上,标识宜朝向堆垛间的通道;重叠堆放构件时,每层构件间的垫木或垫块应在同一垂直线上;堆垛层数应根据构件与垫木或垫块的承载能力及堆垛的稳定性确定,必要时应设置防止构件倾覆的支架。

8.4.8　安装与施工

1. 一般规定

预制构件、安装用材料及配件等应符合设计要求及相关标准规定。预制构件、安装用材料及配件进场验收应符合现行国家标准《混凝土结构工程施工质量验收规范》(GB 50204—2015)、《装配式混凝土建筑技术标准》(GB/T 51231—2016)、《预制装配整体式房屋混凝土剪力墙结构技术规程》(DB23/T 1813—2016)及产品应用技术手册等标准的有关规定。确保预制构件、安装用材料及配件进场的产品品质。

当综合管廊采用带水平支撑的支护形式时,综合管廊基槽的支护支撑系统应考虑预制构件模数。构件模数与基槽支护系统中的支撑间距模数匹配可以方便构件安装,有利于提高安装效率,缩短工期。

预制构件的安装除应符合本规范要求外,尚应符合现行国家标准的规定。如叠合整体式预制综合管廊结构基坑回填时无法两侧同时进行,设计时应考虑单侧土压力引起的结构整体稳定(倾覆、滑移等)问题。当叠合整体式预制综合管廊需进行冬期施工时,应符合现行国家标准《建筑工程冬期施工规程》(JGJ/T 104—2011)的相关规定。综合管廊的防水施工应满足现行国家相关规范的规定。

2. 准备工作

综合管廊施工前应编制叠合整体式预制综合管廊的专项施工方案。叠合整体式预制综合管廊专项施工方案应本着节省资源、节省人工、提高质量、缩短工期的原则制定专项施工方案。

施工单位应根据叠合整体式预制综合管廊结构工程施工特点,对管理人员及作业人员进行专项培训。叠合整体式预制综合管廊结构施工具有其固有特性,应设立与装配施工技术相匹配的项目部机构和人员,装配施工对不同岗位的技能和知识要求区别于以往的传统施工方式要求,需要配置满足装配施工要求的专业人员,且在施工前应对管理人员及作业人员进行专项培训。

叠合整体式预制综合管廊结构工程正式施工前,宜选择有代表性的单元或部分进行试安装,并按完善后的工艺组织施工。为避免由于设计或施工缺乏经验造成工程实施障碍或损失,保证叠合整体式预制综合管廊结构施工质量,并不断摸索和累积经验,特提出应通过试安装进行验证性试验。叠合整体式预制综合管廊结构试安装可发现构件安装中的问题,并及时进行调整,保证方案实施的可行性及后续各项工作的顺利开展。

安装前的准备工作包括检查预制构件型号、数量及预制构件外观的质量;底板采用现浇方式时,按设计要求检查连接钢筋,其位置偏移量不得大于±10 mm。将所有连接钢筋调正扶直,清除表面浮浆。

3. 安装施工

叠合式底板、侧壁、中隔墙、顶板安装施工工艺流程应符合专项施工方案的要求。技术人员宜根据叠合整体式预制综合管廊结构技术特点,同时结合施工现场条件编制专项施工方案,满足吊装工艺简单、经济高效的要求。

应根据预制构件形状、尺寸及重量等参数配置吊具。吊装时吊索水平夹角不宜小于60°,且不应小于45°;对尺寸较大或形状复杂的预制构件,宜采用有分配梁或分配桁架的吊具。技术人员应根据预制构件形状、尺寸及重量等参数配置专业的吊具,特别是对尺寸较大或形状复杂的预制构件更应根据构件的特点,采用专用吊具,保证构件吊装时安全、稳定、高效。

叠合式底板安装时,应严格控制垫层上的构件外轮廓线及叠合式底板支腿的高程控制标高垫块;构件起吊时,对于宽度小于8 m的可采用4点起吊,宽度大于或等于8 m的应采用8点起吊。

叠合式侧壁(或叠合式中隔墙)安装时,应严格按垫层上的叠合式侧壁外轮廓线(或底板钢筋上中隔墙外轮廓定位线)和高程控制标高垫块(或含有止水环的钢筋支腿)进行安装;构件带斜撑进行吊装,每块构件不少于 2 套,安装就位后应按专项方案要求调整斜撑,斜撑就位后方可松开吊钩;后浇混凝土强度达到设计或施工方案规定要求后方可拆除斜撑。

施工现场应按照专项施工方案布置工具式支撑,叠合式顶板安装之前应检验叠合式顶板龙骨顶标高是否满足本规范的要求,确认满足要求后方可吊装叠合式顶板,待后浇混凝土同条件养护试件抗压强度满足要求后方可拆除工具式支撑。对于叠合式顶板的安装,叠合式顶板按构件外轮廓线挂线安装;垂直支撑宜采用工具式直撑,直撑的纵距、横距应按专项方案要求设置,其上主梁宜采用工具式龙骨,吊装叠合式顶板前龙骨顶标高调整到板底设计标高;构件起吊时,对于宽度小于 8 m 的可采用 4 点起吊,宽度大于或等于 8 m 的应采用 8 点起吊。

连接钢筋绑扎时,叠合式底板与叠合式侧壁(或中隔墙)连接销接钢筋宜在构件两端绑扎固定;连接销接钢筋当直径大于 16 mm 时宜选用机械连接,其他为搭接连接;连接用箍筋宜选用焊接箍筋。现场按照施工图、深化设计方案图纸及专项安装方案绑扎钢筋,注意钢筋绑扎的先后顺序,连接纵向钢筋之间的接头需满足规范要求。

综合管廊主体变形缝处止水带及防水做法应按照国家现行有关规范执行。

4. 后浇混凝土施工

混凝土浇筑前应进行检查,检查项目应包括连接钢筋的连接方式、接头位置、接头数量、接头面积百分率、搭接长度等;预埋件的规格、数量、位置。

混凝土浇筑施工时,后浇筑混凝土强度等级应符合设计要求;预制构件叠合面应清理干净并洒水充分润湿;叠合式侧壁浇筑前应根据试验报告,结合现场情况确定浇筑开始时间;叠合式侧壁内后浇混凝土宜分层连续浇筑,每层浇筑高度、浇筑速度严格按专项方案执行。

应用目测法观测叠合式底板排气孔和构件接缝处的混凝土溢出状况来检查混凝土浇筑密实度,可采用锤击法或其他方式检查叠合式侧壁混凝土浇筑密实度。

临时支撑系统拆除时,混凝土强度应符合现行国家标准《混凝土结构工程施工规范》(GB 50666—2011)的规定和设计文件要求。垂直支撑拆除应符合专项方案要求,后浇混凝土同条件养护试件抗压强度应符合表 8.8 的规定。

表 8.8　垂直支撑拆除时后浇混凝土的抗压强度要求

构件跨度 L/m	达到设计混凝土强度等级值的百分率/%
$L \leqslant 3$	$\geqslant 50$
$3 < L \leqslant 8$	$\geqslant 75$

8.4.9　质量验收

1. 一般规定

叠合整体式预制综合管廊施工应按现行国家标准《城市综合管廊工程技术规范》(GB 50838—2015)和相关规范的有关规定进行质量验收。叠合整体式预制综合管廊的相关配套等分部工程应按国家现行有关标准进行质量验收。

叠合整体式预制综合管廊结构工程应按混凝土结构子分部工程进行验收。叠合整体式预制综合管廊结构构件部分应按混凝土结构子分部工程的分项工程验收;当结构中部分采用现浇混凝土结构形式时,现浇部分综合管廊结构构件部分应按现浇混凝土结构子分部工程的分项工程验收。

预制构件生产企业对其生产构件应提供构件质量证明文件和检验报告。进场质量验收应符合现行国家标准《混凝土结构工程施工质量验收规范》(GB 50204—2015)的有关规定。

叠合整体式预制综合管廊结构连接节点及叠合受力构件浇筑混凝土前,应进行隐蔽工程验收。隐蔽工程验收应包括混凝土粗糙面的质量,钢筋的牌号、规格、数量、位置、间距、箍筋弯钩的弯折角度及平直段长度,钢筋的连接方式、接头位置、接头数量、接头面积百分率、搭接长度、锚固方式及锚固长度,预埋件及预留管线的规格、数量、位置,预制构件之间及预制构件与后浇混凝土之间隐蔽的节点、接缝,伸缩缝处防水构造做法,其他隐蔽项目。

叠合整体式预制综合管廊结构焊接、螺栓等连接用材料的进场验收应符合现行国家标准《钢结构工程施工质量验收规范》(GB 50205—2020)的有关规定。叠合整体式预制综合管廊的结构构件采用螺栓连接时,螺栓、螺母、垫片等材料的进场验收应符合现行国家标准的有关规定。施工时应分批逐个检查螺栓的拧紧力矩,并做好施工记录。

叠合整体式预制综合管廊结构验收时,除应按现行国家标准《混凝土结构工程施工质量验收规范》(GB 50204—2015)的要求提供文件和记录外,尚应提供通过图审机构审查的工程设计文件、预制构件深化设计图及设计变更,预制构件、主要材料及配件的质量证明文件、进场验收记录、抽样复验报告,装配式结构构件的安装验收记录,钢筋及接头的试验报告,后浇混凝土工程施工记录,混凝土试件的试验报告,隐蔽工程验收记录,分项工程质量评定记录,工程重大问题处理记录,竣工图(含经审查合格的施工图、拆分布置图、构件连接节点大样图)及其他有关文件及记录。

叠合整体式预制综合管廊结构的接缝防水施工是非常关键的质量检验内容,是保证叠合整体式预制综合管廊外墙防水性能的关键,施工时应按设计要求进行选材和施工,并采取严格的检验验证措施。考虑到此项验收内容与结构施工密切相关,应按设计及有关防水施工要求进行验收。叠合整体式预制综合管廊结构验收时,综合管廊的防水、防火、保温应按现行国家标准相关规定执行。

2. 主控项目

(1)构件进场验收。

预制构件的质量应符合本规程、国家现行相关标准的规定和设计的要求。

检查数量:全数检查。

检验方法:检查质量证明文件或质量验收记录。

预制构件进场时,预制构件结构实体检验应按现行国家标准《混凝土结构工程施工质量验收规范》(GB 50204—2015)的有关规定进行验收。

检查数量:每批进场不超过 100 个同类型构件为一批,在每批中应随机抽取一个构件进行检验。

检验方法:检查结构性能检验报告或实体检验报告。

预制构件的外观质量不应有严重缺陷,且不应有影响结构性能和安装、使用功能的尺寸偏差。

检查数量:全数检查。

检验方法:观察、尺量;检查处理记录。

预制构件上的预埋件、预埋槽道等的材料质量、规格和数量以及预留孔、预留洞的数量应符合设计要求。

检查数量:全数检查。

检验方法:观察。

(2)构件安装与连接验收。

预制构件吊运时混凝土强度须符合设计要求和本规程的规定。

检查数量:按批检查。

检查方法:检查构件检验报告。

预制构件临时固定与支撑措施的安装质量应符合施工方案的要求。

检查数量:全数检查。

检验方法:观察、尺量和检查吊装记录。

预制构件采用焊接连接时,钢材焊接的焊缝尺寸应满足设计要求,焊缝质量应符合现行国家标准《钢结构焊接规范》(GB 50661—2011)和《钢结构工程施工质量验收规范》(GB 50205—2020)的有关规定。

检查数量:全数检查。

检验方法:按现行国家标准《钢结构工程施工质量验收规范》(GB 50205—

2020)的要求进行。

预制构件采用螺栓连接时,螺栓的材质、规格、拧紧力矩应符合设计要求及现行国家标准《钢结构设计标准》(GB 50017—2017)和《钢结构工程施工质量验收规范》(GB 50205—2020)的有关规定。

检查数量:全数检查。

检验方法:按现行国家标准《钢结构工程施工质量验收规范》(GB 50205—2020)的要求进行。

叠合式侧壁、中隔墙底部水平拼缝处的混凝土须保证浇捣密实,其强度必须达到设计要求及现行国家标准《混凝土结构工程施工质量验收规范》(GB 50204—2015)的规定。

检查数量:每层全数检查。

检查方法:观察,检查标准养护龄期 28 d 试块报告及施工记录。

叠合式侧壁、中隔墙空腔内的混凝土须浇捣密实,其强度必须达到设计要求及现行国家标准《混凝土结构工程施工质量验收规范》(GB 50204—2015)的规定。

检查数量:按批检验。

检查方法:按现行国家标准《混凝土强度检验评定标准》(GB/T 50107—2010)的要求进行。

预制构件叠合部位浇筑混凝土时,后浇混凝土强度应符合设计要求。

检查数量:按批检验。

检查方法:按现行国家标准《混凝土强度检验评定标准》(GB/T 50107—2010)的要求进行。

叠合整体式预制综合管廊施工后,其外观质量不应有严重缺陷,且不应有影响结构性能和安装、使用功能的尺寸偏差。

检查数量:全数检查。

检验方法:观察,量测,检查处理记录。

3. 一般项目

(1)构件进场验收。

预制构件应有标识。

检查数量:全数检查。

检查方法:观察。

预制构件尺寸偏差及检验方法应符合本规程的相关规定;设计有专门规定时,尚应符合设计要求。

检查数量:同一类型的构件,不超过 100 件为一批,每批应抽查构件数量的 5%,且不应少于 3 件。

预制构件的粗糙面的质量应符合设计要求。

检查数量:全数检查。

检查方法:观察。

(2)构件安装与连接验收。

叠合整体式预制综合管廊的施工尺寸允许偏差及检验方法应符合设计要求,当设计无要求时,应符合黑龙江省地方标准《叠合整体式预制综合管廊工程技术规程》(DB23/T 2278—2018)附录 A 表 A.0.1 中的规定。

检查数量:按变形缝或施工段划分检验批。在同一检验批内,对叠合式侧壁、叠合式中隔墙、叠合式顶板、叠合式底板,应按有代表性的标准段或节点抽查 10% ,且不少于 3 件。

8.5　抗震设计

8.5.1　综合管廊抗震一般规定

我国地处欧亚大陆板块、太平洋板块和印度洋板块之间,地震活动非常频繁。综合管廊是城市生命线工程,一旦遭受地震破坏,将给社会带来巨大灾害和经济损失,因此,在设计综合管廊时,应充分考虑抗震问题。综合管廊的结构体系应根据使用要求、场地工程地质条件和施工方法确定,并应具有良好的整体性,避免抗侧力结构的侧向刚度和承载力突变。综合管廊工程抗震等级不宜低于 3 级。装配式综合管廊抗震设计应符合《建筑抗震设计规范》(GB 50011—2010)和《构筑物抗震设计规范》(GB 50191—2012)的有关规定。

综合管廊属于浅层地下结构。20 世纪 70 年代以前,地下结构的抗震设计基本上参照地面结构的抗震设计方法;20 世纪 70 年代以后,地下结构的抗震设计才逐步形成了独立的体系。然而迄今为止,我国还没有独立的地下结构抗震设计规范,对地下结构的抗震设计都只在相关规范中给出模糊的规定,缺乏系统的指导。因此在地下综合管廊设计时应根据结构在地震作用下的受力和破坏特征,有针对性地选择抗震计算方法和采取抗震措施。

《城市综合管廊工程技术规范》(GB 50838—2015)第 8.1.5 条规定,综合管廊工程应按乙类(重点设防)建筑物进行抗震设计,并满足国家现行标准的有关规定。

《建筑抗震设防分类标准》(GB 50223—2008)第 3.0.3 条规定,对于乙类结构,应按高于本地区抗震设防烈度一度的要求加强其抗震措施;但抗震设防烈度为 9 度时应按比 9 度更高的要求采取抗震措施;地基基础的抗震措施,应符合有关规定。同时,应按本地区抗震设防烈度确定其地震作用。

《建筑抗震设计规范》(GB 50011—2010)第14.1.4条规定,乙类钢筋混凝土结构的抗震等级,6、7度时不宜低于三级,8、9度时不宜低于二级。

8.5.2　抗震设防目标

"三水准"抗震设防目标依然适用于地下综合管廊抗震设计,具体如下:

(1)当遭受低于本工程抗震设防烈度的多遇地震影响时,结构不损坏,对周围环境及综合管廊的正常运行无影响。

(2)当遭受相当于本工程抗震设防烈度的地震影响时,结构不损坏或仅需对非重要结构部位进行一般修理,对周围环境影响轻微,不影响综合管廊的正常运营。

(3)当遭受高于本工程抗震设防烈度的罕遇地震(高于设防烈度1度)作用时,主要结构支撑体系不发生严重破坏且便于修复,对周围环境不产生严重影响,修复后综合管廊应能正常运行。

设计采用二阶段设计法实现"三水准"抗震设防目标,第一阶段进行多遇地震作用下构件截面抗震承载力和结构变形验算,第二阶段进行罕遇地震作用下抗震变形验算,满足罕遇地震作用下弹塑性层间位移角限值要求。

根据地震的振动特点,由于地下综合管廊是一种长线型地下结构,因此在地层分布均匀且结构规则对称时,可仅计算横向的水平地震作用;对于结构不规则应同时计算横向和纵向水平地震作用时,计算方法可采用反应位移法或等效侧力法;而对于地质条件复杂且抗震设防烈度7度以上的结构应同时考虑竖向地震作用,采用时程分析法计算,考虑土-结构的相互作用,反应位移法可参照《城市轨道交通结构抗震设计规范》(GB 50909—2014)。

8.5.3　提高抗震能力的措施

装配式综合管廊宜建造在密实、均匀且稳定的地基上。应结合工程的特点并根据地震安全性评价报告,对沿线场地做出对抗震有利、不利地段的划分和综合评价;应避开抗震不利地段,当无法避开新近填土、软弱黏性土、液化土或严重不均匀土等抗震不利地段时,应分析其对结构抗震稳定性产生的不利影响,并采取相应抗震的地基处理措施,地基处理应符合国家、行业、地方及现行标准的有关规定;同一结构单元的基础不宜设置在性质截然不同或差异显著的地基上。

装配式综合管廊工程的抗震计算设计参数、抗震分析方法、抗震构造措施应根据施工方法和结构形式按《建筑抗震设计规范》(GB 50011—2010)、《地铁设计规范》(GB 50157—2013)、《室外给水排水和燃气热力工程抗震设计规范》(GB 50032—2003)等规范执行。为防止地震对管廊及管线的安全性造成不良影响,装配式综合管廊应配置纵向连接预应力筋,并采用抗震性能良好的挠性接头。装配式综合管廊通过预应力钢材纵向紧固,因此要进行装配式综合管廊纵断方向的抗震计算。除特殊情况外,地震对横断方向影响小的,一般不需要进行抗震计算;由于装配式综合管廊主体的密度一般比周边的地基小,不受惯性力的影响,而受周边地基变形的影响。因此装配式综合管廊应根据反应位移法进行抗震计算。适用反应位移法的地基位移的振幅,应根据表层地基的固有周期及地域特性进行计算;而适用反应位移法的地基震动波长,应考虑表层地基及地基的剪切弹性波及表层地基的固有周期进行计算。

装配式综合管廊主体结构以外的结构构件、设施和机电等设备,其自身及与综合管廊结构主体的连接均应进行抗震设计,并应符合《建筑机电工程抗震设计规范》(GB 50981—2014)的相关规定。抗震设计的目的是使结构具有必要的强度、良好的延性,根据地下结构在地震作用下的受力和破坏特点有针对性地采取抗震措施,改善薄弱部件的受力和提高结构构件的延性及耗能能力,保证结构的整体性和连续性。

装配式综合管廊由于纵向长度大,应在不同土层、不同结构连接处、转弯处、分岔处合理设置抗震缝,抗震缝的宽度和构造应能满足结构协同变形。装配式综合管廊的体形及结构布置宜规则、对称,结构质量及刚度宜均匀分布、避免突变;体形不规则的结构部分,宜结合使用功能要求合理设置结构变形缝,形成较规则的结构单元。首先,规则的建筑抗震性能比较好。震害统计表明,简单、对称的建筑在地震时较不容易被破坏。对称的结构因传力路径清晰直接也容易估计其地震时反应,容易采取抗震构造措施和进行细部处理;其次,规则的建筑有良好的经济性。较规则建筑物的周期比、位移比等结构的整体控制指标很容易满足规范要求。同时由于地震力在抗侧力构件之间的分配比较均匀,从而使各结构构件的配筋大小适中,使成本控制在一个合理的范围内。相反不规则结构则会出现扭转效应明显、局部出现薄弱部位等情况。

周边地基在地震时有可能液化,要对装配式综合管廊抗浮稳定性抗力进行计算,且抗浮稳定性抗力系数不应低于 1.05。装配式综合管廊为隧道型全埋式地下建(构)筑物,一方面其线路较长,场地条件变异性较大,另一方面其外端与土层之间的摩擦力明显偏小,在不计外壁与土层之间的摩擦力的前提下,抗浮安全系数取 1.05 是安全可靠的。

类似综合管廊的地下通道、地下管道人孔等地下构筑物主要的地震灾害破坏特征之一就是,周边地基发生液化而造成上浮等状况。综合管廊周边地基液化产生过剩间隙水压,过剩间隙水压产生的浮力作用于综合管廊底面。因此,需要探讨地震时的浮力是否会使综合管廊上浮,并判定液化对策的必要性。

装配式综合管廊周边地基液化应按如下顺序进行确定(表8.9):

表8.9　基于微地形分类的液化发生的判断基准

区　　域	地　　基
(1)液化可能性高的地域	现有河道、旧河道、旧水面上的填土地、填埋地
(2)有可能液化的地域	不属于(1)(3)的冲积低地
(3)液化可能性低的地域	台地、丘陵、山地、扇形地

(1)液化探讨对象地点的抽出。

(2)液化的判定与综合管廊上浮的探讨。

(3)地基补充调查的实施与基于调查结果的液化判定及综合管廊上浮的探讨。

(4)液化对策的探讨。

装配式综合管廊提高结构抗震能力的措施主要还包括以下几点:连接节点应通过钢筋焊接牢固并整浇处理,使节点具有足够的刚度和强度,防止拉断和剪坏,保证地震力的传递;地下管廊转角处的交角不宜太小,应加强出入口处的抗震性能;钢筋连接和锚固应满足抗震性能要求,保证结构具有较好的延性;装配式综合管廊的抗震断面力,应采用装配式综合管廊的等价刚度,依据反应位移法确定。装配式综合管廊的等价刚度因接缝处产生的位移而发生变化时,应根据其变化进行计算确定。

8.6　防水设计

装配式综合管廊的防水等级为二级,防水标准应符合《地下工程防水技术规范》(GB 50108—2008)的有关规定,装配式综合管廊的防水设防应符合现行国家标准《地下防水工程质量验收规范》(GB 50208—2011)的相关规定。

8.6.1　防水混凝土

防水混凝土采用水泥、砂石、矿物料、外加剂等原料,通过科学合理的配合比配置而成。对不同的工程和设计要求,防水混凝土的配合比要进行调整。其耐久性应符合《城市综合管廊工程技术规范》(GB 50838—2015)的规定,寿命不低于100年。防水混凝土设计抗渗等级应符合表8.10要求。

表 8.10 防水混凝土设计抗渗等级

埋置深度/m	设计抗渗等级
$H<10$	P6
$10 \leqslant H<20$	P8
$20 \leqslant H<30$	P10
$H \geqslant 30$	P12

（1）防水混凝土应符合现行标准《地下工程防水技术规范》（GB 50108—2008）的规定。

（2）防水混凝土配合设计：

①宜采用硅酸盐水泥或普通硅酸盐水泥，其用量不小于 320 kg/m³，强度等级应 $\geqslant$ C40，抗渗等级 P8。

②砂率宜为 40% 左右，泵送混凝土可适当提高。

③制备泵送混凝土时应符合《预拌混凝土》（GB/T 14902—2012）、《混凝土质量控制标准》（GB 50164—2011）和《混凝土结构耐久性设计标准》（GB 50476—2019）等相关标准的规定。

8.6.2 防水卷材

防水卷材是建筑防水材料的重要品种之一，在建筑防水工程中起着重要的作用，广泛应用于建筑物地上、地下和其他特殊构筑物，是一种面广量大的防水材料。

建筑防水卷材目前的品种已由单一的沥青油毡发展到几十种具有不同物理性能的高、中档新型防水卷材。常用的防水卷材按照材料的组成不同，可分为沥青防水卷材、高聚物改性防水卷材、合成高分子防水卷材及金属卷材等。

（1）高聚物改性沥青防水卷材分类及特点。

①弹性体改性沥青防水卷材（GB 18242—2008）。具有耐高温、低温性能，高弹性和耐疲劳性，可单层或双层铺设。

②塑性体改性沥青防水卷材（GB 18243—2008）。具有良好的强度、延伸性、耐热性、耐紫外线照射及耐老化性能。

③自粘聚合物改性沥青防水卷材（GB 23441—2009）。由 SBS 或 SBR 改性沥青制备无胎基的防水卷材，特点是具有自粘合性、高延伸性、高柔韧性，适于各类防水工程，最适用于地下工程、隧道工程等。

④预铺防水卷材（GB/T 23457—2017）、湿铺防水卷材（GB/T 35467—2017）。对基面要求低，施工自由度高，不受天气变化的影响，能在潮湿基面上

施工。可缩短工期,节约成本。可满粘,安全环保。

(2)合成高分子防水卷材分类及特点。

①三元乙丙橡胶防水卷材(GB 18173.1—2012)。防水性能优异,耐候性好、耐臭氧性好、耐化学腐蚀性佳,弹性和抗拉强度大,对基层变形开裂的适应性强,质量轻,使用温度范围宽,寿命长,适用于使用年限要求长的工业与民用建筑。单层或复合使用冷粘法或自粘法。

②丁基橡胶防水卷材(GB 18173.1—2012)。有较好的耐候性、抗拉强度和伸长率,耐低温性能稍低于三元乙丙橡胶防水卷材。单层或复合适用于要求较高的屋面防水工程。

③氯化聚乙烯防水卷材(GB 12953—2003)。具有良好的耐候、耐臭氧、耐热老化、耐油、耐化学腐蚀及抗撕裂的性能。单层或复合使用,宜用于紫外线强的炎热地区。

④聚氯乙烯(PVC)防水卷材(GB 12952—2011)。具有较高的拉伸和撕裂强度,伸长率较大,耐老化性能好,原材料丰富,价格便宜,容易粘结。单层或复合适用于外露或有保护层的屋面防水,冷粘法或热风焊接法施工。

⑤聚乙烯丙纶复合防水卷材(GB/T 26518—2023)。该卷材具有抗渗漏能力强、拉伸强度大、低温柔性好、稳定性好、无毒、变形适应能力强、适应温度范围宽、使用寿命长等良好的综合性能。

⑥热塑性聚烯烃(TPO)防水卷材(GB 27789—2011)。具有高强度、耐久性好、延伸率高的特点,常用于单层金属屋面,是一种有发展前景的防水卷材。适合与多种材料的基层粘合,可与水泥材料和各种防水涂料在凝固过程中直接粘合,可在基层潮湿情况下粘贴使用。

8.6.3　防水设计要求

地下综合管廊工程结构一般采用明挖法施工、暗挖法施工、盾构及顶管施工等工法。对于现浇混凝土管廊,一般采用结构自防水与结构迎水面设置附加防水层相结合的做法。预制拼装管廊以预制构件的接缝防水为重点。

(1)结构耐久性设计。

①在受侵蚀性介质作用时,按介质的性质选用相应的水泥品种,施工时混凝土中不得掺入早强剂,不得使用含有氯化物的外加剂,所有混凝土不得采用海砂和山砂配置,所有单位体积混凝土中的三氧化硫的最大含量不得超过胶凝材料总量的4%。

②混凝土避免采用高水化热水泥,混凝土优先采用双掺技术(掺高效减水剂加优质粉煤灰或磨细矿渣)。

③防水混凝土的施工配合比应通过试验确定,试配混凝土的抗渗等级应比设计要求提高 0.2 MPa。

④防水混凝土的水泥强度等级不宜低于 42.5 MPa,水泥品种宜采用普通硅酸盐水泥、硅酸盐水泥,采用其他品种水泥时应经试验确定。

⑤防水混凝土的抗渗等级一般按埋深确定,并根据水文地质条件等,对小于 10 m 的地下管廊结构,可考虑抗渗等级 P8。

⑥综合环境介质等级并严格控制水胶比;对腐蚀性地段应有专项混凝土耐久性设计要求。

⑦综合管廊结构构件裂缝控制等级应为三级,结构构件最大裂缝宽度限值应小于或等于 0.2 mm,且不得贯通。

⑧用于防水混凝土的水泥应符合下列规定:

水泥品种宜采用硅酸盐水泥、普通硅酸盐水泥,采用其他品种水泥时应经试验确定;在受侵蚀性介质作用时,应按介质的性质选用相应的水泥品种;不得使用过期或受潮结块的水泥,并不得将不同品种或强度等级的水泥混合使用。

⑨防水混凝土选用矿物掺合料时,应符合下列规定:

粉煤灰的品质应符合现行国家标准《用于水泥和混凝土中的粉煤灰》(GB/T 1596—2017)的有关规定,粉煤灰的级别不应低于 Ⅲ 级,烧失量不应大于 5%,用量宜为胶凝材料总量的 20%~30%,当水胶比小于 0.45 时,粉煤灰用量可适当提高;粒化高炉矿渣粉的品质要求应符合现行国家标准《用于水泥和混凝土中的粒化高矿渣粉》(GB/T 18046—2017)的有关规定。

(2)附加柔性防水层方案。

外包柔性防水层选用应综合考虑其防水性能,包括耐久性、工艺简单(工期)、环保、造价(性价比高)等要求。可采用单一材料的防水模式,若采用复合型式,如涂料+卷材或卷材+卷材的形式应充分考虑不同材料的相容性问题。

①满足二级设防等级按防水二级选材。

②满足一级设防等级按防水一级选材。

(3)地下综合管廊结构内防水。

在综合管廊仓内采用直排形式的污水仓、雨水仓,可增设结构内防水措施。

(4)特殊部位防水节点构造。

地下综合管廊防水的重点包含变形缝、施工缝、后浇带、接口及干支廊仓密封等。燃气仓变形缝阻燃、防水要求;预制拼装接缝防水处理及变形缝环处理等。

8.6.4　接缝防水要求

装配式综合管廊地下工程部分宜采用自防水混凝土,接缝处和预制构件连接处应加强防水设计。管廊中的钢筋混凝土构件,由于是在工厂进行预制,在采用自防水混凝土的情况下,主体结构的防水效果较好,可不再进行相应的防水措施。而拼缝和接头等部位是防水的弱点,容易漏水、渗水,因此要充分考虑防水。装配式综合管廊接缝防水应采用预制成型弹性密封垫,弹性密封垫的界面应力应不小于 1.5 MPa。装配式综合管廊弹性密封垫的界面应力限值根据《城市综合管廊工程技术规范》(GB 50838—2015)确定,主要为了保证弹性密封垫的紧密接触,达到防水防渗的目的。接缝弹性密封垫应沿环、纵面兜绕成框型。沟槽形式、截面尺寸应与弹性密封垫的形式和尺寸相匹配(图 8.33)。

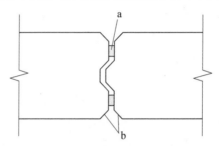

图 8.33 接缝接头防水构造

a—弹性密封垫材;b—嵌缝槽

接缝处至少设置一道密封垫沟槽,密封垫及沟槽的截面尺寸应符合下式要求

$$A = 1.0A_0 \sim 1.5A_0 \tag{8.1}$$

式中 A——密封垫沟槽截面面积;

A_0——密封垫截面面积。

接缝处应选用弹性橡胶与遇水膨胀橡胶制成的复合密封垫。弹性橡胶密封垫宜采用三元乙丙(EPDM)橡胶或氯丁(CR)橡胶;复合密封垫宜采用中间开孔、下部开槽等特殊截面的构造形式,并应制成闭合框型。

施工缝的施工应符合下列规定:

(1)水平施工缝浇筑混凝土前,应将其表面浮浆和杂物清除,然后铺设净浆或涂刷混凝土界面处理剂、水泥基渗透结晶型防水涂料等材料;再铺 30 ~ 50 mm 厚的 1∶1 水泥砂浆,并应及时浇筑混凝土。

(2)垂直施工缝浇筑混凝土前,应将其表面清理干净,再涂刷混凝土界面处理剂或水泥基渗透结晶型防水涂料,并应及时浇筑混凝土。

8.7 构造要求

装配式综合管廊工程应设置变形缝,根据《混凝土结构设计规范》

（GB 50010—2010）第 8.1.1 条，变形缝设置应符合下列规定：

（1）装配式综合管廊工程结构变形缝的最大间距不宜小于 35 m。变形缝间距需综合考虑混凝土结构温度收缩、基坑施工等因素，当按照《混凝土结构设计规范》（GB 50010—2010）采取相应措施时伸缩缝间距可适当增大。在装配式综合管廊工程中，由于采用预制构件进行施工，变形缝间距可适当加大，但不宜大于 35 m。

（2）变形缝应设置止水钢板或橡胶止水带、填缝材料和嵌缝材料等止水构造。

（3）变形缝的缝宽不宜小于 30 mm。

（4）结构纵向刚度突变处以及上覆荷载变化处或下卧土层突变处，应设置变形缝。

装配式综合管廊结构中主要承重侧壁厚度不宜小于 250 mm，非承重侧壁和隔墙等构件的厚度不宜小于 200 mm。侧壁之间连接按图 8.34 施工。

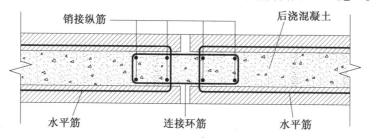

图 8.34　叠合式侧壁横向连接节点

装配整体式混凝土综合管廊中钢筋混凝土保护层厚度迎水面不应小于 50 mm，该厚度参照《地下工程防水技术规范》（GB 50108—2008）和《电力电缆隧道设计规程》（DLT 5484—2013）相关条例确定。工厂预制构件迎水面保护层厚度可适当减小，结构其他部位应根据环境条件和耐久性要求并按《混凝土结构设计规范》（GB 50010—2010）的有关规定确定。当预制构件保护层厚度大于 50 mm 时，宜对钢筋的混凝土保护层采取有效的防开裂措施。钢筋保护层及预应力筋、套管或套管群及锚具的保护层厚度的最小值应符合以下公式，其值应大于钢筋直径且大于 25 mm

$$C_{\min} = \alpha C_0 \tag{8.2}$$

式中　$C_{\min}$——最小保护层厚度，cm；

　　　α——根据混凝土的标准设计强度 $\sigma_{ck} \leqslant 40$ N/mm^2，$\alpha = 0.8$；

　　　C_0——基本的保护层，与构件种类有关。

在同一断面配置多个锚具的情况，应考虑锚具的数量、锚固力的大小及各锚具间所需的最小间隔等，确定锚固处混凝土断面的形状及尺寸。

　　综合管廊各部位金属预埋件的锚筋面积和构造要求应按《混凝土结构设计规范》(GB 50010—2010)的有关规定确定。预制构件中外露预埋件凹入构件表面的深度不宜小于 10 mm,并应采取防腐保护措施。预制构件端部预应力筋外露长度不宜小于 150 mm,搁置长度不宜小于 15 mm。

　　叠合式预制构件侧壁的最小厚度不宜小于 250 mm,并符合 10 的模数。用于地下结构时,作为挡土侧墙的应用,内侧预制板最小的厚度为 60 mm,外侧预制板最小的厚度为 80 mm,宽度和高度按设计确定,运输重量应以方便运输为宜。宽度不宜大于 3 000 mm,高度不宜大于 7 000 mm,且单块最大质量不宜大于 6 t。叠合式侧壁竖向剖面如图 8.35 所示。

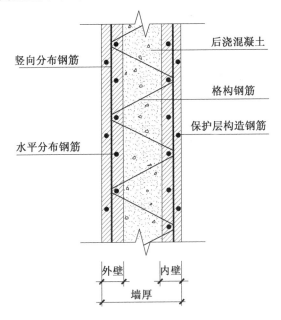

图 8.35　叠合式侧壁竖向剖面

　　预制混凝土构件的结合面、叠合面上应做界面增强抗剪连接处理。结合面处后浇混凝土或水泥基灌浆料的补偿收缩率不低于 1.0×10^{-4}。叠合面上应采用凹凸不小于 6 mm 的自然粗糙面,或采用双向设置的间距不大于 50 mm、深和宽不小于 10 mm 的人工刻痕。

第9章 装配式混凝土构件制作、施工与验收

9.1 装配式混凝土构件制作

9.1.1 构件生产工艺介绍

PC(precast concrete,预制混凝土)构件的生产分游牧式工厂预制(现场预制)和固定式工厂预制两种形式。其中现场预制分为露天预制、简易棚架预制,固定工厂预制分为露天预制、室内预制。

近年来,随着机械化程度的提高和标准化的要求,工厂化预制逐渐增多。目前大部分 PC 构件为工厂化室内预制。无论何种预制方式,均应根据预制工程量的多少、构件的尺寸及重量、运输距离、经济效益等因素,理性选择,最终达到保证构件的预制质量和经济效益的目的。

根据模台的运动与否,PC 预制构件生产工艺分为平模传送流水线法和固定模位法。而前者又可分为环形平模传送流水线和柔性平模传送流水线,后者可分为固定模台法和长线台座法。

1. 环形平模传送流水线

平模传送流水线一般为环形布置,适用于构件几何尺寸规整的板类构件,例如:三明治外墙板、内墙板、叠合板等。具有效率高、能耗低的优势,但一次性投入的资金过大,是目前国内普遍采用的 PC 构件生产方式。

以生产三明治外墙板为例,在平模传送流水生产线中,有模板清扫、隔离剂喷除、画线、内叶板模板钢筋安装、预埋件安装、一次浇筑混凝土、混凝土振捣、外夜班模板安装、保温板安放、连接件安装、外夜班钢筋网片安装、预埋件安装、二次浇筑混凝土、振捣刮平、构件预养护、构件抹光、构件蒸养、构件脱模、墙板吊运、修复检查、清洗打码21项工序。

平模传送 PC 流水生产线由驱动轮、从动轮、模台、清扫喷除机、画线机、布料机、振捣台、振捣刮平机、拉毛机、预养护窑、抹光机、码垛机、立体蒸养窑、翻板机、平移车等机械设备组成。

2. 柔性平模传送流水线

柔性平模传送流水线是近些年在传统平模传送流水线只能生产单一产品，兼容性差，不能很好地释放生产线产能的情况下，受机械、电子制造业的柔性生产线启发而产生的一种最大程度释放生产线产能，提高经济效益的新型 PC 流水生产线(图 9.1)。

图 9.1　PC 流水生产线

它具有适应性强、灵活性高的特点，在同一条生产线上，能同时生产多种不同规格的 PC 构件。极大地提高了生产线的产能，发挥出机械化优势，快速摊薄生产线的投入成本，缩短成本回收周期。

目前，国内的柔性平模传送流水线尚处于研发试验阶段，尚未被大量应用。本书只做前瞻性介绍。柔性生产线与传统平模传送流水线相比，具有以下特点：

(1)针对不同 PC 构件混凝土标号的不同和混凝土配合比的差异，柔性生产线会增加拌和站料仓的个数，安装多台混凝土搅拌设备，为拓宽 PC 产品的外延性提供硬件支持。

(2)在模具的设计上，以最大构件的模具为控制尺寸。在一张流转模台上，最大尺寸的 PC 构件只预制 1~2 件。而中、小尺寸的 PC 构件则以组合模具的模块化形式，一次生产诸多件。达到在一条生产线上共同循环生产的目的，同时提高养护窑的利用率。

(3)在规划柔性生产线时，针对不同体量、不同配合比的 PC 构件，要对养护窑进行分仓设计。能分仓供热，各个仓室有独立的温度监控系统。

(4)根据不同 PC 构件存在不同流水节拍的特点，在某个工位进行"到发线"或"蓄水池"式设计。即将大于整个流水节拍时间的复杂工位进行横向移动设计，让模台能横移至"到发线"工位后，进行相对复杂的安装生产作业。

待本工位的工作完成后,再复位到流水线中,进入下一工位。

开拓并利用车间内各种工位上下左右的立体空间,采用全方位立体交叉的生产工艺设计。例如在预养窑顶部设计立体通过性的工位,让 PC 构件在预养窑顶部的工位上,进行与下部 PC 构件不同生产工艺的构件生产过程。

(5)针对使构件混凝土密实的技术要求,可以采取使用自密型混凝土进行差异化补修的措施,也可以根据不同 PC 构件的不同工艺路线,设置梯度分明、层次合理的混凝土振捣工位,满足不同 PC 构件预制生产需要。

3. 固定模位法

固定模位法适用于构件几何尺寸不规整、超长、超宽、超重的异形 PC 构件,例如楼梯、阳台、飘窗、PCF 板等。

固定模台生产线既可设置在车间内,也可设置在施工现场。此种工艺具有投资少、操作简便的优点,但也有效率低、能耗高、速度慢等缺点。

在建筑工地一隅开辟出预制场地,进行大型构件的现场生产,可以减轻 PC 构件运输的压力,同时大大降低工程成本。

根据模板的水平与否,固定模位法分为平模法、立模法两种(图 9.2)。

(a) 平模法　　　　　　　　　　　　　(b) 立模法

图 9.2　固定模位法

4. 长线台座法

对于板式预应力构件,如普通预应力楼板,一般采用挤压拉模工艺进行预制生产。

对于预应力叠合楼板,通常采用长线预制台座进行成批次预制生产。每个台位的预应力筋张拉到设计值后,浇筑混凝土并振捣(图 9.3)。

非预应力叠合板、柱亦可采用长线台座法预制生产。实际此类工艺亦属于固定模位法。

图 9.3　预应力叠合楼板的生产

9.1.2　生产前准备

1. 加工详图及生产方案编制

预制构件生产前,应审核预制构件深化设计图纸。必要时,应根据批准的设计文件、拟定的生产工艺、运输方案、吊装方案等编制加工详图。即当原设计文件深度不够,不足以指导生产时,需要生产单位或专业公司另行制作加工详图,如加工详图与设计文件意图不同时,应经原设计单位认可。加工详图包括:预制构件模具图、配筋图;满足建筑、结构和机电设备等专业要求和构件制作、运输、安装等环节要求的预埋件布置图;面砖或石材的排版图,夹心保温外墙板内外叶墙拉结件布置图和保温板排板图等。

预制构件生产前应编制生产方案,生产方案宜包括生产计划及生产工艺、模具方案及计划、技术质量控制措施、成品存放、运输和保护方案等。必要时,应对预制构件脱模、吊运、码放、翻转及运输等工况进行计算。冬期生产时,可参照现行行业标准《建筑工程冬期施工规程》(JGJ/T 104—2011)的有关规定编制生产方案。

预制构件生产前应根据确定的生产方案,编制相关生产计划文件,包括构件生产总体计划、模具计划、原材料及配件进场计划、构件生产计划及物流管理计划等。

预制构件生产宜根据构件形状、尺寸及数量等不同参数情况,选择移动模台或固定模台生产线生产。移动模台生产可充分利用机械设备代替人工,生产效率较高,但对构件有一定要求,如养护窑对构件形状与厚度有直接限制;固定模台生产主要依靠人工作业,生产效率相对较低,但对预制构件几乎没有特殊要求,可以生产各类构件,尤其适用于异型构件的生产。具体生产过程中,应灵活选择,发挥工厂生产线及产业工人的最大综合效能。

2.技术交底及人员培训

预制构件生产前应由建设单位组织设计、生产、施工单位进行设计文件交底与会审。交底内容主要是针对项目中各类构件项目概况、设计要求、技术质量要求、生产措施与方法等方面进行一系列较为详细的技术性交代。

预制构件生产前,应对相关岗位人员进行技术操作培训,使其具有各自岗位需要的基础知识和技能水平。对有从业证书要求的,还应具有相应证书。

3.原材料及配件进场

原材料及配件进场时,应对其规格、型号、外观和质量证明文件进行检查,需要进行复验的应在复验结果合格后方可使用,尤其要注重预制构件的混凝土原材料质量、钢筋加工和连接的力学性能、混凝土强度、构件结构性能、装饰材料、保温材料及拉结件的质量等方法的检查和检验。

材料进场后,应按种类、规格、批次分开储存和堆放,并应标识明晰。储存与堆放条件不应影响材料品质。

4.设备调试检查

预制构件生产前,应对各种生产机械、设备进行安装调试、工况检验和安全检查,确认其符合相关要求。

9.1.3　模具安装

预制构件模具,是以特定的结构形式通过一定方式使材料成型的一种工业产品,同时也是能成批生产出具有一定形状和尺寸要求的工业产品零部件的一种生产工具。

模具的设计需要模块化:一套模具在成本适当的情况下应尽可能地满足"一模多制作",模块化是降低成本的前提。

模具的设计需要轻量化:在不影响使用周期的情况下进行轻量化设计,既可以降低成本,又可以提高作业效率。

模具安装主要分为4个作业分项,按照施工顺序依次为:清模、组模、涂刷脱模剂、涂刷水洗剂。

1.清模

对于移动模台生产线的底模,可利用驱动装置驱动底模至清理工位,清扫机大件挡板挡住大块的混凝土块,防止大块混凝土进入清理机内部损坏设备。立式旋清电机组对底面进行精细清理,将附着在底板表面的小块混凝土残余清理干净。风刀对底模表面进行最终清理,回收箱收集清理的混凝土废渣,并输送至车间外部存放处理。其他模具以及不具备机械清理的移动模台及固定模台生产线的底模仍然需要人工清理(图9.4)。

图 9.4　模台清理

模具清理的基本要求为：

（1）用钢丝球或刮板将模具表面残留的混凝土与其他杂物清理干净，使用角磨机将模板表面打磨干净，使用压缩空气将模具内腔吹干净，以用手擦拭手上无浮灰为准。

（2）所有模具拼接处均用刮板清理干净，保证无杂物残留，确保模具组装时无尺寸偏差。

（3）清理模具各基准面边沿，以保证抹面时厚度要求。

（4）清理模具工装，保证无残留混凝土。

（5）模具油漆区清理干净，并注意经常涂油保养。

（6）及时清扫作业区域，清理下来的混凝土残灰和其他杂物及时收集到指定的垃圾桶内。

（7）模具清理完成后，必须整齐、规范地堆放在固定位置。

2. 组模

模具组装（组模）（图 9.5）就是将模具零件组合装配在一起，形成符合预制构件外形、尺寸及预留预埋要求的模具的过程。模具组装质量将直接影响构件成型质量，也会影响模具的寿命及使用性能。

模具组装的基本要求为：

（1）组模前应检查模具是否到位，如发现模具清理不干净，不得组模，需将模具重新清理干净。

（2）组模前应仔细检查模具是否有损坏、缺件现象，损坏、缺件的模具应及时维修或者更换。

（3）选择正确型号侧板进行拼装，如侧模、门模、窗模等应对号拼装；拼装时不得漏放紧固螺栓、固定磁盒及各种零件，并安装可靠，如窗模内固定磁盒至少放 4 个，确保磁盒按钮按实，磁盒与底模完全接触，磁盒表面保持干净；拼装部位应粘贴密封胶条，密封胶条粘贴要平直、无间断、无皱褶，不应在构件转角处搭接,组模前应仔细检查密封胶条,及时替换损坏的胶条。

（4）各部位螺丝校紧,模具拼接部位不得有间隙。

（5）安装磁盒用橡胶锤,严禁使用铁锤或其他重物打击。

图9.5 组模

除设计有特殊要求外,预制构件模具尺寸偏差和检验方法应符合表9.1的规定。

表9.1 预制构件模具尺寸允许偏差和检验方法

项次	检验项目、内容		允许偏差/mm	检验方法
1	长度	≤6 m	1,−2	用尺量平行构建高度方向,取其中偏差绝对值较大处
		>6 m且≤12 m	2,−4	
		>12 m	3,−5	
2	宽度、高（厚）度	墙板	1,−2	用尺量两端或中部,取其中偏差绝对值较大处
3		其他构件	2,−4	
4	底模表面平整度		2	用2 m靠尺和塞尺量
5	对角线差		3	用尺量对角线
6	侧向弯曲		$L/1\,500$且≤5	拉线,用钢尺量侧向弯曲最大处
7	翘曲		$L/1\,500$	对角线拉线测量焦点间距离值的两倍
8	组装缝隙		1	用塞尺或塞片量测,取最大值
9	端模与侧模高低差		1	用钢尺量

预制构件中预埋门窗框时,应在模具上设置限位装置进行固定,并应逐件检验。门窗框安装允许偏差和检验办法应符合表9.2的规定。

表 9.2　门窗框安装允许偏差和检验方法

项目		允许偏差/mm	检验方法
锚固脚片	中心线位置	5	钢尺检查
	外露长度	+5.0	钢尺检查
门窗框位置		2	钢尺检查
门窗框高、宽		±2	钢尺检查
门窗框对角线		±2	钢尺检查
门窗框的平整度		2	靠尺检查

对于自动化流水生产线,可实现自动画线和机械化组模。通过系统配置的图形转换软件,可将 CAD 绘制的预制构件模板图(包括模板的尺寸及模板在模台上的相对位置),转换为画线机可识读的文件,并传送至画线机主机上,画线机械手则根据预先编制的程序,在模台上完成模板安装及预埋件安装的位置线的画线工作。整个画线过程不需要人工干预,全部由机械自动完成,线条粗细可调,画线速度可调,并可根据构件模具尺寸,对模台上构件布局进行优化,提高模台的空间使用效率。

3. 涂刷脱模剂

脱模剂可以采用人工涂刷或机械喷涂的方式,人工涂刷脱模剂的基本要求为:

(1)涂刷脱模剂前,应检查模具是否干净、无浮灰。

(2)宜采用水性脱模剂。

(3)用干净抹布蘸取脱模剂,拧至不自然下滴为宜,均匀涂抹在底模及模具内腔,保证无漏涂,并需时刻保证抹布及脱模剂干净、无污染。

(4)涂刷脱模剂后,底模表面不允许有明显痕迹,可用抹布或海绵条将多余脱模剂清理干净。

(5)工具使用后清理干净,整齐放入指定工具箱内,并及时清扫作业区域,垃圾放入指定垃圾桶内。

机械喷涂过程为:驱动装置驱动底模至涂脱模剂工位,喷油机的喷油管对底模表面进行脱模剂喷洒,抹光器对底模表面进行扫抹,使脱模剂均匀地涂在底模表面。喷涂机采用高压超细雾化喷嘴,实现可均匀喷涂脱模剂,脱模剂厚度、喷涂范围可以通过调整喷嘴的参与作业的数量、喷涂角度及模台运行速度来调整。

4. 涂刷水洗剂

露骨料混凝土技术利用水洗剂延缓表面混凝土的终凝,通过高压水冲洗混凝土表面,冲洗掉未终凝混凝土的水泥砂浆后,使得混凝土表面露出半个骨料。露出骨料形成了混凝土自然级配的粗糙面,后浇混凝土的砂浆可充分握裹住旧混凝土中的骨料,使先后浇筑的混凝土紧紧地连在一起,保证共同工作的性能,是一种重要的预制混凝土构件粗糙面成型工艺。

涂刷水洗剂的基本要求为:

(1)由于露骨料部位往往是要后浇混凝土的部位,对构件表面尺寸的精度要求不是很高,因此使用过程中不要每次都清理模具表面黏附的水泥,可将水洗剂直接涂刷在水泥表面,更容易吸附并干透,同时可以保持模具水泥里面的水洗剂逐步缓释,使用效果更好,这也是减少每次涂刷用量、节约水洗剂的方法。

(2)当模具太光滑时,对水洗剂的黏附力不强,可以在模具表面先涂刷一层素水泥砂浆(厚度约 1 mm),待干透后再涂刷水洗剂,可提高黏附力和渗透性。

(3)当需要实行蒸汽养护时,应使用耐高温型水洗剂(一般需单独定制),并选择合适的冲刷时机;当拆模时间超过 24 h,水洗剂应选用长效型(一般需单独定制),最长可保持 72 h 冲刷仍达到要求的深度。

(4)应采用毛刷涂刷,严禁使用其他工具。

(5)应在指定的部位涂刷,严禁在其他部位使用,严禁涂刷到钢筋上。

(6)应涂刷均匀,严禁有流淌、堆积现象。

(7)涂刷厚度不少于 2 mm,且需涂刷两次,两次涂刷的时间间隔不少于20 min。

9.1.4　钢筋与预埋件制作安装

钢筋与预埋件制作安装主要包括 3 个作业分项,按照施工顺序依次为:钢筋加工制作、钢筋绑扎、预埋件安装。

1. 钢筋加工制作

钢筋下料长度与图纸尺寸不同,必须了解钢筋弯曲、弯钩等情况,结合图纸尺寸计算下料长度,核对钢筋下料单,确认无误后下单加工。

钢筋配料:钢筋下料长度与图纸中尺寸不同,必须了解钢筋弯曲弯钩等情况,结合图纸中尺寸计算其下料长度,核对钢筋下料单,确认无误后下单加工。

钢筋加工:钢筋的表面应洁净。油渍、漆污和用锤敲击时能剥落的浮皮、铁锈等应在加工前清除干净。在焊接前,焊点处的水锈应清除干净。

采用钢筋调直机调直冷拔钢丝和细钢筋时,要根据钢筋的直径选用调直模和传送压辊,并要正确掌握调直模的偏移量和压辊的压紧程度。调直模的偏移量,根据其磨耗程度及钢筋品种通过试验确定。钢筋调直的关键是调直筒两端的调直模一定要在调直前后导孔的轴心线上。压辊的槽宽,一般在钢筋穿入压辊之后,在上下压辊间宜有 3 mm 之内的间隙。压辊的压紧程度要做到既保证钢筋能顺利地被牵引前进,看不出钢筋有明显的转动,又要保证在被切断的瞬时钢筋和压辊间不允许打滑。

钢筋切断时应注意:

(1)将同规格钢筋根据不同长度长短搭配,统筹排料;一般应先断长料,后断短料,减少短头,减少损耗。

(2)断料时应避免用短尺量长料,防止在量料时产生累计误差。为此,宜在工作台上标出尺寸刻度线并设置控制断料尺寸用的挡板。

(3)在切断过程中,如发现钢筋有劈裂、缩头或影响使用的弯头等情况必须切除。

(4)钢筋的断口,不得有马蹄形或起弯等现象。

钢筋弯曲成型:对于受力钢筋来说,当设计要求钢筋末端需做 135° 弯钩时,HRB400 级钢筋的弯弧内直径 D 不应小于钢筋直径的 4 倍,弯钩的弯后平直部分长度应符合设计要求。钢筋做不大于 90° 的弯折时,弯折处的弯弧内直径不应小于钢筋直径的 5 倍。对于箍筋来说,除焊接封闭环式箍筋外,箍筋的末端应做弯钩。弯钩形式应符合设计要求;当设计无具体要求时,应符合下列规定:箍筋弯钩的弯弧内直径除应满足受力钢筋规定外,尚应不小于钢筋的直径;箍筋弯钩的弯折角度:对一般结构,不应小于 90°;对有抗震等要求的结构应为 135°;箍筋弯后的平直部分长度:对一般结构,不宜小于箍筋直径的 5 倍;对有抗震要求的结构,不应小于箍筋直径的 10 倍和 75 mm 二者的较大值。

2. 钢筋绑扎

钢筋绑扎按照以下要求进行(图 9.6)。

图 9.6 钢筋绑扎

（1）按照生产计划,确保钢筋的规格、型号、数量正确。

（2）绑扎前对钢筋质量进行检查,确保钢筋表面无锈蚀、污垢。

（3）绑扎基础钢筋时按照规定摆放钢筋支架与马凳,不得任意减少架子工装。

（4）严格按照图纸进行绑扎,保证外露钢筋的外露尺寸,保证箍筋及主筋间距,保证钢筋保护层厚度,所有尺寸误差不得超过±5 mm ,严禁私自改动钢筋笼结构。

（5）用两根绑线绑扎连接,相邻两个绑扎点的绑扎方向相反。

（6）拉筋绑扎应严格按图施工,拉筋勾在受力主筋上,不准漏放,135°钩靠下,直角钩靠上,待绑扎完成后再手工将直角钩弯下成135°。

（7）钢筋垫块严禁漏放、少放,确保混凝土保护层厚度。

（8）成品钢筋笼挂牌后按照型号存入成品区。

（9）工具使用后应清理干净,整齐放入指定工具箱内。

（10）及时清扫作业区域,垃圾放入垃圾桶内。

3. 预埋件安装

部分预埋件安装按以下要求进行(图9.7)。

图9.7　预埋件安装

（1）根据墙体尺寸合理组合搭接使用预埋线管,严禁过度浪费整根线管。

（2）根据生产计划需要,提前预备所需预埋件,避免因备料影响生产线进度。

（3）安装埋件之前对所有工装和埋件固定器进行检查,如有损坏变形现象,禁止使用。

（4）安装埋件时,禁止直接踩踏钢筋笼,个别部位可以搭跳板,以免工作人员被钢筋扎伤或使钢筋笼产生凹陷。

（5）在埋件固定器上均匀涂刷脱模剂后按图纸要求固定在模具底模上,确保预埋件与底模垂直、连接牢固。

（6）所有预埋内螺纹套筒都需按图纸要求穿钢筋,钢筋外露尺寸要一致,内螺纹套筒上的钢筋要固定在钢筋笼上。

（7）安装电器盒时首先用埋件固定器将电器盒固定在底模上,再将电器盒与线管连接好,电器盒多余孔用胶带堵上,以免漏浆。电器盒上表面要与混凝土上表面平齐,线管绑扎在内叶墙钢筋骨架上,用胶带把所有埋件上口封堵严实,以免进浆。

（8）安装套筒时套筒与底边模板垂直,套筒端头与模板之间无间隙。

（9）跟踪浇筑完成的构件,可拆除的预埋件(小磁吸等)必须及时拆除。

（10）工具使用后清理干净,整齐放入指定工具箱内。

（11）及时清扫作业区域,垃圾放入垃圾桶内。

9.1.5　混凝土浇筑及养护

1.混凝土浇筑(图9.8)

（1）合理安排报料、运输、布料及构件浇筑顺序,最大化提高浇筑效率,避免人为因素影响生产进度。

（2）浇筑前观察混凝土坍落度,坍落度过大或过小均不允许使用。

（3）浇筑时确保预埋件及工装位置不变。

（4）浇筑时控制混凝土厚度,在基本达到厚度要求时停止下料,混凝土上表面与侧模上沿保持在同一个平面。

图9.8　混凝土布料机向模具中浇筑混凝土

（5）无特殊情况时必须采用振动台上的振动电机进行整体振捣，如有特殊情况（如坍落度过小、局部堆积过高等）可以采用振捣棒振捣。振捣至混凝土表面无明显气泡溢出，保证混凝土表面水平，无突出石子。

（6）作业期间，工作人员时刻注意布料机的走向，避免在工作中被布料机碰伤。

（7）及时、准确、清晰、详细记录构件浇筑情况并保管好文件资料。

（8）收面、抹面次数不少于 3 次，具体参见以下步骤：

第一步，先使用刮杠或震动赶平机将混凝土表面刮平，确保混凝土厚度不超出模具上沿。

第二步，用塑料抹子粗抹，做到表面基本平整，无外漏石子，外表面无凹凸现象，四周侧板的上沿（基准面）要清理干净，避免边沿超厚或有毛边。此步完成之后需静停不少于 1 h 再进行下次抹面。

第三步，将所有埋件的工装拆掉，并及时清理干净，整齐地摆放到指定位置锥形套留置在混凝土上，并用泡沫棒将锥形套孔封严，保证锥形套上表面与混凝土表面平齐。

第四步，使用铁抹子找平，特别注意埋件、线盒及外露线管四周的平整度，边沿的混凝土如果高出模具上沿要及时压平，保证边沿不超厚并无毛边，此道工序需将表面平整度控制在 2 mm 以内，此步完成需静停 2 h。

第五步，使用铁抹子对混凝土上表面进行压光，保证表面无裂纹、无气泡、无杂质、无杂物，表面平整光洁，不允许有凹凸现象。此步应使用靠尺边测量边找平，保证上表面平整度在 2 mm 以内。

（9）将所有埋件的工装拆掉，清理干净后整齐地摆放到指定工具箱内。

（10）工具使用后清理干净，整齐放入指定工具箱内。

（11）如遇特殊情况应及时向班组长或管理人员说明情况。

（12）监控并详细记录预养护室内温度湿度变化情况。

（13）合理控制构件进出预养护仓，不得影响生产线生产。

2. 混凝土养护（图 9.9）

（1）保证控制室内及养护窑周边干净整洁。

（2）监控并详细记录养护室内温度湿度变化情况，蒸养 10 ~ 12 h 可进入下道工序，蒸养温度最高不超过 60 ℃。

（3）养护过程分升温、恒温、降温 3 个阶段，升温速率不大于 10 ℃/h，降温速率不大于 15 ℃/h。

（4）冬季施工构件进入养护窑前需要覆盖塑料薄膜，防止出窑后温度骤降引起构件表面收缩裂纹。

图 9.9　混凝土养护

（5）每个构件进窑前必须准确、清晰地在构件合适位置标注构件编号、浇筑日期等信息。

（6）准确、清晰地记录养护窑使用情况并保管好文件资料。

（7）合理控制构件存取，积极配合生产各项安排，不得影响生产线生产。

（8）阻止无关人员进入控制室，有义务维护控制室内各种设备的正常运行。

3. 脱模及表面检查

（1）拆模之前需进行混凝土抗压试验，试验结果达到拆模强度方可拆模，严禁未达到强度进行拆模。

（2）用扳手把侧模的紧固螺栓拆下，把固定磁盒磁性开关打开然后拆下，确保都拆卸完成后将边模平行向外移出，防止边模在拆卸中变形。卸磁盒使用专用工具，严禁使用重物敲打拆除磁盒。

（3）用吊车（或专用吊具）将窗模以及门模吊起，放到指定位置的垫木上。吊模具时，挂好吊钩后，所有作业人员应远离模具，听从指挥人员的指挥。

（4）拆卸下来的所有工装、螺栓、各种零件等必须放到指定位置，禁止乱放，以免丢失。

（5）将拆下的边模由两人抬起轻放到底模边上的指定位置，用木方垫好，确保侧模摆放稳固，侧模拆卸后应轻拿轻放，并整齐摆放到指定位置。

（6）模具拆卸完毕后，将底模周围的卫生打扫干净，垃圾放入旁边的垃圾桶内。

（7）如遇特殊情况（如窗口模具无法脱模等），应及时向施工员汇报，禁止私自强行拆卸。

（8）完全脱模后检查构件表面问题（如外观质量、预埋物件、外露钢筋、水洗面、注浆孔）。

9.1.6 成品保护

成品防护主要指构件制造过程中的工序与工序之间的保护,主要是防止各工序之间相互影响相互污染,最大限度地减少构件磕碰损伤,特别是在拆模及转运环节。

成品防护是指为了保证任意工序成果免受其他工序施工的破坏而采取的整体规划的措施或方案。在构件制作过程中,应尽可能防止各工序之间相互影响、相互污染,最大限度地减少构件磕碰损伤。

1. 模具安装期间

模具的安装程序为:清模→组模→涂刷脱模剂→涂刷水洗剂→安装模具。

(1)模具边棱处混凝土残渣清理不干净会影响组模精度,合模不严密会产生漏浆和蜂窝麻面等质量问题。

(2)构件光滑面模具侧边模台表面清理不干净、有杂物会造成脱模剂涂刷不均匀,既而造成生产的构件表面不光滑、有气孔;脱模剂聚集未用抹布擦干,则会造成构件表面粉化。

(3)水洗面模具不能光滑,否则会导致水洗剂涂刷不均匀和流挂现象,造成构件边棱破损,进而影响构件冲洗效果和外观质量。

2. 钢筋与预埋件安装期间

钢筋与预埋件安装程序为:钢筋加工制作→钢筋绑扎+预埋件安装。

(1)钢筋加工误差较大会影响钢筋绑扎质量及模具安拆,如剪力墙水平环筋高度偏大会造成入模、拆模困难,偏小会造成套筒钢筋安装困难。

(2)钢筋固定位置偏差会影响预埋件定位,如叠合板施工中会因为网片钢筋偏差影响预埋安装,只能切断钢筋再进行局部加强。

(3)预埋件位置要求比较精准,但是钢筋绑扎、预埋本身交叉施工浇筑混凝土、振捣、收面等都会造成预埋件偏位。

3. 混凝土浇筑与养护期间

混凝土浇筑与养护的程序为:浇筑→预养收面→养护→脱模→洗水。

(1)浇筑混凝土要避开预埋脆弱位置,浇筑过程中造成预埋偏位的要标示并告知收面人员纠正。

(2)浇筑混凝土要根据不同构件类型、不同养护条件选用合适的坍落度,选用不当会产生构件过振、少振、收面困难等问题。

(3)预养收面要在最后一次检查时对预埋件偏位情况进行检查纠正。

(4)养护要根据养护环境条件选择合适的养护措施,如温差过大、洒水不均匀会产生均布裂纹,薄膜张贴不均会造成构件表面颜色不均。

（5）拆模要讲究方法与技巧,避免损伤模具,破坏构件棱角。

（6）水洗面冲洗要等构件达到起吊强度后再进行,否则水洗液会渗入构件底面,污染表面,使构件表面粉化、色泽不均,形成花面。

9.2　装配式混凝土构件施工

9.2.1　构件安装机械设备

在装配式建筑施工中,结构吊装工程是主导工种工程,正确选用起重运输机具是完成站工任务的主导因素。

1.起重机械

构件安装工程中常用的起重机械有:塔式起重机、履带式起重机、轮胎式起重机、汽车起重机、整体牵引提升机械设备等。起重机的选择包括起重机类型的选择和起重机型号的确定。起重机械的主要技术性能参数是起重量、起重力矩、起重高度和最大幅度。

2.吊装索具

吊装索具包括钢丝绳、吊索、卡环、横吊梁、滑车组等。校正设备包括千斤顶、临时固定用楔块、屋架校正器、手拉葫芦、柱斜撑梁板等构件的支撑架(鹰架)调整垫片等。千斤顶用于校正构件的安装偏差、矫正构件的变形或顶(提)升大跨度屋盖结构等。

9.2.2　构件的运输与堆放

1.构件运输的准备方案

（1）指定构件运输方案:根据构件的重量、外形尺寸、数量,构件装卸现场和运输道路的情况,结合施工单位或当地的起重运输机械的条件等因素,确定构件运输方法,选择起重运输机械。

（1）吊装验算:根据运输方案确定的条件,对钢筋混凝土预制构件进行抗裂验算,对钢预制构件进行变形验算。如果经过验算,构件有损坏或变形的可能,应采取技术措施对构件加以保护,或修正运输方案。

例如,钢筋混凝土柱子吊装验算:①确定柱子吊点:原则是使吊点处最大负弯矩与柱子跨内最大正弯矩绝对值相等。柱子吊点的位置见表9.3(L 为柱长,A_t 为柱顶截面面积,K 为考虑换算后力臂变化系数,$K=1.1\sim1.3$)。②柱子吊装验算:强度验算的原则是柱子的配筋和截面应满足柱子起吊时对配筋和截面的要求。对于翻身起吊的柱子,一般可只验算配筋。③其他,包括抗裂验算、抗倾覆验算和温差影响验算。柱子吊点位置见表 9.3。

表 9.3　柱子吊点位置

柱截面形式	吊点数	吊点位置
等截面	1	距柱顶 0.293L
	2	距柱顶、脚 0.207L
变截面	1	距柱顶 0.293A_1KL/A 或牛腿根部
	2	距柱顶 0.207A_1KL/A

2. 构件的运输方法

预制构件的运输车辆应满足构件尺寸和载重要求,装卸与运输时应符合下列规定:装卸构件时,应采取保证车体平衡的措施;运输构件时,应采取防止构件移动倾倒、变形等的固定措施;运输构件时,应采取防止构件损坏的措施,对构件边角部或链索接触处的混凝土,宜设置保护衬垫。

重型、中型载货汽车,半挂车载物高度从地面起不得超过 4 m,载运集装箱的车辆不得超过 4.2 m。构件竖放运输高度选用低平板车,可使构件上限高度低于限高高度。运输台架和车斗之间要放置缓冲材料,长距离或者海上运输时,需对构件进行包框处理,防止造成边角的缺损。横向装车时,要采取措施防止构件中途散落。竖向装车时,要事先确认所经路径的高度限制,确认不会出现问题。装车完毕后,按规定进行检查确认。

3. 构件的堆放

施工现场构件堆放的平面布置,应根据吊装工程施工组织计算确定;各种构件的堆放地点,应根据吊装施工方案确定。堆放场地应坚实,排水通畅。

构件堆放时,构件与地面之间应垫方木支撑,支撑点位置根据构件的变形验算确定。多层堆放时,层与层之间也应加设垫木。垫木要保持水平,上、下层垫木应处在同一条垂直线上。预制柱梁、叠合楼板、阳台板、楼梯、空调板宜采用平放驳运,预制墙板宜采用竖直立放驳运;预制构件进场后的现场存放,预制墙板宜采用堆放架插放或靠放,堆放架应具有足够的承载力和刚度,预制墙板外饰面不宜作为支撑面,对构件薄弱部位应采取保护措施;预制叠合板柱、梁宜采用叠放方式,预制叠合板叠放层数不宜大于 6 层,预制柱、梁叠放层数不宜大于 2 层。

9.2.3　预制构件的吊装与连接

构件安装的工序:绑扎→起吊→就位→临时固定→校正→最后固定。用于多层及高层建筑构件安装的起重机械主要有:轨道式塔式起重机、自行式起重机(履带式、汽车式、轮胎式)、自升式塔式起重机。结构安装方法有综合吊装法和分件吊装法。综合吊装法是以一个柱网(节间)或若干个柱网(节间)为一个施工段,以房屋的全高为一个施工层,组织各工序的流水。分件吊装法也称分层分段流水吊装法,以一个楼层为一个施工层(如果柱是两层一节,则以两个楼层为一个施工层),每一个施工层再划分成若干个施工段,以便于构件吊装、校正、焊接、接头灌浆等工序的流水作业。

预制构件吊装施工流程主要包括构件起吊、就位调整、脱钩等环节。通常在楼面混凝土浇筑完成后开始准备工作。准备工作有测量放样、临时支撑就位、斜撑连接件安放、止水胶条粘贴等。然后开始预制构件吊装施工期间主要涉及钢筋工种的界面配合工作。

预制构件吊装应符合下列规定:

(1)预制构件应按施工方案的要求吊装,起吊时绳索与构件水平面的夹角不宜小于60°,且不应小于45°。

(2)预制构件吊装应采用慢起、快升、缓放的操作方式。预制墙板就位宜采用由上而下的插入式安装形式。

(3)预制构件吊装过程不宜偏斜和摇摆,严禁吊装构件长时间悬挂在空中。

(4)预制构件吊装时,构件上应设置缆风绳控制构件转动,保证构件就位平稳。

(5)预制构件的混凝土强度应符合设计要求。

(6)预制构件吊装应及时设置临时固定措施,临时固定措施应按施工方案设置,并在安放稳固后松开吊具。

通常的预制构件吊装用时见表9.4(注:预制柱及预制剪力墙需要无收缩砂浆灌浆施工,10 min/孔)。

表9.4　预制构件吊装用时

构件名称	吊装用时/min	备　　注
预制柱	30	包括垫片标高测设、垂直度调整
预制梁	40	包括临时支撑搭设、定位调整
预制楼板	20	包括单管支撑搭设、标高调整
预制楼梯	40	包括楼梯支撑架搭设、定位调整
预制阳台、空调板	20	包括单管支撑搭设、标高调整
预制剪力墙板	30	包括垫片标高测设、垂直度调整
预制外挂板	40	包括挂点标高测设、垂直度调整

预制构件施工流程主要以标准层楼面预制构件施工顺序为依据,预制构件主要包括预制柱、预制梁、预制楼板、预制楼梯、预制阳台、预制外墙板等。结构形式分为装配整体式框架结构、装配整体式剪力墙结构、预制叠合剪力墙结构和装配整体式框架现浇剪力墙结构。框架体系预制装配式混凝土结构施工流程:预制柱吊装→预制梁吊装→预制叠合楼板吊装→叠合层混凝土浇筑。

框架体系预制装配式混凝土结构的主要预制构件有预制柱、预制大小梁、预制叠合楼板、预制楼梯、预制阳台、预制空调板,部分工程设计有预制外墙,其中,预制外墙按照施工工艺的不同又可分为干式墙板和湿式墙板两类。

干式节点预制外墙通常在预制梁侧边预留挂点,预制墙板上留设挂板,然后通过挂点处设置垫片调整控制预制外墙的标高。在整个结构体完成后进行墙板的吊装。

湿式节点预制外墙吊装工序:放样→预制柱吊装→预制大梁吊装→预制小梁吊装→楼板吊装→外墙吊装→阳台板吊装→楼梯吊装→现浇结构工程及机电配管→楼板灌浆。湿式墙板吊装是在楼板灌浆之前。湿式节点预制外墙的安装方式:在墙板的上部预留锚筋,锚筋插入叠合现浇层内。在楼板浇筑时,将墙板的上部和结构体用现浇混凝土的方式浇筑在一起,下部用铁件连接,有一定的滑动空间,以利于跟随地震(含风力)晃动。

预制剪力墙体系主要预制构件为预制剪力墙、预制楼梯、预制楼板、预制空调板、预制阳台,预制剪力墙安装流程与框架体系中湿式节点墙板安装流程相同,通过预留钢筋锚固到现浇楼板中,但预制剪力墙底部通过留孔或预埋套筒进行灌浆与预留钢筋连接。同时,预制剪力墙体系中预制与现浇混凝土连接部位设有 PCF 板,该节点处施工时重点要注意与钢筋工种的搭接处理,施工顺序是先吊装预制剪力墙板,然后进行钢筋绑扎作业。

1. 预制柱

(1)预制柱吊装流程。

预制柱吊装流程为:施工前准备→定位抄平→预制柱初步就位→校正→可调斜支撑固定→卸扣。

预制柱由于体型、截面等尺寸较大,混凝土强度高,相对而言,预制柱构件较为结实。按照一般流程,可基本完成预制柱的安装。

(2)预制柱的安装质量与落位点的精确控制存在着较大关系。一般而言,在预制柱吊装之前,通过水平仪测量,事先调节柱子底部的铁垫块或螺母,按同一基数值调好,允许偏差值为 0 ~ 2 mm。为进一步提高落位点标高调节的方便性和准确性,还可以预埋螺栓孔,通过拧螺栓调节柱底标高,预制柱直接坐落于螺栓上。

（3）位置调节及固定。

预制柱落位后，应根据地面主控线（轴线）进行柱子水平位置调整，保证柱子中心与轴线重合，尽可能确保中心偏差在±3 mm。常规使用撬棍等工具进行预制柱水平位置的微动，可能导致预制柱边角位置的损伤。因此，应尽可能使用专用的水平调节器进行操作。

预制柱落位后，应及时设置斜支撑。斜支撑初步固定后，可利用铅垂线、经纬仪、激光垂直仪等措施，校核预制柱的垂直度，并通过调节斜支撑调整 PC 柱垂直度，固定斜支撑，最后才能摘钩。预制柱在安装斜支撑固定之前，塔吊不得有任何动作及移动。斜支撑应不少于 2 根，并应安装于预制柱的两个侧面，且斜支撑与楼面的水平夹角不应小于 60°。

2. 预制梁

（1）预制梁吊装流程。

预制梁吊装流程为：施工前准备、支撑架体搭设调节→预制梁起吊→预制梁安装→位置精调→卸扣、完成安装。

总体而言，预制梁安装应遵循先主梁后次梁、先低后高的原则。由于预制梁往往坐落于支架上，且存在伸出钢筋等影响，预制梁的吊装容易出现问题，因此，应重视施工前准备工作，提高预制梁安装的质量。

（2）施工前复核。

预制梁吊装前，应复核柱钢筋与梁钢筋位置、尺寸，对预制梁钢筋与柱钢筋安装有冲突且难以通过现场手段调整的，应按经设计部门确认的技术方案调整。事先若不做好足够的准备措施，轻则导致现场安装人员利用撬棍调整，安全风险增加，重则可能导致切割钢筋等现象出现，应给予足够的重视。

（3）梁下支撑。

预制梁坐落于支架上，支架的搭设质量直接影响到预制梁的安装精度和支撑有效性。因此，预制梁吊装前，应首先根据图纸确定支架的位置，然后进行组装。按照图纸尺寸调整支架。设计无要求时，长度小于等于 4 m 时应设置不少于 2 道垂直支撑，长度大于 4 m 时应设置不少于 3 道垂直支撑，梁底支撑标高调整宜高出梁底结构标高 2 mm。一般而言，宜在梁下设置专门的立杆用以支撑预制梁，主次梁交接位置处，宜设置一道立杆。在满足承载和变形要求的情况下，亦可利用盘扣架的连接盘和特制的横梁作为梁下支撑。预制梁落位后，标高可通过下部支撑架的顶丝来调节。在确保现浇混凝土强度达到设计要求，可承受全部设计荷载后，才可拆除支架。

（4）吊索要求。

预制梁一般用两点吊，预制梁两个吊点分别位于梁顶两侧距离两端 0.2L

（L 为预制梁长度）的位置。应根据预制梁的尺寸及重量要求选择适宜的吊具，在吊装过程中，吊索水平夹角不宜小于 60°，不得小于 45°；预制梁长度过大，导致满足夹角要求的吊索长度过长时，应设置分配梁或分配桁架的吊具，并应保证吊车主钩位置、吊具及构件重心在竖直方向重合。

（5）临时固定。

预制梁规格较小时，一般无须设置临时斜支撑固定，仅直接坐落于支撑架上。当预制梁规格较大、截面较高，后续施工可能产生干扰，导致预制梁不稳固时，应该设置临时斜支撑，以固定预制梁，提高安装质量。

3. 预制叠合板

（1）预制叠合板吊装流程。

预制叠合板吊装流程为：施工前准备→预制叠合板起吊→预制叠合板吊运→预制叠合板初就位→预制叠合板安装→卸扣→位置精调。

一般而言，预制叠合板厚度在 6~8 cm，厚度较薄，吊装时应确保预制叠合板不发生损伤，出现可见裂缝。预制叠合楼板吊装应按照吊装顺序依次铺开，不宜间隔吊装。在混凝土浇筑前，应校正预制构件的外露钢筋，外伸预留钢筋伸入支座时，预留筋不得弯折；相邻叠合楼板间拼缝及预制楼板与预制墙板位置拼缝应符合设计要求并有防止裂缝的措施。施工集中荷载或受力较大部位应避开拼接位置。

（2）板下支撑。

预制叠合板下，应设置顶撑，通过顶撑端部的木楞或其他横梁支撑预制叠合板，无须设置模板。预制叠合构件支撑搭设时，应在跨中及紧贴支座部位均设置由立杆和横撑等组织成的临时支撑。当轴跨 $L \leqslant 3.6$ m 时跨中设置一道支撑，当轴跨 3.6 m$<L \leqslant 5.4$ m 时跨中设置两道支撑，当 $L>5.4$ m 时跨中设置三道支撑。多层建筑中各层支撑应设置在一条直线上，以免板受上层立杆的冲切。

（3）吊索要求。

与预制梁类似，在预制叠合板吊装过程中，吊索水平夹角不宜小于 60°，不得小于 45°。预制叠合板规格较小时，可采取直接四点挂钩的方式进行起吊；如果预制叠合板跨度和宽度较大时，应采取特制分配架、增加挂钩点进行起吊，避免起吊过程导致预制叠合板开裂。

4. 预制剪力墙

（1）预制剪力墙吊装流程。

预制剪力墙吊装流程为：施工前准备→就位面处理→剪力墙吊运→剪力墙对孔→剪力墙初就位→斜撑固定→位置微调→垂直度校验→剪力墙吊装完成。

目前,预制剪力墙在我国应用较广,但在施工过程中却极易出现各种质量问题,预制剪力墙的吊装应给予足够的重视。一般而言,一般流程和注意事项,可基本完成预制剪力墙的安装,但各个环节的完成情况必须严格控制和检查,以提高预制剪力墙的吊装质量。

(2)若预制剪力墙水平放置或运输,则必须利用吊机将水平状态的预制剪力墙进行翻身。由于预制墙较薄,翻身工况应经过详细验算,考虑预制剪力墙自重及冲击荷载,避免翻身过程中出现裂缝。翻身起吊应柔和缓慢,减少对预制墙体的冲击。预制剪力墙翻身后、起吊前,可在下侧钉制 500 mm 宽的通长多层板,保证预制墙板边缘不被损坏。

(3)就位面处理。

就位面处理分为 3 个部分,即就位面清理、水平面抄平、坐浆或分仓。在预制剪力墙吊装到指定位置前,应完成上述 3 个部分的工作。首先清理干净就位面,不可存在明显的石子、浮料等,并浇水湿润,但不可有明显积水。预制剪力墙就位面未处理干净,未清理的渣滓等将严重影响后续剪力墙灌浆的质量,引起工程质量事故。

就位面清理干净后,应根据控制标高用钢垫片或螺栓等措施设置并调节好预制剪力墙的支承点。最后,根据预制剪力墙采用单点灌浆法连接还是连通腔灌浆法连接而采取相应铺浆、坐浆措施,坐浆标高应高出预制剪力墙板支承点2 mm。

(4)就位过程。

当预制剪力墙吊运至距楼面 1 m 处时,应减缓下放速度,由操作人员手扶引导降落,防止与防护架体或竖向钢筋碰撞。在就位对孔过程中,操作人员可利用镜子观察连接钢筋是否对准套筒,若仍存在个别钢筋无法对孔的情况,可及时采取相关措施,进行少量调节,直至钢筋与套筒全部对接;若钢筋误差较大,无法通过简单措施调整到位,应停止该墙板的吊装,会同相关方,采取合理技术措施,将钢筋调整到位后,再进行该墙板的吊装。预制剪力墙降落至支承点后停止降落,同时进行调节保证预制墙板下口与预先测放的定位墙线重合。

(5)临时固定。

预制剪力墙落位以后,立刻安装临时可调斜支撑,每件预制墙板安装过程的临时斜支撑应不少于 2 道,支撑点位置距离底板不宜大于板高的 2/3,且不应小于板高的 1/2,斜支撑的角度宜为 45°,不应大于 60°;斜支撑设置时,在垂直预制墙板方向上,应略微外张,提高预制墙板各个方向上的稳固性。斜支撑安装好后,通过调节支撑活动杆调整墙板的垂直度。

5. 外挂墙板

（1）外挂墙板吊装流程。

外挂墙板吊装流程为：施工前准备→就位面处理→外挂墙板吊运→外挂墙板初就位→斜撑固定→位置微调→垂直度校验→外挂墙板吊装完成。

外挂墙板作为重要的围护构件，其吊装过程与结构构件同样重要。外挂墙板吊装完成后，由于防水、保温等需要，还需进一步采取塞缝、打胶等措施，保证建筑使用功能的需要。根据外挂墙板的连接方式，往往有先装法和后装法之分。线挂式外挂墙板需要通过预留钢筋锚固于后浇层的方式进行连接，因此，在主体结构施工过程中，楼面叠合层浇筑前完成吊装，称为先装法；点挂法采用预埋件实现连接，可在主体结构施工完成后进行吊装施工，称为后装法。

（2）就位过程。

先装法吊装外挂墙板过程中，将外墙板的下口对准安装墨线，根据轴线构件边线，用专用撬棍对墙体轴线进行校正，板与板之间可用撬棍慢慢撬动，用橡皮锤或加垫木敲击微调。在墙体下端用木楔顶紧板底部调整墙体标高，亦可通过预埋螺栓，通过螺栓超平标高，保证外挂墙板标高准确。后装法吊装外挂墙板过程中，由于受到施工楼层的影响，外挂墙板接近安装位置时，需要操作人员在室内采用溜绳牵引外挂墙板，同时塔吊大臂回转使得外挂墙板水平平移，调节两侧倒链使得连接螺栓插入外挂墙板连接孔洞中。外挂墙板就位后，及时设置斜支撑，并将螺栓安装上，先不拧紧。根据已经画好的控制线，调整外挂墙板的水平、垂直及标高，待均调整到误差范围内后将螺栓紧固到设计要求，部分连接部位根据设计要求，进行相关的焊接等工作。

6. 预制楼梯

（1）预制楼梯吊装流程。

预制楼梯吊装流程为：施工前准备→就位面处理→预制楼梯起吊→预制楼梯吊运→预制楼梯初就位→预制楼梯安装→位置精调→预制楼梯成品保护。

一般而言，预制楼梯规格化程度高，吊装流程按照一般流程，可基本完成预制楼梯的安装。

（2）就位面处理。

目前，我国的楼梯构件在结构中往往被当成滑移构件，以减小楼梯对结构抗震性能的影响。因此，预制楼梯往往一端为固定支座，另一端为滑移支座，构造细节存在差异。在预制楼梯吊装前，应熟悉图纸设计要求，明确固定端和滑移端。在固定端，可根据图纸要求及找平高度，铺设相应坐浆料，浆料需均匀饱满，亦可采用螺母或垫片等方式进行标高在滑移端，通过坐浆料进行抄平后，在梯梁下端铺设聚四乙烯板等滑移材料，并且搁置在坐浆料上方。

在处理就位面的同时,还应检查销栓钢筋是否预埋到位,是否存在影响预制楼梯顺利落位的偏差,一旦不满足预制楼梯安装条件,应及时采取措施进行处理。

(3)预制楼梯姿态调整。

不同于预制梁、预制叠合板等水平构件,预制楼梯在堆放时为水平搁置,安装到位后为斜向状态,因此,在正式吊运前,需要调整好其空中的姿态,便于后续顺利落位。

预制楼梯吊装采用专用吊架,端吊索下方可设置手动葫芦。预制楼梯吊点与吊具吊钩连接后,吊机缓缓吊起预制楼梯,离地面 20 ~ 30 cm 时,操作人员调节手动葫芦使楼梯呈斜置状态,配合使用水平尺调整踏步水平。预制楼梯姿态调整到位后,继续快速吊运其至安装位置。

7. 预制阳台、空调板等

(1)预制阳台、空调板等吊装流程。

预制阳台、空调板等吊装流程为:施工前准备→预制阳台、空调板等起吊→预制阳台、空调板等吊运→预制阳台、空调板等初就位→预制阳台、空调板等安装→卸扣→位置精调。

预制阳台、空调板等附属构件的吊装可参照预制梁、预制叠合板等相关水平构件的吊装,应注意临时支撑和临边防护的设置。

(2)临时支撑。

对于预制阳台、空调板等构件,在吊装前应设置竖向支撑架体。支撑架体宜采用定型独立钢支柱,并形成自稳定的整体架,且宜与相邻结构可靠连接。

(3)临边措施。

由于阳台、空调板等构件一半位于结构边缘,吊装就位时属于临边位置,因此操作人员的防护需要进一步保障,确保施工安全。预制阳台或空调板就位处,应设置安全绳,操作人员应尽量位于安全绳内侧进行相关操作。

9.3 装配式混凝土构件验收

9.3.1 材料及构件的质量检验

1. 预制构件质量的进场检验

预制构件进场时,应进行下列检查:

(1)预制构件混凝土强度。

(2)预制构件的标识。

（3）预制构件的外观质量、尺寸偏差。预制构件尺寸偏差检验的取样数量规定如下：同一钢种、同一混凝土等级、同一生产工艺、同一结构形式、不超过100个预制构件为一批，每批应抽查构件数量的5%，且不应少于3件。预制构件尺寸允许偏差及检验方法见表9.5。

表9.5　预制构件尺寸允许偏差及检验方法

项　目		允许偏差/mm	检验方法
长度	楼板、梁、柱、桁架 <12 m	±5	尺量
	楼板、梁、柱、桁架 ≥12 m 且<18 m	±10	
	楼板、梁、柱、桁架 ≥18 m	±20	
	墙板	±4	
宽度、高（厚）度	楼板、梁、柱、桁架	±5	尺量一端及中部，取其中偏差绝对值较大处
	墙板	±4	
表面平整度	楼板、梁、柱、墙板内表面	5	2 m靠尺和塞尺测量
表面平整度	墙板外表面	3	2 m靠尺和塞尺测量
侧向弯曲	楼板、梁、柱	$l/750$ 且≤20	拉线、直尺量测最大侧向弯曲处
	墙板、桁架	$l/1\ 000$ 且≤20	
翘曲	楼板	$l/750$	调平尺在两端测量
	墙板	$l/1\ 000$	
对角线	楼板	10	尺量两个对角线
	墙板	5	
预留孔	中心线位置	5	尺量
	孔尺寸	±5	
预留洞	中心线位置	10	尺量
	洞口尺寸、深度	±10	
预埋件	预埋板中心线位置	5	尺量
	预埋板与混凝土面平面高差	0，-5	
	预埋螺栓	2	
	预埋螺栓外露长度	+10，-5	
	预埋套筒、螺母中心线位置	2	
	预埋套筒、螺母与混凝土面平面高差	±5	

续表 9.5

项 目		允许偏差/mm	检验方法
预埋插筋	中心线位置	5	尺量
	外露长度	+10,−5	
键槽	中心线位置	5	尺量
	长度、宽度	±5	
	深度	±10	

注:l 为构件长度(mm);检查中心线、螺栓和孔道位置时,沿纵横两个方向测量,并取其中偏差较大值

(4)预制构件上的预埋件、插筋、预留孔洞的规格位置及数量。

(5)结构性能检验。梁板类简支受弯预制构件进场时,应进行结构性能检验:钢筋混凝土构件和允许出现裂缝的预应力混凝土构件应进行承载力、挠度和裂缝宽度检验,不允许出现裂缝的预应力混凝土构件应进行承载力、挠度和抗裂检验。对大型构件及有可靠应用经验的构件,可只进行裂缝宽度、挠度和抗裂检验。对使用数量较少的构件,当能提供可靠依据时,可不进行结构性能检验。对其他预制构件,除设计有专门要求外,进场时可不做结构性能检验。对进场时不做结构性能检验的预制构件,应采取下列措施:施工单位或监理单位代表应驻厂监督制作过程;当无驻厂监督时,预制构件进场时应对预制构件主要受力钢筋数量、规格、间距及混凝土强度等进行实体检验。

2. 钢筋连接件

预制构件与结构之间的连接应符合设计要求,连接处钢筋或埋件采用焊接或机械连接时,接头质量应符合现行国家标准《钢筋焊接及验收规程》《钢筋机械连接应用技术规程》的要求。

3. 接头和拼缝材料

装配式结构中的接头和拼缝应符合设计要求,当设计无具体要求时,应符合下列规定:

(1)对承受内力的接头和拼缝应采用混凝土浇筑,其强度等级应比构件混凝土强度等级提高一级。

(2)对不承受内力的接头和拼缝应采用混凝土或砂浆浇筑,其强度等级不应低于 C15 或 M15。

(3)用于接头和拼缝的混凝土或砂浆,宜采取微膨胀措施和快硬措施,在浇筑过程中,应振捣密实,并应采取必要的养护措施。

构件连接密封材料应符合现行行业标准《混凝土建筑接缝用密封胶》的有

关规定;背衬填料宜选用直径为缝宽 1.3~1.5 倍的聚乙烯圆棒。预制构件钢筋连接用灌浆料,每检验批不超过 5 t。施工前,应在现场制作同条件接头试件,每 500 个套筒灌浆连接接头为一个验收批,每批取 3 个接头做抗拉强度试验,初验不合格应双倍取样复验。

4. 叠合层后浇混凝土

用于检验混凝土强度的试件应在浇筑地点随机抽取。同一配合比、每拌制 100 盘、不超过 100 m、每一工作班、每一楼层取样不得少于一次,每次取样应至少留置一组试件。

9.3.2　预制构件施工质量验收

1. 一般规定

(1)验收对象划分。

目前,在装配式混凝土建筑工程验收的实际操作乃至部分规范指南中,建议或者规定将装配式混凝土结构作为子分部工程进行验收,在此基础上,将预制混凝土构件安装、连接等环节作为分项工程进行验收。然而,实际建造的装配式混凝土结构中,存在着大量的现场浇筑混凝土相关的作业,而这部分工序的验收标准往往又按照现浇混凝土的相关验收程序和要求进行,现浇混凝土的验收又作为独立部分,这造成了子分部工程划分的混乱和困难,不利于应对不同的预制现浇混凝土结构形式的验收工作。

按照《建筑工程施工质量验收统一标准》(GB 50300—2013)、《混凝土结构工程施工质量验收规范》(GB 50204—2015)中的相关规定,在主体结构中,将混凝土结构工程整体作为混凝土结构子分部工程,将装配式混凝土结构作为分项工程。具体而言,混凝土结构子分部工程进一步可划分为模板、钢筋、预应力、混凝土、现浇结构和装配式结构等分项工程。装配式混凝土结构分项工程之下,进一步增加预制混凝土构件、安装、连接、钢筋套筒灌浆和钢筋浆锚连接等子分项工程。各分项(子分项)工程可根据与生产和施工方式相一致且便于控制质量的原则,按进场批次、工作班、楼层、结构缝或施工段划分为若干检验批。

(2)验收组织。

检验批应由专业监理工程师或建设单位相关技术负责人组织施工单位项目专业质量检查员、专业工长等进行验收。分项(子分项)工程应由监理工程师或建设单位项目技术负责人组织施工单位项目专业质量(技术)负责人等进行验收。分部工程应由总监理工程师或建设单位项目负责人组织施工单位项目负责人和技术、质量负责人等进行验收;地基与基础、主体结构分部工程的勘察设计单位工程项目负责人以及施工单位技术质量部门负责人也应参加相关分部工程验收。单位工程完工后,施工单位应自行组织有关人员进行检查评定,并向建设单位提交工程验收报告。建设单位收到工程验收报告后,应由建设单位项目负责人组织施工(含分包单位)、设计、监理、勘察等单位进行单位工程验收。根据装配式施工特点及穿插流水施工需要,应与行业监督部门沟通协调,分段验收。

(3)验收要求。

对于目前应用的装配整体式混凝土结构,装配式混凝土结构作为分项工程,应在子分项工程验收合格的基础上,进行质量控制资料检查,并应对涉及结构安全、有代表性的部位进行结构实体检验;混凝土结构工程作为子分部工程,其质量验收应在相关分项工程验收合格的基础上,进行质量控制资料检查及观感质量验收,并应对涉及结构安全、有代表性的部位进行结构实体检验。分项(子分项)工程的质量验收应在所含检验批验收合格的基础上,进行质量验收记录检查。

装配式混凝土结构分项工程施工质量验收时,应提供下列文件和记录:工程设计文件、预制构件深化设计图、设计变更文件;预制构件、主要材料及配件的质量证明文件、进场验收记录、抽样复验报告;钢筋接头的试验报告;预制构件制作隐蔽工程验收记录;预制构件安装施工记录;钢筋套筒灌浆等钢筋连接的施工检验记录;后浇混凝土和外墙防水施工的隐蔽工程验收文件;灌浆料、坐浆材料强度检测报告;结构实体检验记录;装配式结构子分项工程质量验收文件;装配式工程的重大质量问题的处理方案和验收记录;其他必要的文件和记录(宜包含 BIM 交付资料)。

装配式混凝土结构分项工程施工质量验收合格应符合以下要求:所含子分项工程质量验收应合格;应有完整的质量控制资料;观感质量验收应合格;结构实体检验结果应符合《混凝土结构工程施工质量验收规范》(GB 50204—2015)的要求。

当混凝土结构施工质量不符合要求时,应按下列规定进行处理:经返工、返修或更换构件部件的,应重新进行验收;经有资质的检测机构按国家现行相关标准检测鉴定达到设计要求的,应予以验收;经有资质的检测机构按国家现行相关标准检测鉴定达不到设计要求,但经原设计单位核算并确认仍可满足结构安全和使用功能的,可予以验收;经返修或加固处理能够满足结构可靠性要求的,可根据技术处理方案和协商文件进行验收。

(4)首段验收制。

首段验收指针对同一项目中装配式混凝土结构具有代表性的首个施工段进行验收,可系统检验安装施工工艺及质量是否符合设计要求,并可验证相关施工工艺及技术的可行性,为后续工程大面积重复应用提供样板引路。针对"等同现浇"装配式混凝土结构的设计与施工特点,除应加强对预制构件安装质量的检查验收外,也应重视对后浇混凝土部位钢筋绑扎及模板安装等隐蔽工程施工质量的检查验收。承担装配式混凝土结构工程的建设单位和施工单位应根据装配式混凝土结构的特点和工程具体情况建立相应的质量保证体系,形成并完善首段验收等质量管理制度。

建设单位应组织装配式混凝土结构工程参建各方(包括设计单位、预制构件生产单位、施工总承包单位和监理单位)在首个施工段预制构件安装完成和后浇混凝土部位隐蔽工程完成后进行首段验收,验收资料应备案、归档,经验收合格后方可进行后续工程施工。

2. 预制构件

预制混凝土构件的验收基本在预制构件进场时完成,只有验收合格的预制混凝土构件,才能被允许进入施工现场并用于后续安装施工。

(1)资料性内容。

预制构件进场验收时,应核查、形成并备案的资料包括:装配式预制构件生产企业质量保证体系资料;设计文件审查合格证书,深化设计文件应经设计单位认可;预制构件出厂质量合格证明文件、有效期内的型式检验报告;现场抽样检测报告,对于预制构件的型式检验内容,可参照表9.6的内容。

表9.6　型式检验内容参考

序号	参数	单位
1	传热阻	$m^2 \cdot K/W$
2	吊装孔抗拔力	N
3	耐火极限	h
4	隔声测量	dB
5	节点螺栓连接力	N
6	构件材料强度	N/mm^2
7	最大承载力	N
8	几何尺寸	mm

(2)检查内容。

对于预制混凝土构件进场时的检查,主控项目主要有:资料性文件,结构性能检验,预埋件等预设部件相关参数,混凝土外观严重缺陷,影响结构性能和安装使用功能的尺寸偏差,混凝土强度,钢筋直径和位置等,装饰混凝土构件表面预贴饰面砖,石材等饰面相关内容,等等。除结构性能检验,主控项目检查均应全数检查。

对于梁板类简支受弯预制构件,进场时应进行结构性能检验,形成结构性能检验报告。其他预制构件,除设计有专门要求外,进场时可不做结构性能检验,但应派驻施工单位或监理单位代表进行驻厂监督生产过程。当无驻厂监督时,预制构件进场时应对其主要受力钢筋数量、规格、间距、保护层厚度及混凝土强度等进行实体检验,形成实体检验报告,作为结构性能的证明文件。结构性能检验按批进行,同一工艺正常生产的不超过1 000件为一批,在每批中随机抽取1件有代表性构件进行检验,"同类型"指同一钢种、同一混凝土强度等级、同一生产工艺和同一结构形式。抽取预制构件时,宜从设计荷载最大、受力最不利或生产数量最多的预制构件中抽取。进行实体质量检验时,抽样数量应符合表9.7的要求。

表9.7　实体检验构件抽取最小数量

构件总数量	最小抽样数量
20 以下	全数
50	30
100	40
250	50
500	55
1 000 及以上	60

一般项目主要有:预制构件外观质量一般缺陷,一般尺寸偏差等。预制构件外观质量应全数检查,一般尺寸偏差可在同一检验批次内抽查构件数量的10%,且不少于3件。

3. 安装与连接

预制构件安装的验收主要是两部分内容,安装前准备条件的验收、安装后预制构件外观质量和误差等的验收。

安装前,应检查验收相关准备条件的情况,较关键的主控项目包括:

(1)叠合构件的叠合层、接头和拼缝,当其现浇混凝土或砂浆强度未达到吊装混凝土强度设计要求时,不得吊装上一层结构构件;当设计无具体要求时,混凝土或砂浆强度不得小于10 MPa或具有足够的支承方可吊装上一层结构构件;已安装完毕的装配式结构应在混凝土或砂浆强度达到设计要求后,方可承受全部设计荷载。

检查数量:每层做一组混凝土试件或砂浆试件。

检验方法:检查同条件养护的混凝土强度试验报告或砂浆强度试验报告。

(2)叠合楼面板铺设时,板底应坐浆,且标高一致。叠合构件的表面粗糙度应符合要求,且清洁无杂物。

检查数量:抽查 10%。

检验方法:观察检查。

(3)预制构件临时固定措施相关的措施,如水平构件的支撑架、竖向构件临时斜撑的下连接点,应符合设计、专项施工方案要求及国家现行有关标准的规定。

检查数量:全数检查。

检验方法:观察检查,检查施工方案、施工记录或设计文件。

(4)预制构件的外露钢筋长度、水平定位应符合设计要求,特别是采用灌浆套筒连接、钢筋浆锚搭接连接的相关外露钢筋。

检查数量:全数检查。

检验方法:量测检查。

安装后,应检查验收安装完成的状态,主要包括以下内容:

(1)预制构件安装尺寸允许偏差及检验方法应符合表 9.8 的规定。

检查数量:同类型构件,抽查 5% 且不少于 3 件。

表 9.8　预制构件安装尺寸允许偏差及检验方法

项　　目		允许偏差/mm	检验方法
柱、墙等竖向结构构件	标高	±5	经纬仪测量
	中心位移	5	
	倾斜	$L/500$	
梁、楼板等水平构件	中心位移	5	钢尺测量
	标高	±5	
	叠合板搁置长度	>0,≤+15	
外墙挂板	板缝宽度	±5	
	通常缝直线度	5	
	接缝高差	3	

注:L 为构件长度(mm)。

(2)预制阳台、楼梯、室外空调机搁板安装允许偏差及检验方法应符合表 9.9 的规定。

检查数量:同类型构件,抽查 5% 且不少于 3 件。

表 9.9　　预制阳台、楼梯、室外空调机搁板安装允许偏差及检验方法

项目	允许偏差/mm	检验方法
水平位置偏差	5	
标高偏差	±5	钢尺测量
搁置长度偏差	5	

对于常规的装配整体式混凝土结构,预制构件连接质量的检查验收重点在于各类构件锚筋,现场绑扎连接钢筋的设置质量,以及各类拼缝的处理质量。

(1)预制构件锚筋与现浇结构钢筋的搭接长度必须符合设计要求。检验方法:观察检查;检查数量:全数检查。重点检查的区域应包括梁柱连接节点部位、预制叠合板周边、预制剪力墙边缘构件部位等关键受力位置。

(2)装配式结构中构件的接头和拼缝应符合设计要求。当设计无具体要求时,应符合下列规定:对承受内力的接头和拼缝,应采用混凝土或砂浆浇筑,其强度等级应比构件混凝土强度等级提高 1 级;对不承受内力的接头和拼缝,应采用混凝土或砂浆浇筑,其强度等级不应低于 C15 或 M15;用于接头和拼缝的混凝土或砂浆,宜采取微膨胀措施和快硬措施,在浇筑过程中应振捣密实,并采取必要的养护措施;外墙板间拼缝宽度不应小于 15 mm 且不宜大于 20 mm。检验方法:检查施工记录及试件强度试验报告;检查数量:全数检查。

对于预制双板剪力墙,其连接主要靠预制双板间的后浇混凝土实现,预制双板剪力墙内的混凝土成型质量检验可采取如下办法:每 2 000 m² 建筑且不大于 2 层楼作为一个检验段;每个检验段随机抽取 3 个叠合剪力墙结构构件,在每个构件底部剥去 1 处面积不少于 200 cm² 单片叠合板式剪力墙,外露内部混凝土表面;按现行国家标准《混凝土结构工程施工质量验收规范》(GB 50204—2015)的有关规定进行判断,如 3 个钻取点的结构均无蜂窝、孔洞、疏松一般缺陷,则检验合格;如 3 个钻取点存在一般缺陷,则扩大范围再抽取 6 个叠合剪力墙结构构件,钻取 6 个点,如 6 个点均不存在蜂窝、孔洞、疏松严重缺陷,则检验合格;如 3 个钻取点存在 1 点及以上严重缺陷,或扩大范围后的 6 个钻取点存在 1 点及以上严重缺陷,则检验不合格,应提出处理方案。

钢筋套筒灌浆和钢筋浆锚连接是目前我国装配式混凝土结构中预制柱、预制剪力墙等竖向构件纵向受力钢筋的主流连接方式,其连接的质量至关重要,应在多个环节、多个层次上进行检查验收,确保该连接的可靠性。钢筋套筒灌浆和钢筋浆锚连接的检查验收,主要针对灌浆套筒及灌浆料的性能、灌浆的密实度两个方面进行。

（1）灌浆套筒及灌浆料性能验收。

钢筋灌浆套筒的规格、质量应符合设计要求，套筒与钢筋连接的质量应符合设计要求。套筒应符合《钢筋连接用灌浆套筒》（JG/T 398—2019）的规定。检验方法：检查钢筋套筒的质量证明文件、套筒与钢筋连接的抽样检测报告；检查数量：全数检查。

灌浆料的性能需从两个方面进行验收：一是现场采用的灌浆料自身的质量和性能，二是现场操作人员拌制并灌入相关套筒或者预留孔的灌浆料性能。现场采用的灌浆料自身质量应符合《水泥基灌浆料材料应用技术规范》（GB/T 50448—2015）、《钢筋连接用套筒灌浆料》（JG/T 408—2019）等国家现行有关标准的规定。检查数量：按批检查，以 5 t 为一检验批，不足 5 t 的以同一进场批次为一检验批；检查方法：检查质量证明文件和抽样检验报告。

现场操作人员拌制并灌入相关套筒或者预留孔的灌浆料应从两个方面进行检查：钢筋套筒灌浆连接及钢筋浆锚搭接连接用的拌浆加水量应精准控制，满足专用袋装灌浆料供应商的水灰比要求。检查数量：抽样检查，首层安装时和正常灌浆每 3 层检查一次；检查方法：检查拌浆加水量容器和控制方法，并用电子秤称量复核，检查灌浆料检验报告。钢筋套筒灌浆连接及钢筋浆锚搭接连接用的灌浆料拌合物强度应符合国家现行有关标准的规定及设计要求。检查数量：按检验批，以每层为一检验批；每工作班应制作 1 组且每层不应少于 3 组 40 mm×40 mm×160 mm 的长方体试件，标准养护 28 d 后进行抗压强度试验；检查方法：检查灌浆料拌合物强度试验报告及评定记录。

钢筋套筒和灌浆料自身质量性能均满足要求后，灌浆施工前，还应按现行行业标准《钢筋套筒灌浆连接应用技术规程》（JGJ 355—2015）的有关规定，对不同钢筋生产企业的进场钢筋进行接头工艺检验；施工过程中，当更换钢筋生产企业，或同生产企业生产的钢筋外形尺寸与已完成工艺检验的钢筋有较大差异时，应再次进行工艺检验。

（2）灌浆的密实度。

灌浆的密实度的检查和验收从灌浆过程监控和灌浆结果抽查两个方面进行。在操作人员灌浆过程中，应设置质检员、监理等旁站人员全程监看，并拍摄施工记录视频。对于操作过程的验收检查，检查数量：全数检查；检查方法：检查灌浆施工方法和施工记录、监理旁站记录及有关检验报告。在检查施工视频记录时，重点检查竖向预制构件的灌浆区域的周边间隙封堵可靠性和是否在套筒远端排浆口设置了高位的溢流排浆兼补浆锥斗。

灌浆完成后，可进行实体局部破损抽样检测其灌浆饱满度。检查数量：抽样检查，装配式剪力墙结构起始前 2 层每个楼层抽检 1 组（3 个）套筒，后续施工每 5 层抽检 1 组(3 个)套筒。装配式框架结构首层抽检 1 组(3 个)套筒,后续 5 层抽检 1 组(3 个)套筒;检查方法:对抽检部位的灌浆套筒进行局部破损检测。用钢筋位置探测仪探明预制构件内的钢套筒准确位置,电锤剥除钢套筒外侧壁混凝土保护层;用合金钻头对准外侧壁上套筒内钢筋连接需要的锚固长度位置直接钻孔,孔径为 4 ~ 6 mm。钻至灌浆料时停止,用肉眼和手电直接检查套筒内灌浆的饱满状况。如有灌孔现象再向下间隔一定距离钻孔,探明不饱满状态,做出该套筒灌浆饱满度的评价:对于完成灌浆饱满度局部破损检测的套筒,采用袋装强度不小于 60 MPa 的封缝料拌制后分层抹灰填实。

另外,灌浆密实度检查也可采用内窥镜法或 X 射线法进行检测。

采用内窥镜法检测时应选用带尺寸测量功能的内窥镜,内窥镜法分为预成孔内窥镜法、出浆孔道钻孔内窥镜法及套筒壁钻孔内窥镜法,应根据出浆孔道的形状进行选用,当出浆孔道为非直线形时采用套筒壁钻孔内窥镜法;当出浆孔道为直线形时可采用预成孔内窥镜法或出浆孔道钻孔内窥镜法,必要时也可采用套筒壁钻孔内窥镜法。

采用 X 射线法检测套筒灌浆饱满度时,应采用便携式 X 射线机,被测构件受检区域的结构层厚度不宜大于 200 mm,且同一射线路径上不应有两个或两个以上的套筒。当被测构件的检测条件不满足以上要求时,可采用 X 射线局部破损法。

9.3.3　装配式混凝土结构缺陷的检测

装配式混凝土结构间钢筋连接常采用约束浆锚搭接连接和灌浆套筒连接,混凝土连接常采用局部后浇混凝土和底部坐浆连接。随着装配式混凝土结构的广泛应用,目前也出现了钢筋连接灌浆不饱满、后浇和坐浆界面内部不密实、空洞等严重缺陷问题,致使钢筋连接、混凝土界面连接严重不满足要求,结构存在严重的安全隐患,针对装配式混凝土结构上述问题的检测,超声法是一种常见的检测方法。

1. 约束浆锚搭接连接灌浆饱满度的检测

(1)检测仪器、换能器的要求。

超声法适用于现场对约束浆锚钢筋搭接连接灌浆饱满度进行检测,宜采用便携式超声检测仪器,超声波检测仪及换能器技术要求应符合《超声波检测混凝土缺陷技术规程》(CECS 21—2000)的相关规定。

(2)检测流程。

①测区划分及测点布置。根据灌浆孔道数量划分测区,然后根据测点布置要求布置测点且采用红蓝铅或墨汁对每个测点做好标记,最终在数据记录表中

做好记录。

②表面处理。各测区测位混凝土表面必须清洁、平整,对不平整表面可用砂轮磨平或用高强度快凝砂浆抹平,抹平砂浆必须与混凝土黏结良好。

③涂抹耦合剂。测量前分别在换能器发射端与接收端均匀涂抹少许耦合剂,如凡士林等,保证探头与测量面充分耦合。

④对各测点检测。检测时将换能器发射端和接收端中心分别对准测点,并用力按压保证换能器与试件紧密贴合,逐点进行测量。当部分测点明显异常时,应进行复测,并将实际复测数据做好记录。

⑤数据处理与分析。首先将基础数据进行初步处理,得到真实有效用于分析的数据,然后再绘制各声学参数散点图和曲线图,同时结合波形、波幅等声学参数判断灌浆饱满度情况。约束浆锚搭接连接灌浆饱满度检测记录表见表9.10。

表9.10　约束浆锚搭接连接灌浆饱满度检测记录表

工程名称				构件位置		
建设单位				构件编号		
施工单位				孔道编号		
监理单位				灌浆日期		
灌浆前波速	测点编号	测点高度	波速 $V_0/(\mathrm{m \cdot s^{-1}})$	平均值 $\overline{V}_0/(\mathrm{m \cdot s^{-1}})$		
灌浆后波速	测点编号	测点高度	$V_{3\mathrm{h}}/(\mathrm{m \cdot s^{-1}})$	$R_{3\mathrm{h}}$	检测结果	
	灌浆液面/mm					
	孔设计高度/mm					
	灌浆饱满度/%					

续表 9.10

	测点编号	测点高度	$V_{3h}/(\text{m}\cdot\text{s}^{-1})$	R_{3h}	检测结果
补浆后测量					
	灌浆液面/mm				
	孔设计高度/mm				
	灌浆饱满度/%				

施工单位负责人(签名):	监理单位负责人(签名):
年　月　日	年　月　日

注:表中 $R_{3h}=V_{3h}/\overline{V}_0$

(3)检测方法。

①测点高度测量。测量灌浆孔道各测点高度,记录于表格中。

②混凝土中波速测量 V_0 分别在 3 个不同混凝土位置处测量波速,记录于表格中。

③灌浆后 3 h 波速测量 V_{3h} 在孔道各测点位置处测量波速,记录于表格中。

④波速比计算及灌浆饱满度判断。

a.计算混凝土中波速平均值 $\overline{V}_0$。

b.计算灌浆后 3 h 不同测点对应波速与混凝土中波速平均值的比值,记为波速比,R_{3h} 表示灌浆 3 h 后波速比。

c.将计算的波速比 R_{3h} 与表中所示的不同区域的波速比进行对比分析,判断测点所处的区域。

d.灌浆液面判断。对于单侧不饱满区域可采用错位检测方法判断哪一侧饱满,靠近饱满孔道一端波速较大。如图 9.10 所示,此时 $V_{A-A'}$ 应大于 $V_{B-B'}$。

e.不饱满灌浆孔道补浆方案。采用电钻在不饱满孔道液面位置处钻孔,清理孔内的杂物,并从补浆口处向不饱满区域内补浆,直至注满。

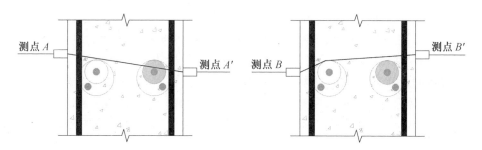

图 9.10　图错位检测法

（4）灌浆饱满度判别方法。

①根据灌浆前检测波速差异情况，可判断灌浆孔道的位置。超声波沿灌浆孔道的传播速度小于沿混凝土的传播速度，波速稳定，波速差异明显，约为 10%，因此超声法可用于判断约束浆锚搭接连接灌浆孔道的位置。

②通过灌浆后检测波速差异情况，判断双孔灌浆的饱满度情况。灌浆后，各区域波速稳定，灌浆后 3 h 为最佳检测时间，超声波在不同区域中的波速与混凝土中波速差异明显，当波速差异大于 10% 时，则为双侧不饱满；当波速差异小于 3% 时，则为双侧饱满；当波速差异介于 3% 与 10% 之间时，则为单侧不饱满。

③除通过超声波穿过不同区域与混凝土中波速差异判断饱满度情况外，还可通过灌浆后 3 h 波速比大小判断饱满度情况。对于 200 mm 厚双排插筋试件，若灌浆 3 h 波速比 R_{3h} 大于 0.969，则视为双侧灌浆饱满；若灌浆 3 h 波速比 R_{3h} 低于 0.899，则视为双侧灌浆不饱满；若灌浆 3 h 波速比 R_{3h} 介于 0.899 和 0.937 之间，则视为单侧灌浆不饱满。

2. 装配式混凝土结构内部缺陷的检测

（1）装配式混凝土结构内部缺陷类型。

装配式混凝土结构构件的结合面系指预制构件之间采用后浇混凝土浇筑或灌浆坐浆连接时形成的新旧混凝土接触面，常见的有：预制剪力墙之间后浇带、叠合板式剪力墙空腔、梁柱节点现浇部位等。

装配式混凝土结构混凝土结合面位置处，受施工和材料收缩等因素的影响，在结合面位置处容易出现裂缝，这些裂缝有的可见有的不可见；不密实区和空洞是指因振捣不到位、漏浆或杂物等原因造成的混凝土内部出现松散状等缺陷。

墙体安装过程中，若墙体底部杂物清理不彻底或在调整墙体垂直度的过程中，底部坐浆层内可能出现空洞或裂缝等缺陷。

各类缺陷的存在影响结构的耐久性，甚至影响结构安全，因此装配式混凝土结构的缺陷检测问题亟须解决。

（2）装配式混凝土结构内部缺陷检测方法。

装配式混凝土结构的缺陷包括结合面处缺陷、不密实区和空洞缺陷及预制墙体底部坐浆缺陷,各类缺陷检测方法基本相同,检测前的准备工作、检测流程、样本的选择方法、数据分析方法也接近。

在墙体厚度 200 mm 的前提下,可以采用对测法、斜测法或对测与斜测相结合的方法检测混凝土内部缺陷,检测时应根据检测条件及缺陷的类型选择合适的检测方法。

对于贯通于构件表面的裂缝缺陷,应采用单面平测法进行检测。对于不贯通于构件表面的结合面缺陷、不密实区和空洞,应根据缺陷的形状、布置方向选择合适的检测方法。

采用双面斜测法检测结合面缺陷及不密实区比较小的缺陷,这类缺陷非常小且方向不确定,可能平行墙厚或墙长,也可能是其他任意方向,采用双面斜测法可以保证超声波传播路径穿过这两类缺陷。

采用对测与斜测相结合的方法检测后浇混凝土或叠合式空腔内的不密实区或空洞等体状缺陷,对测法可以判断缺陷的大致位置,通过斜测法所得的数据计算可得到缺陷的大小。

采用对测法检测墙体底部坐浆层内缺陷,缺陷处与正常混凝土处数据差异明显;对于调整墙体支撑过程中或其他因素产生的面状缺陷也可以采用对测法检测,但需要较大频率、较小直径的换能器进行检测,试验效果才会更明显。

（3）装配式混凝土结构内部缺陷检测流程。

各类缺陷的检测流程接近,且与灌浆饱满度的检测流程类似。具体如下:

①缺陷类型和大致位置的判定。由于缺陷产生的原因比较复杂、种类比较多,且大多数缺陷不可见,加之根据设计图纸也很难判断缺陷的种类,所以检测之前一定要找到当时负责施工的人员了解具体情况,最好能够让施工人员提供一些影像资料或其他可以帮助了解现场实际情况的资料,辅助判断缺陷的类型、位置与大小。

②测区划分及测点布置。根据前期判断缺陷的基本信息确定检测方法,重点明确测区的划分和测点的布置。测点布置时,应当按照缺陷检测标准中对于测距、测点数量的要求布置测点,可采用红蓝铅或墨汁画网格线,网格线的交点处即为测点,且应对测点进行编号。为了便于保存测点及后期的检测,可在测点位置处用红蓝铅或墨汁圈注出来,圈的直径宜控制在 10 mm 以内。

③表面处理。各测位混凝土表面必须平整、清洁,对不平整的表面可采用砂轮磨平或快凝砂浆抹平,抹平砂浆必须与混凝土充分黏结。

④涂抹耦合剂。测量前分别在换能器发射端与接收端均匀涂少许凡士林

等耦合剂,保证探头与测量面充分耦合。

⑤对各测点检测。检测时将换能器发射端和接收端的中心分别对准测点,并用力按压保证换能器与试件紧密贴合,进行逐点测量。需要注意的是,斜测时应保证斜测路径准确,建议在测试之前做好测点编号的匹配,为了避免出错,检测之前应将实际检测的测点、测距、各类声学参数的表格提前打印出来,且检测后及时填写。当部分测点明显异常时,应进行复测,并将实际复测的数据记录于表格中。

⑥数据处理与分析。首先将测得的基础数据进行初步处理,得到真实有效的数据,然后再根据用于分析的数据绘制声学参数的散点图,同时结合检测仪器自动生成的波形、波幅等信息判断缺陷情况,出具检测报告。

⑦超声法检测混凝土缺陷数据记录表见表9.11。

表9.11 超声法检测混凝土缺陷数据记录表

工程名称					构件编号					
建设单位					测试内容					
施工单位					构件厚度平均值 H/mm					
监理单位					测试日期					
测试方法	测区编号	测点编号	波速/(km·s⁻¹)	波幅/dB	测点编号	波速/(km·s⁻¹)	波幅/dB	测点编号	波速/(km·s⁻¹)	波幅/dB
对测法										
	数据处理	波速最大值/(km·s⁻¹)			波速平均值/(km·s⁻¹)					
		波速最小值/(km·s⁻¹)			波速标准值/(km·s⁻¹)					
		波幅最大值/dB			波幅平均值/dB					
		波幅最小值/dB			波幅标准值/dB					

续表 9.11

测试方法	测区编号	测点编号	波速/(km·s⁻¹)	波幅/dB	测点编号	波速/(km·s⁻¹)	波幅/dB	测点编号	波速/(km·s⁻¹)	波幅/dB
斜测法										
	数据处理	波速最大值/(km·s⁻¹)			波速平均值/(km·s⁻¹)					
		波速最小值/(km·s⁻¹)			波速标准值/(km·s⁻¹)					
		波幅最大值/dB			波幅平均值/dB					
		波幅最小值/dB			波幅标准值/dB					

检测负责人(签名):　　　　　　年　月　日	技术负责人(签名):　　　　　　年　月　日

(4)混凝土缺陷数据分析和判断方法。

虽然 ZBL-U520A 非金属超声检测仪可将检测数据自动存储起来,但是缺陷的种类多,检测方法也比较多,数据整理困难,为了避免出错,在制定检测方案的过程中,应当根据缺陷类型、检测方法、测区的布置等信息制定记录检测数据的表格,检测之前将表格提前打印出来,方便检测结果的记录,且可以避免出错。

检测结束后应将检测数据及时导出,并按照试验方案建立不同的文件夹进行分类管理,最好将检测仪器采集的数据及时导出并转换到电子表格中,一方面可以与检测过程中记录的数据相复核,提高准确性;另一方面可为后期数据深入分析提前做准备,通过表格简单处理,可获得后期相关计算与数据分析所需的最大值等基础数据,提高后期数据分析的效率及准确性。

通过基础数据处理得到用于试验分析的数据,按照检测规程中相关规定进行异常点的判断、裂缝的计算、空洞大小的计算,得到缺陷的相关参数,同时采用 Origin 将实际分析所用的数据结合分析的内容绘制各类散点图或曲线图,以直观地观察试验结果,判断缺陷的信息。

检测仪器自带数据处理与分析功能软件,在软件中可对数据自动分析,点击相关功能可以观察各测点的波形、波幅、波列示图等信息,也能直观地看出缺陷位置处与正常位置处的差异,可以校核试验结果也可以辅助判断缺陷的具体信息。

参 考 文 献

［1］中华人民共和国住房和城乡建设部,中华人民共和国国家质量监督检验检疫总局. 装配式混凝土建筑技术标准:GB/T 51231—2016［S］.北京:中国建筑工业出版社,2016.

［2］プレハブ建築協会. プレハブ建築について［EB/OL］.［2022-12-06］https://web. archive. org/web/20150520032650/purekyo. or. jp/prefabricated-building. html.

［3］程晓珂.国内外装配式建筑发展［J］.中国建设信息化,2021(20):28-33.

［4］中华人民共和国国家发展和改革委员会. 绿色建筑行动方案［EB/OL］. (2013-01-01)［2022-12-06］. http://www. gov. cn/zwgk/2013-01/06/content_2305793. htm.

［5］中华人民共和国住房和城乡建设部,中华人民共和国国家质量监督检验检疫总局. 工业化建筑评价标准:GB/T 51129—2015［S］.北京:中国建筑工业出版社,2015.

［6］中华人民共和国国务院办公厅. 国务院办公厅关于大力发展装配式建筑的指导意见［EB/OL］. (2016-09-30)［2022-12-06］. http://www. gov. cn/zhengce/content/2016-9/30/content_5114118. htm.

［7］中华人民共和国国务院办公厅. 国务院办公厅关于促进建筑业持续健康发展的意见［EB/OL］. (2017-02-24)［2022-12-06］. http://www. gov. cn/zhengce/content/2017-02/24/content_5170625. htm.

［8］中华人民共和国国务院办公厅. 国务院关于印发打赢蓝天保卫战三年行动计划的通知［EB/OL］. (2018-07-03)［2022-12-06］. http://www. gov. cn/zhengce/content/2018-07/03/content_5303158. htm.

［9］中华人民共和国住房和城乡建设部,国家发展改革委,科技部,工业和信息化部,人力资源社会保障部,生态环境部,交通运输部,水利部,税务总局,市场监管总局,银保监会,铁路局,民航局. 住房和城乡建设部等部门关于推动智能建造与建筑工业化协同发展的指导意见［EB/OL］. (2020-07-03)［2022-12-06］. https://www. mohurd. gov. cn/gongkai/fdzdgknr/tzgg/202007/20200728_246537. html

［10］中华人民共和国住房和城乡建设部,教育部,科技部,工业和信息化部,自
　　　然资源部,生态环境部,人民银行,市场监管总局,银保监会.关于加快新
　　　型建筑工业化发展的若干意见［EB/OL］.（2020-08-28）［2022-12-06］.
　　　https://www. mohurd. gov. cn/gongkai/fdzdgknr/tzgg/202009/20200904_
　　　247084. html.

［11］中华人民共和国国务院办公厅.关于印发2030年前碳达峰行动方案的
　　　通知［EB/OL］.（2021-10-26）［2022-12-06］. http://www. gov. cn/
　　　zhengce/content/2021-10/26/content_5644984. htm.

［12］中华人民共和国住房和城乡建设部.住房和城乡建设部关于印发"十四
　　　五"建筑业发展规划的通知［EB/OL］.（2022-2-2）［2022-12-06］. ht-
　　　tp://www. gov. cn/zhengce/zhengceku/2022-01/27/content_5670687. htm.

［13］中华人民共和国住房和城乡建设部.住房和城乡建设部标准定额司关于
　　　2020年度全国装配式建筑发展情况的通报［EB/OL］.（2021-10-26）
　　　［2022-12-06］. http://www. risn. ac. cn/ShowNews. aspx? ID = 6e281e13-
　　　9924-4d4a-869c-3bc5b9729d69.

［14］阎长虹,黄天祥,黄慧敏.装配式建筑结构设计［M］.北京:科学出版社,
　　　2022.

［15］武鹤,杨道宇,张旭宏.装配式混凝土结构设计与施工［M］.北京:中国建
　　　筑工业出版社,2021.

［16］杨正宏,高峰.装配式建筑用预制混凝土构件生产与应用技术［M］.上
　　　海:同济大学出版社,2019.

［17］崔瑶,范新海.装配式混凝土结构［M］.北京:中国建筑工业出版社,
　　　2016.

［18］吴耀清,鲁万卿,赵冬梅,等.装配式混凝土预制构件制作与运输［M］.郑
　　　州:黄河水利出版社,2017.

［19］江苏省住房和城乡建设厅,江苏省住房和城乡建设厅科技发展中心.装
　　　配式混凝土建筑构件预制与安装技术［M］.南京:东南大学出版社,
　　　2021.

［20］张金树,王春长.装配式建筑混凝土预制构件生产与管理［M］.北京:中
　　　国建筑工业出版社,2017.

名 词 索 引

C

层间位移限值 3.6
长线台座法 9.1

D

对伸搭接 2.2

F

防水设计 8.6

G

灌浆套筒连接 2.2
钢筋环插筋连接 2.2,5.1
高宽比 3.3
固定模位法 9.1

H

回弯搭接 2.2
混凝土的连接 2.2
环形平模传送流水线 9.1

J

挤压套筒连接 2.2
夹心内外保温连接 2.2
结构布置 3.4
接缝 4.4
剪力墙的拆分与连接 5.4

K

抗震等级 3.3
框架的拆分与连接 4.1

L

螺旋肋灌浆套筒钢筋连接 2.2,5.1
连接设计 3.8

M

锚固板 2.1
密封材料 2.1

Q

缺陷检测 9.3

R

柔性平模传送流水线 9.1

S

适用高度 3.3

Y

约束浆锚搭接连接 2.2,5.1
预制填充墙、预制隔墙连接 2.2
预制混凝土外挂墙板连接 2.2
预制混凝土结构构件 7.1
预制混凝土非结构构件 7.2
验收 9.3

Z

装配式混凝土　1.1

装配整体式框架结构　1.3

装配整体式剪力墙结构　1.3

装配整体式框架-现浇剪力墙结构　1.3

装配整体式框架-现浇核心筒结构　1.3

装配整体式部分框支剪力墙结构　1.3

轴压比　4.2

装配式管廊　8.2